21世纪全国普通高等院校美术·艺术设计专业"十二五"精品课程规划教材

Maya Animation Design and Making

Maya动画设计与制作

THE "TWELFTH FIVE-YEAR" EXCELLENT CURRICULUM FOR MAJOR IN THE FINE ART DESIGN OF THE NATIONAL HIGHER EDUCATION INSTITUTION IN TWENTY FIRST CENTURY

主 编 郑 超

副主编 王 斌 汪济萍 陶立阳

编 著 汪济萍

辽宁美术出版社

21世纪全国普通高等院校美术·艺术设计专业
"十二五"精品课程规划教材

总 主 编 范文南
总 策 划 范文南
副总主编 洪小冬
总 编 审 苍晓东 方 伟 光 辉 李 彤
王 申 关 立

图书在版编目（CIP）数据

Maya动画设计与制作 / 郑超主编 . -- 沈阳 ：辽宁美术出版社，2014.5（2015.7重印）
21世纪全国普通高等院校美术·艺术设计专业"十二五"精品课程规划教材
ISBN 978-7-5314-6317-7

Ⅰ. ①M… Ⅱ. ①郑… Ⅲ. ①三维动画软件－高等学校－教材 Ⅳ. ①TP391.41

中国版本图书馆CIP数据核字（2014）第095684号

编辑工作委员会主任 彭伟哲
编辑工作委员会副主任
申虹霓 童迎强 刘志刚
编辑工作委员会委员
申虹霓 童迎强 刘志刚 苍晓东 方 伟 光 辉
李 彤 林 枫 郭 丹 罗 楠 严 赫 范宁轩
王 东 彭伟哲 薛 丽 高 焱 高桂林 张 帆
王振杰 王子怡 周凤岐 李卓非 王 楠 王冬冬

出版发行 辽宁美术出版社
经 销 全国新华书店
地址 沈阳市和平区民族北街29号 邮编：110001
邮箱 lnmscbs@163.com
网址 http://www.lnmscbs.com
电话 024-23404603
封面设计 范文南 洪小冬 童迎强
版式设计 彭伟哲 薛冰焰 吴 烨 高 桐

印制总监
鲁 浪 徐 杰 霍 磊

印刷
沈阳市鑫四方印刷包装有限公司

责任编辑 林 枫 方 伟
技术编辑 徐 杰 霍 磊
责任校对 李 昂
版次 2014年6月第1版 2015年7月第2次印刷
开本 889mm×1194mm 1/16
印张 8.5
字数 245千字
书号 ISBN 978-7-5314-6317-7
定价 70.00元

图书如有印装质量问题请与出版部联系调换
出版部电话 024-23835227

21世纪全国普通高等院校美术·艺术设计专业
"十二五"精品课程规划教材

序 >>

「 当我们把美术院校所进行的美术教育当做当代文化景观的一部分时，就不难发现，美术教育如果也能呈现或继续保持良性发展的话，则非要“约束”和“开放”并行不可。所谓约束，指的是从经典出发再造经典，而不是一味地兼收并蓄；开放，则意味着学习研究所必须具备的眼界和姿态。这看似矛盾的两面，其实一起推动着我们的美术教育向着良性和深入演化发展。这里，我们所说的美术教育其实有两个方面的含义：其一，技能的承袭和创造，这可以说是我国现有的教育体制和教学内容的主要部分；其二，则是建立在美学意义上对所谓艺术人生的把握和度量，在学习艺术的规律性技能的同时获得思维的解放，在思维解放的同时求得空前的创造力。由于众所周知的原因，我们的教育往往以前者为主，这并没有错，只是我们更需要做的一方面是将技能性课程进行系统化、当代化的转换；另一方面需要将艺术思维、设计理念等这些由“虚”而“实”体现艺术教育的精髓的东西，融入我们的日常教学和艺术体验之中。

在本套丛书实施以前，出于对美术教育和学生负责的考虑，我们做了一些调查，从中发现，那些内容简单、资料匮乏的图书与少量新颖但专业却难成系统的图书共同占据了学生的阅读视野。而且有意思的是，同一个教师在同一个专业所上的同一门课中，所选用的教材也是五花八门、良莠不齐，由于教师的教学意图难以通过书面教材得以彻底贯彻，因而直接影响到教学质量。

学生的审美和艺术观还没有成熟，再加上缺少统一的专业教材引导，上述情况就很难避免。正是在这个背景下，我们在坚持遵循中国传统基础教育与内涵和训练好扎实绘画（当然也包括设计摄影）基本功的同时，向国外先进国家学习借鉴科学的并且灵活的教学方法、教学理念以及对专业学科深入而精微的研究态度，辽宁美术出版社同全国各院校组织专家学者和富有教学经验的精英教师联合编撰出版了《21世纪全国普通高等院校美术·艺术设计专业“十二五”精品课程规划教材》。教材是无度当中的“度”，也是各位专家长年艺术实践和教学经验所凝聚而成的“闪光点”，从这个“点”出发，相信受益者可以到达他们想要抵达的地方。规范性、专业性、前瞻性的教材能起到指路的作用，能使使用者不浪费精力，直取所需要的艺术核心。从这个意义上说，这套教材在国内还是具有填补空白的意义。

21世纪全国普通高等院校美术·艺术设计专业“十二五”精品课程规划教材编委会 」

目录 contents

第一章　动画的概念

本章重点 >>

动画的原理及特点。

学习目标 >>

了解动画的发展及其分类。

建议学时 >>

2学时。

第一章　动画的概论

第一节 ///// 动画的原理

一、原理

人的视网膜在物体被移动前有一秒左右的物体影像停留（1824年彼得－马克《关于活动物体的视觉留影原理》）。人们正是根据这一原理规定放映的速度为24帧／秒或25帧／秒。由于视觉暂留的原理，人们的眼睛所捕捉到的每一个画像都将会保持若干分之一秒时间，下一个影像会在前一个影像隐去之前出现。这样大脑将会把两个图像联系起来，而成为连续的动作。

二、动画的定义

动画是用任何物质来塑造有序的动态形象，通过电影、电脑或其他技术手段，逐帧摄录，制作后播映在荧幕上来表现有生命的物体的影视艺术。

第二节 ///// 动画的特点

一、创作性强

动画的形象是创作出来的，所以它的表现力极强。它可以应用夸张的手法甚至创造的手段将现实中有的或没有的事物展现在荧幕上。

二、受众无国界

无论是欧美国家的动画片还是日本的动画片都受到各国观众的喜爱，我国的《大闹天空》也受到美国人的欢迎。

三、动画明星长盛不衰

迪斯尼的《米老鼠与唐老鸭》至今也是人们心中的偶像。

四、动画周边产品的延续

动画片中的人物形象往往被商家制作成玩具，比如《变形金刚》里的机器人。以及《巴比娃娃》都很 受欢迎，在这方面我国几乎是空白。

第三节 ///// 动画的分类

一、二维动画

二维动画根据所用制作工具部同又可分为：

① 传统二维动画（有纸动画）：运用纸张和笔绘制而成，如《狮子王》《小美人鱼》《米老鼠与唐老鸭》等（图1－1～图1－5）以迪斯尼为代表的欧美二维动画片，以及《小蝌蚪找妈妈》《牧笛》《鹿铃》《山水情》等中国自创的水墨动画片。

以迪斯尼为代表的欧美二维动画片，有百年的历史：

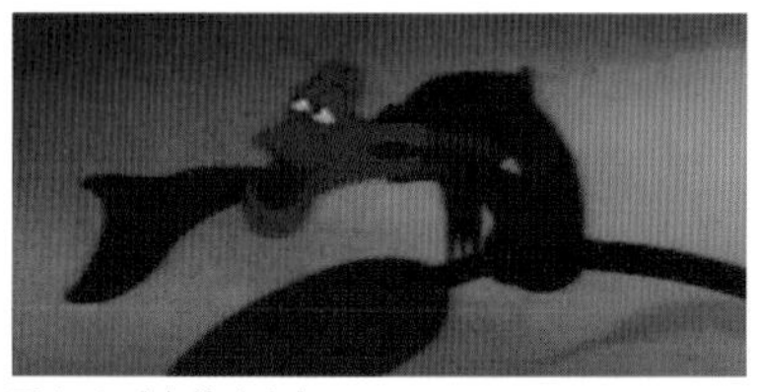

图1－1《小美人鱼》

图1－2《小美人鱼》

图1－3《小美人鱼》

图1－4《米老鼠与唐老鸭》

图 1–5《米老鼠与唐老鸭》

图 1–7《寻找圣诞礼物》——女巫城堡

图 1–8《寻找圣诞礼物》——圣诞城堡

1960 年中国诞生的水墨动画片，可以称得上是中国动画的一大创举。它将传统的中国水墨画引入到动画制作中，那种虚虚实实的意境和轻灵优雅的画面使动画片的艺术格调有了重大的突破。水墨动画片是中国艺术家创造的动画艺术新品种。它以中国水墨画技法作为人物造型和环境空间造型的表现手段，运用动画拍摄的特殊处理技术把水墨画形象和构图逐一拍摄下来，通过连续放映形成浓淡虚实活动的水墨画影像的动画片。如图1–6–1、图1–6–2 所示：

② Flash 动画：应用电脑和 Flasha 软件制作

③无纸动画：应用电脑及各种相关的制作二维动画的软件制成 Flash动画相对动作较为简单（受软件限制），节奏明快。而无纸动画，由于软件功能相对强大，其制作出的二维动画效果可以与传统的二维动画相媲美。

图 1–6–1 水墨动画

图 1–6–2 水墨动画

二、三维动画

三维动画是近十年来兴起的一种动画片种类，它是利用电脑技术及制作三维动画的相关软件制作而成的动画片。与传统二维相比，它具有更为真实的光影画面效果，它将能想象到的都能制作出来，实现了真正意义上的随心所欲，它是影视界的一大革命（图 1–7、图 1–8）。

三、其他类动画（泥塑、木偶、皮影等）。

[复习参考题]

◎ 观看一部欧美动画片，一部日本动画片，一部国产动画片，要求，对比其风格的不同。

第二章　Maya基本命令的运用

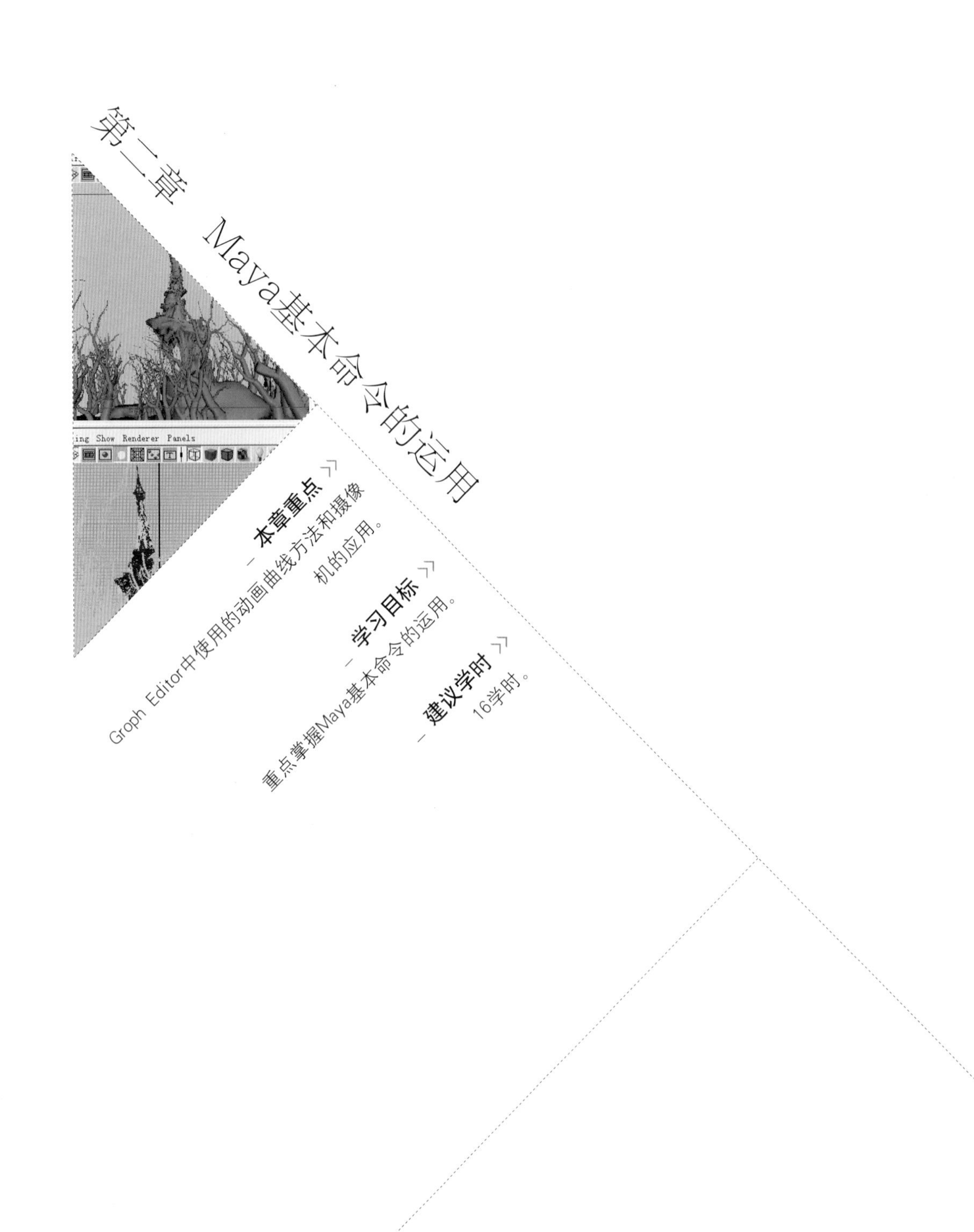

本章重点 >>

Groph Editor中使用的动画曲线方法和摄像机的应用。

学习目标 >>

重点掌握Maya基本命令的运用。

建议学时 >>

16学时。

第二章　Maya基本命令的运用

第一节 ///// 动画的发展历史

从人类文明以来，透过各种形式图像的记录，已显示出人类潜意识中表现物体动作和时间过程的欲望。经过艺术家的不断努力，绘画序列能够捕捉到胶片上并能通过一个投影机播放，动画终于开始大量出现。1930年Walt Disney公司出品了米老鼠和唐老鸭动画，这标志着动画技术开始走向成熟。Disney在动画方面进行了很多开发工作，开发了循环，重复动画以及跨接技术来消减用于显示的绘画量，最小化了动画制作中体力劳动的力量，很多这类的技术都延续到了数码领域并在Maya中使用，其中一个从旧时期得来的最基础的技术是关键帧和中间帧的概念，这些概念形成了Maya中动画的基础

第二节 ///// Maya的动画功能

Maya的动画功能包括动画开发环境、关键帧动画、非线性动画、路径动画和动态动画等。

一、动画的开发环境

Maya动画开发环境的功能有控制动画的播放，声音和动画预览。这些功能是动画环境的基础和本质部分。

二、关键帧动画

关键帧动画是在某个时间上为物体某个属性设置的关键帧来创建的动画。一个关键帧定义了某个属性在一定关键帧上的数值。Maya会自动差值属性从一个关键帧到下一个关键帧的数值变化。也就是在两个关键帧之间自动产生过渡关键帧，这点与传统的二维动画有区别。

三、路径动画

使用路径动画，可以沿一个路径（由NURBS曲线定义）约束一个物体。例如，可以沿一个路径来约束汽车或者是一条小鱼在水中流动。如果要使用关键帧来完成它，需要很费力的创建好编辑许多关键帧来制作汽车的运动，但通过使汽车沿一条曲线运动和一条鱼跟着一条曲线运动，可以通过编辑曲线来方便地调节汽车和小鱼的路径。

四、非线性动画

用户可以层叠和混合任何类型的关键帧动画，包括动态捕捉好路径动画等。

五、动态捕捉

在动画制作过程中，很多动画很难用关键帧、非线性或路径动画等技术来创建，包括使用表达式的数字公式。例如，即使是一个高水平的动画师，要创建一个复杂的武术动画所需要的时间也是相当长的。比较简单的方法是捕捉一个现实的武术高手的运动，然后把运动捕捉的数据输入Maya中。可以把运动捕捉数据实施到角色上，然后使用其他的技术来编辑角色的行动。

第三节 ///// 关键帧动画控制工具

在Maya里，首先使用最多的是关键帧动画，关键帧动画是在不同的时间里（或用帧表示）对有特征的动作用关键帧的方式固定下来，每一关键帧就包括在一个指定的数据上对某个属性一系列参数的指定，Maya再自行插入中间值。

一、动画控制的工具

动画控制提供了三种快速访问数据的关键帧和关键帧设置工具，它们是Time slider（时滑块），Rang slider（范围滑块）和Playback Controls(播放控制器)如图2-1所示：

二、时间滑（Timeslider）

选择 Display/UI Element/Time slider 命令可以隐藏或显示数据滑块。隐藏数据滑块可以显示更多的视图空间。

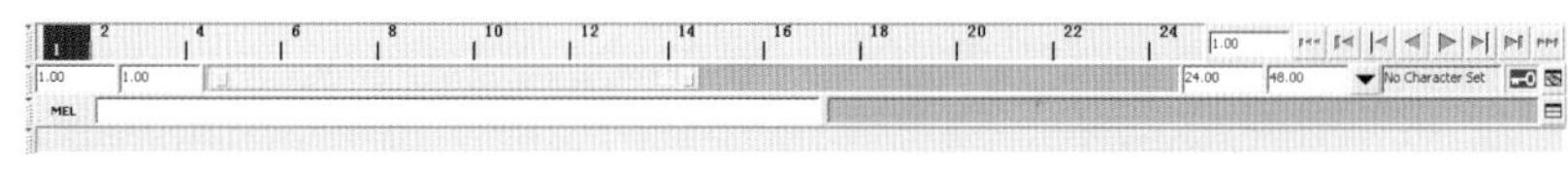

图 2-1

时间滑块（Time slider）可以控制播放范围，关键帧。如图2-2所示：

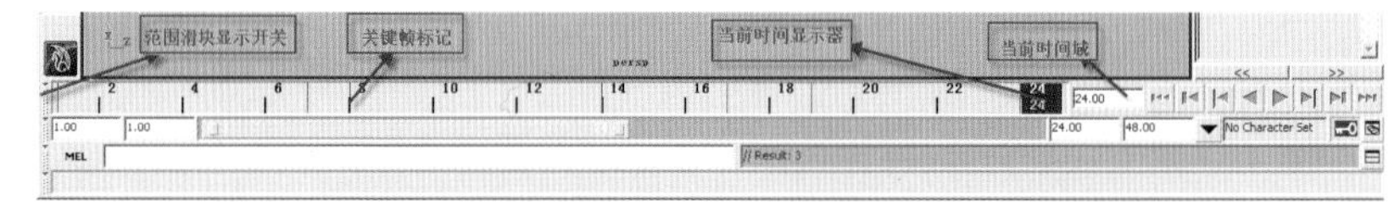

图 2-2

时间滑块上黑色块表示当前时间指示器，它表示在动画中当前的时间，我们可以控制它，使其沿时间滑块移动，单击时间滑块区域当前时间指示器就会已达到光标处，按住键盘上的k键，然后在任意视图中水平拖动，动画会随着鼠标的拖动而改变。按住Shift键，在时间滑块上单击并水平拖动，可以选择时间范围。选择的时间范围在时间滑块上以红色显示，开始帧和结束帧以白色数字显示，水平拖动选择区域或两端的黑色箭头，看缩放选择区域。水平拖动选择区域中间的双黑色箭头，看移动选择区域。如图2-3所示。

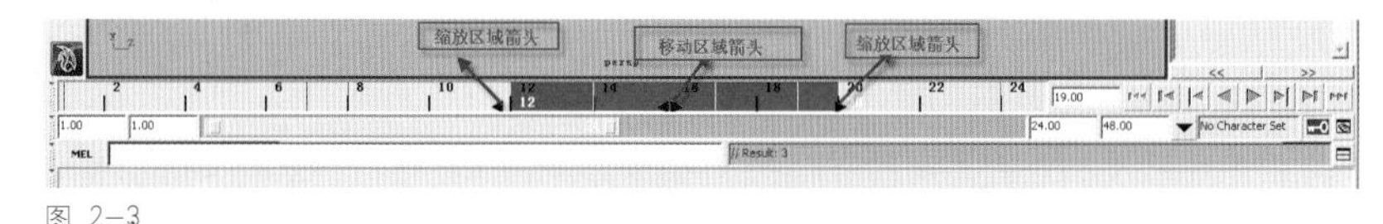

图 2-3

双击时间滑块，可以选择整个时间范围。

三、范围滑块

如图 2-4 所示

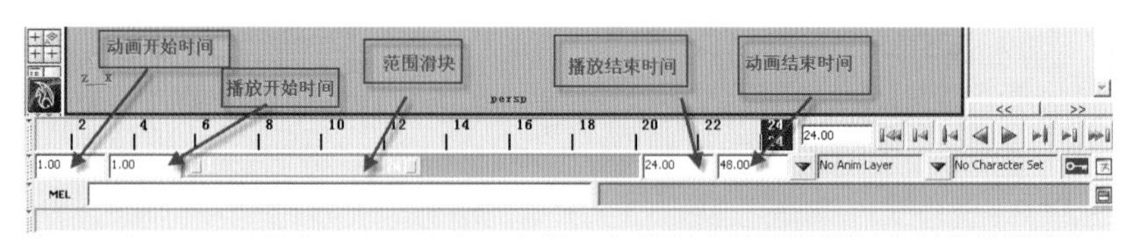

图 2-4

选择 Display/UI Eleents/Rang slider 命令可以隐藏或显示范围滑块。

Animation start time(动画开始时间)

在这个文本框中输入数字可以改变动画的开始时间。

Animation end time(动画结束时间)

在这个文本框中输入数可以改变动画的结束时间

Play back start time (播放开始时间)

本文框中显示了当前播放范围的开始时间，输入新的数值改变播放范围的开始时间。

Playback end time(播放结束时间)

本文框中显示了播放范围的结束时间输入新的数值，可改变播放范围的结束时间。

四、播放控制器

如图 2-5 所示。

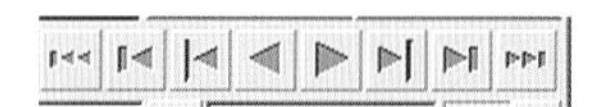

按钮	名称	作用	快捷键
	Go To Start(开始时间)	使之变成播放范围的开始时间	
	Step Back Frame(向后一帧)	使动画反向移动一帧	Alt + ，(逗号)
	Step Back Key（上一关键帧）	使动画跳到上一关键帧处	，(逗号)
	Play Backwards（反向播放）	使动画反向播放	
	Play Forwards（播放）	使动画正向播放	Alt + V
	Step Forward Key（下一关键帧）	使动画跳到下一关键帧处	。(句号)
	Step Forward Frame(向前一帧）	使动画正向移动一帧	Alt + 。(句号)
	Go To End（跳到结束	使动画跳到播放范围的末尾	

图 2-5

五、关键帧编辑菜单

如果在时间滑块的任意位置上单击右键，可以打开关键帧编辑菜单。此菜单中的命令主要用于操作当前选择物体的关键帧。如图2–6所示：

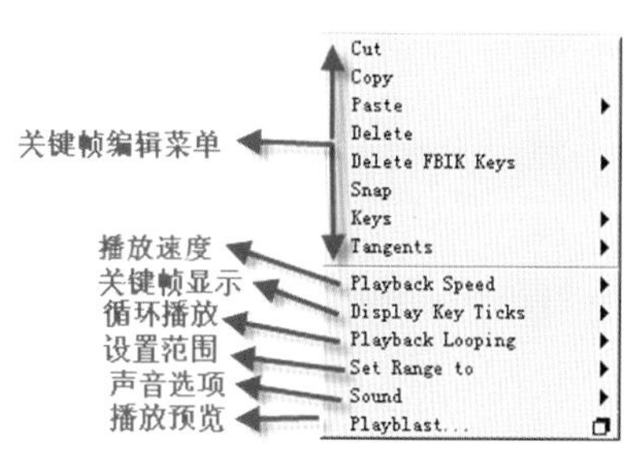

图 2–6

Cut(剪切)、Copy（复制)、Delete(删除)改变在当前时间或选择范围内的关键帧。

Paste/paste connect 命令会粘贴复制的关键帧。

Cut Copy 和Delete 只作用于整数时间范围。如果当前时间是10，这些功能只作用与10到11之间的范围，而不会包括在时间 11 的任何关键帧。

Paste：把剪切或复制的关键帧粘贴到当前时间处。

从时间滑块上复制好粘贴关键帧，其具体操作过程如下：

①创建或打开以个动画。

②在时间滑块上按住 Shift 键同时单击并拖动鼠标，选择某一范围内的关键帧。

③在时间滑块上右键单击并选择 Copy 命令。

④移动时间指示器到某一时间处。

在时间滑块上单击右键，并选择 Paste/paste 命令。

Snap(吸附)：命令是将选择的关键帧吸附到最近的整数时间上。

Key（关键帧）

Convert to key：把选择的受控制帧转化为正常关键帧。

Convert to breakdown ：把正常关键帧转化为受控制帧。

Add inbetween：增加以个中间帧。

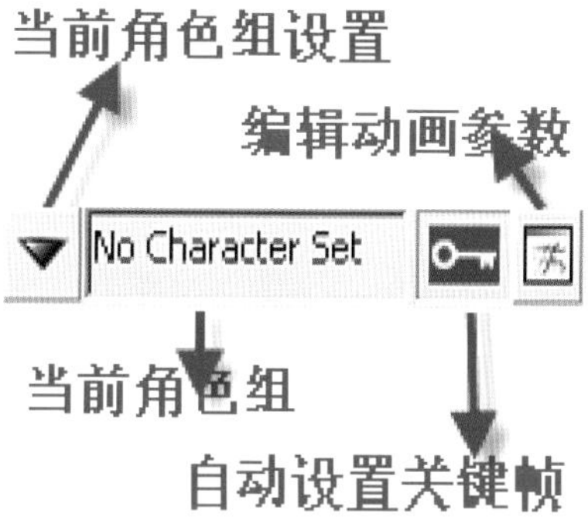

当前角色组设置
编辑动画参数
No Character Set
当前角色组
自动设置关键帧

图 2–7

Remove inbetween ：除去以个中间帧。

Tangnts (切线)命令可以设置关键帧的切线。详细介绍在曲线编辑器一节。

六、其他控制

如图 2–7 所示

当前角色设置

选择动画对象的角色组。

自动设置关键帧

Auto key(自动设置关键帧)可以打开或关闭 Maya 自动设置关键帧功能。

编辑动画参数

单击 Maya 右下角 Animation Preferences(动画参数)，打开动画参数窗口，用于设置动画参数（关键帧、播放、声音、时间等等）。如图 2–8 所示。

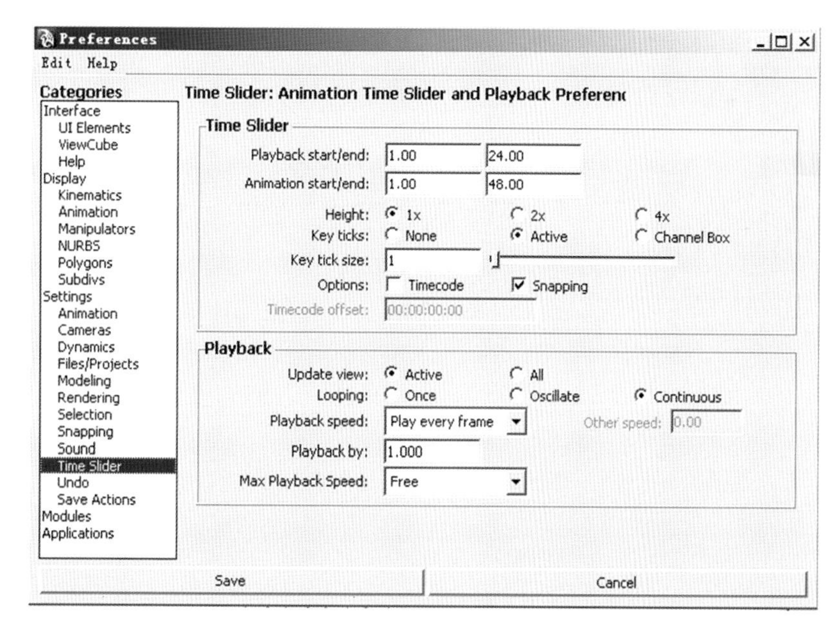

图 2–8

第四节 ///// 关键帧动画——小球弹跳

本节将通过一个简单的小球动画来介绍如何对动画进行关键帧设定及调整。

一、建立动画

在开始制作之前，让我们先设置一些参数。

①首先，我们设置动画的帧速率，选择 Window/settings/preferences/prefereces打开preferences窗口。从左边的Categories列表中，限制Setting，并将Time改为Film(24fps)，如图2–9所示。

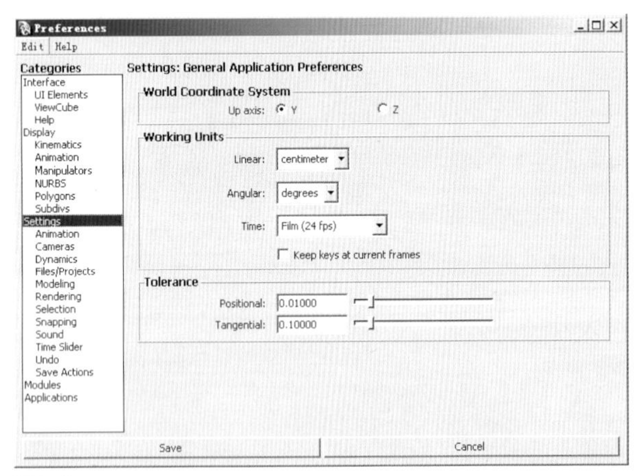

图 2–9

②接着，我们将播放速度改为实时，在Categories列表中，限制Timeline.在Playback speed下拉框中选择Real–time(24fps)。这样，当单击播放按钮时动画就会实时播放了。如图2–10所示。

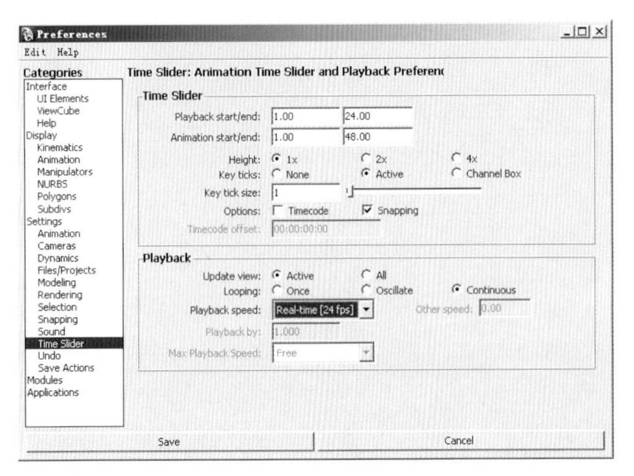

图 2–10

③现在设置动画的帧范围。在Rang slider(范围滑块)中，在Playback start time(动画开始时间)框中输入1并在Playback End Time(动画结束时间)框中输入115。如图2–11所示。

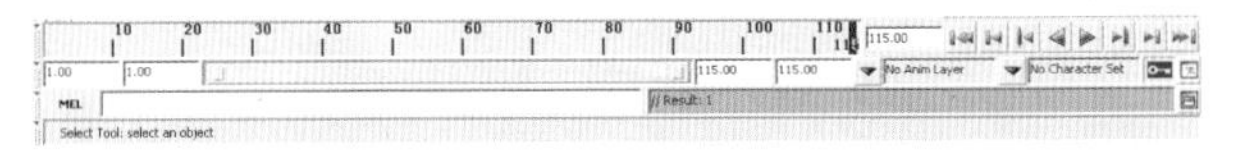

图 2–11

④选择 Create/polygons primitives/sphere，并选择 Create/Polygons primitives/piane 现在场景中应该会出现一个 Polygons sphere（球体）和一个平坦的Poly–gons平面，然后选择平面，点击缩放工具，将其延所有方向放大。

⑤选中Polygons piane(平面)，将缩放轴向放大，在 Channel Box通道栏，中将ScaleX ScaleY ScaleZ的值至少设为100，以便让Sphere(球体)有足够的运动空间。然后选择移动工具在Front视图中将平面移至Sphere底部，防止Sphere与Plane穿插。如图2–12所示：

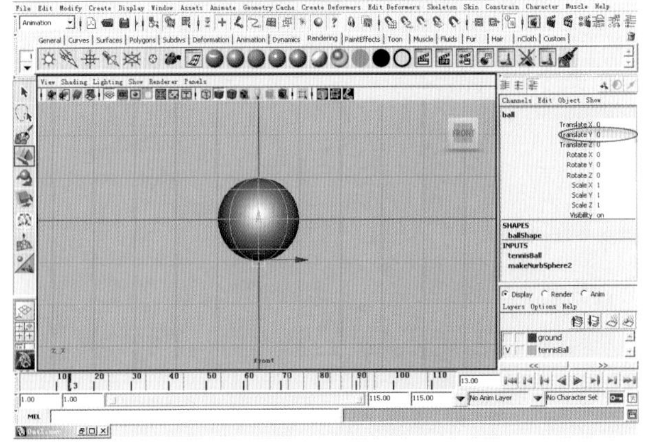

图 2–12

⑥.在开始移动Sphere(球体)并设定关键帧之前，先将Sphere的中心点移到Sphere的底部，选中Sphere（球体），选择Move（移动）

工具，并按下键盘上的Insert键，在Front或Side视图中将Y轴移动到Sphere（球体）底部。如图2−13所示。

在此按下Insert键来结束中心点编辑模式。

二、设置关键帧

现在我们开始给Sphere做关键帧动画。

①首先确保Time slider(时间滑块)正处于第一帧，如果不是，请将Time slider移动到第一帧。开始移动Sphere（球体）到X轴上−10单位处以及Y轴上10单位处，按下键盘上的S键来对物体通道栏里面的属性设置关键帧，我们也可以按下Shift+W键只对位移单独设定关键帧。我们会看到在Time Slider的第一帧处有一条红线标记，并且通道栏相应的属性值变为橘红色，这说明我们设置关键帧成功。如图2−14所示：

②将Time slider移动到第15帧。修改Sphere通道栏中的位移属性为（0，0，0），按下S键对Sphere设置关键帧。如图2−15所示：

③继续设定关键帧，将T ime slider移动到25帧，我们将Sphere移动到视图右边，由于Sphere在运动中会有动能损失，我们将Sphere的位移设为（0，8.786，0）同样我们按下S键对sphere他设置关键帧如图2−16所示。

④将Time slider移动到第45帧，然后再向右移动Sphere位移属性设置为（0，5.637，0.）然后设置关键帧。如图2−17所示：

⑤每15帧设置一个关键帧，并且每一次弹起都会有功能损失。也就是Y轴位移右衰减，只到95帧，也就是小球弹跳停止。如图2−18所示。

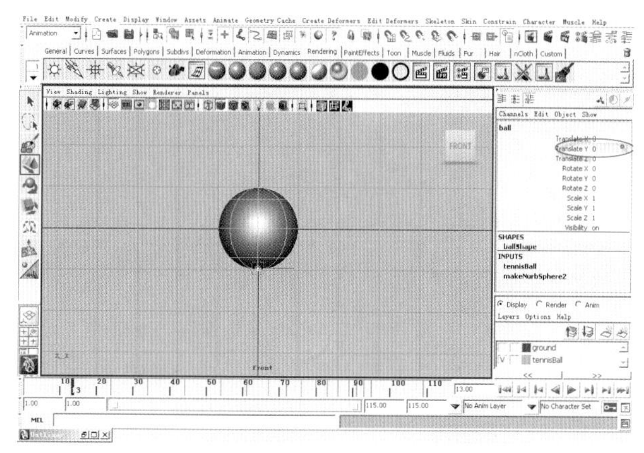

图 2−13

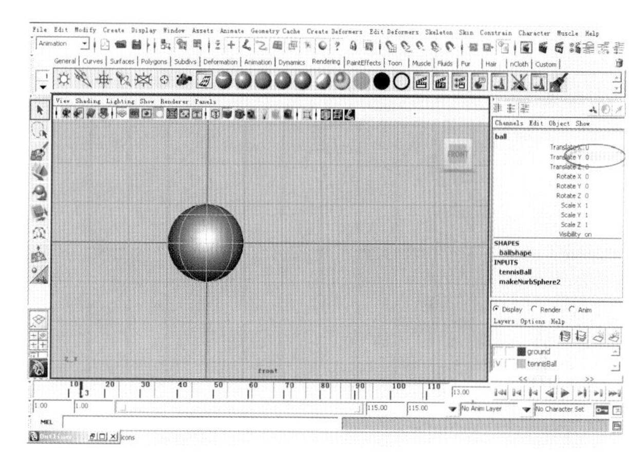

图 2−15

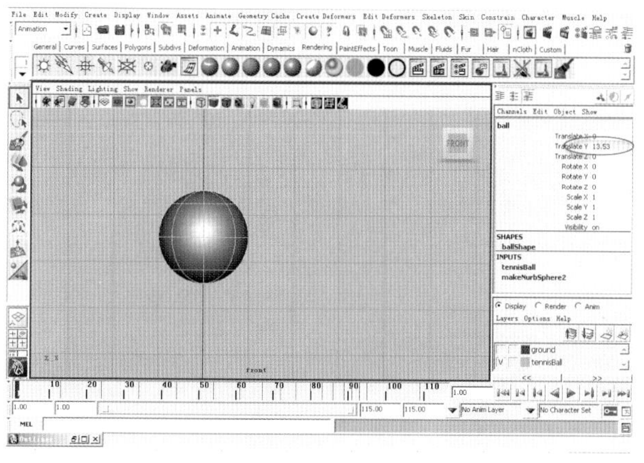

图 2−14

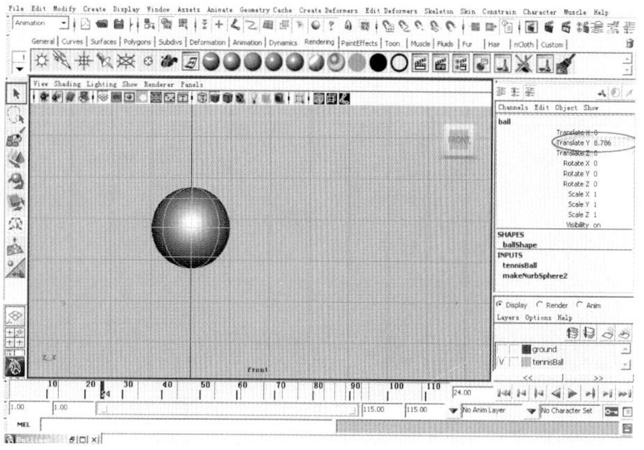

图 2−16

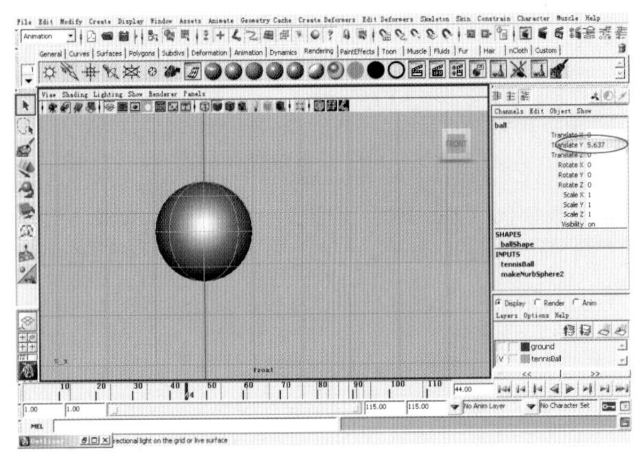

图 2-17

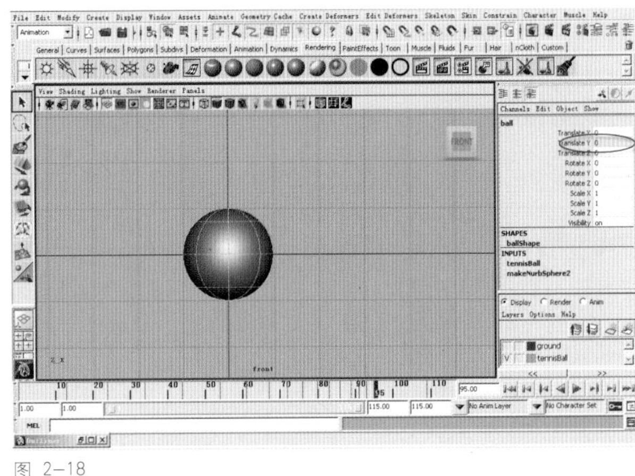

图 2-18

第五节 ///// 图表编辑器

(Graph Editor)图表编辑器时调整动画的重要工具，在这个编辑器中汇集了所有动画物体的动画曲线。我们可以通过调整这些曲线，以实现对动画的非线性编辑，从而得到很多动画效果。在这个编辑器中不但可以对动画曲线进行编辑，也可以对关键帧进行编辑，其在动画设置中有着非常重要的使用价值。我们要想得到非常好的效果，则必须在（Graph Editor）编辑器中调节动画曲线，也是非常必要的。

(Graph Editor)（图表编辑器）

图表编辑器只使用关键帧和动画曲线进行工作，对于某些类型的动画是不可见的。例如使用表达式和反动力学制作的动画就不能在(Graph Editor)中编辑(图2-19)。

(Graph Editor)的操作和平视图一样的，除了没有旋转操作以外，其他三个正视图是一样的，我们可以将其看做一个平视图即可。

另外还要注意使用Show Re-sults （显示结果），可以产生一条具有代表性的动画曲线，单独这条曲线不能被正常的显示也不能进行编辑。

在（Graph Editor）中编辑操作时要注意，对于关键帧和动画曲线的编辑命令是同样有效的。也就是说我们可以选择关键帧进行编辑操作，也可以直接选择动画曲线进行编辑操作，如：Copy　Paste Delete 等同样适用于曲线。

在图表编辑器中，只使用鼠标右键和工具栏基本上能完成我们的工作了，是非常快捷的，其实菜单中的使用概率并不是很高。

现在我们更换到Perspective(透视图)视图。单击播放控制器的Play(播放)按钮。我们会注意到动画并不像一个弹跳动作，看起来像是在飘动而不是碰撞地面的弹跳运动。这是因为在Maya里默认的运动是匀速的平滑运动，而现实生活中我们都知道物体的下落或上升都是变速的。都会有一个速度变慢(比如物体弹起)或者是速度变快(比如物体下落）的过程。

在Maya里我们可以在(Graph Editor(图表编辑器)里通过修改曲线的切线来达到我们想要的变速效果，当然也可以编辑在动画中需要修改的属性数值。

1.选中球体

选择 Widionw/Animation Editors/Graph Editor来打开Greph Editor，如图2-20所示。

上图中显示的曲线就是Sphere运动的动画曲线。Y 轴属性曲线为绿色，Z轴的属性曲线为蓝色。我们用鼠标左键拖拉选中窗口左边的Translate X，TranslateY 和TrenslateZ，那么在曲线编辑器窗口中就只是显示Sphere的位移曲线。如图2-21所示。

2.现在我们开始编辑动画曲线

①在Graph Editor窗口左边的Outliner里选中 TranslateY 并按下

A 键使该曲线显示在整个窗口中。

②在图表中，选中曲线上所有值为0的点，也就是曲线所有的最低点。这些点对应的是球体碰撞地面时所设置的关键帧。我们会注意到现在关键帧显示为有切线手柄的换颜色。如图 2–22 所示。

③我们需要将每个切线手柄断开，好让Sphere 下落和上升时创建锐利的曲线。让碰撞时有更大的力度感。在Graph Editor(曲线编辑器)中，选择Key/Break Tangent或者选择工具栏上的 图标。如图 2–23 所示：

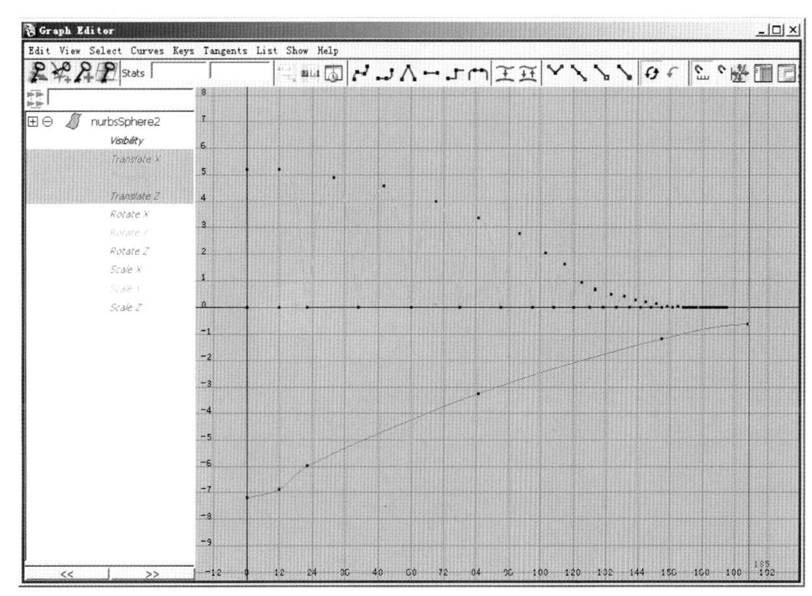

图 2–21

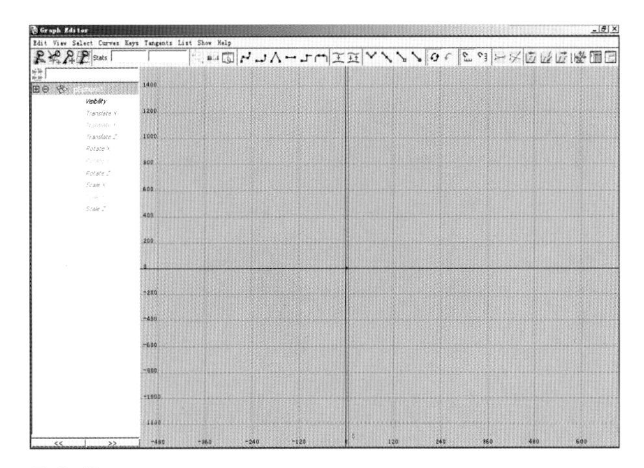

图 2–19

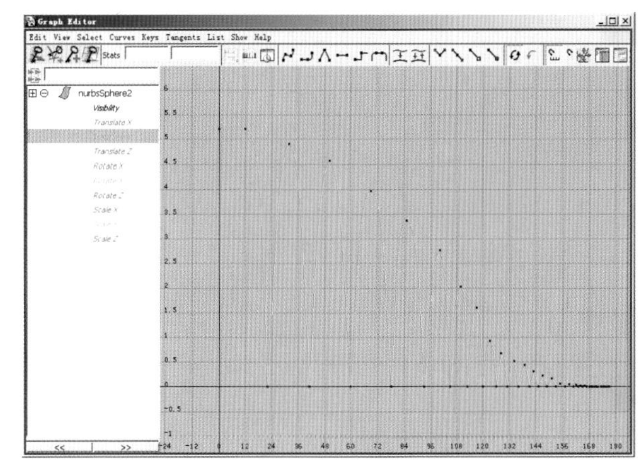

图 2–22

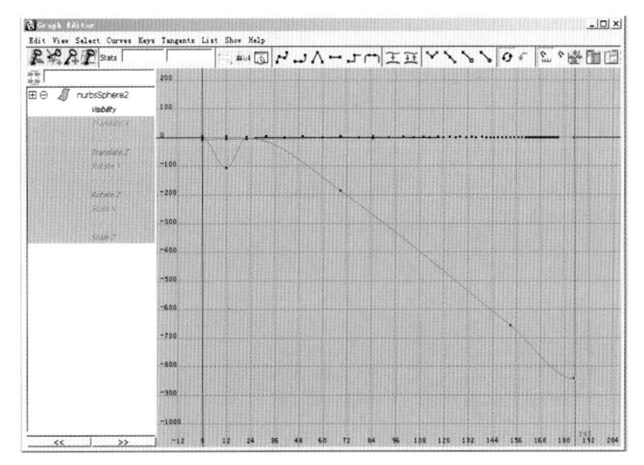

图 2–20

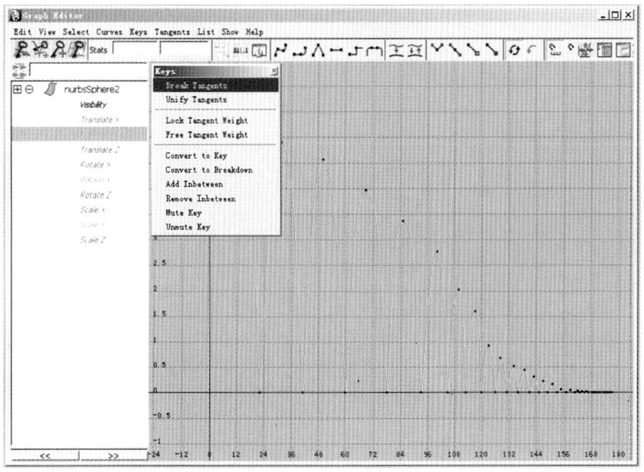

图 2–23

④选择Move工具（按下W键）并拖鼠标左键选择第一个关键帧左边的切线。该切线现在高亮显示为蓝色。如图2–24所示。

⑤现在用鼠标中键将切线向上拖动。注意到切线不再是通过点的一条直线了，相反，切线已经断开。试着将第一个关键帧右边的切线做同样的操作。

⑥选择切线并将其他向上移动来使曲线变得锐利，继续编辑其他关键帧。如图2–25所示。

⑦现在我们编辑Sphere在X轴上的动画曲线。在Graph Editor的Outline部分单击Translate X，按F键使曲线显示在整个图表窗口中。

⑧删除第一个和最后一个关键帧之外的其他关键帧，框选这些点并按Delete键。如图2–26所示。

这样就成了一条直线，单击动画控制器中的Play按钮并观察运动，我们会发现运动更加平滑了，不过却在最后一帧处生硬地停住。

⑨选择最后一个关键帧并选择该关键帧的切线。在Graph Editor中，选择Tangents/Flath或者选择更加栏上的 ━ 工具，如图2–27这样，在曲线进入该关键帧的时间段内X轴的变化率非常小 。得到的效果是球体渐渐慢下来直到最后。

⑩进入Perspective视图中预览动画。鼠标移动到Time slider（时间滑块）上点击右键选择Play blast。

在Cuvres（曲线）中有我们常用的各种动画曲线类型，选择不同的曲线类型，就可以得到三种不同的动画形式：

Pre Infinity(前无限)

Post Infinity（后无限）

Cycle（循环）

选择此项，将使动画曲线作为

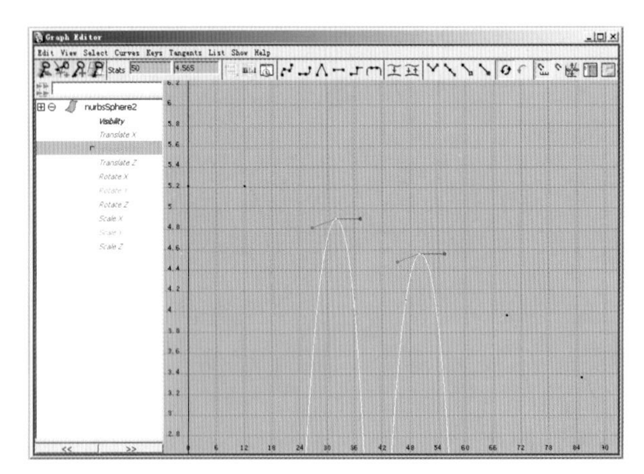

图 2–24

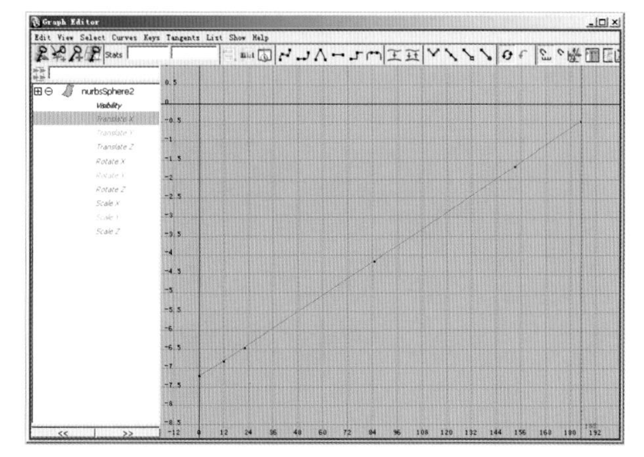

图 2–26

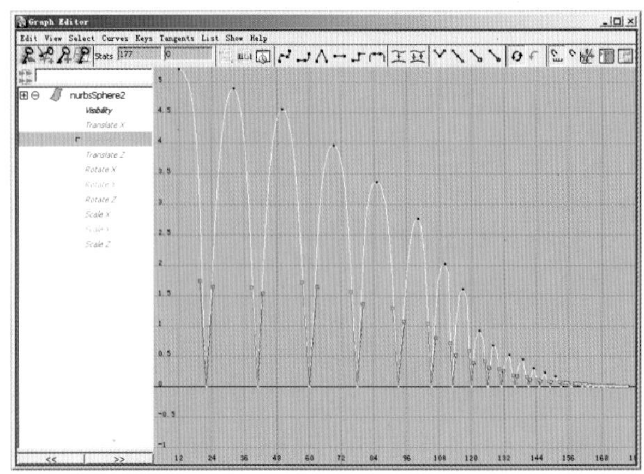

图 2–25

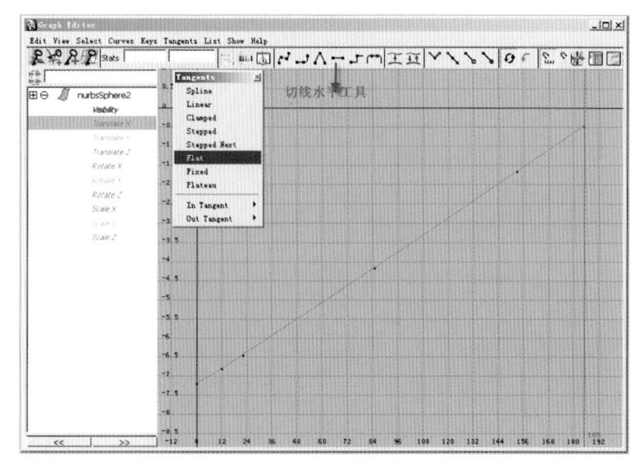

图 2–27

一份复制而被无限重复。如图 2–29 所示。

Cycle with offset(偏移循环)

选择此项，将使动画曲线重复，循环曲线是从最后一个关键帧的值添加到第一个关键帧的值上的。如图 2–30 所示。

Oscillate(震荡)

选择此项，通过反转动画曲线值的方式来重复动画曲线，因此随着每一次循环，在曲线形状上就会产生来回地震荡的效果。如图 2–31 所示。

Liner(线性)

选择此项，设置利用曲线第一个关键帧的切线信息外推其值，产生延伸至无穷远的线性曲线，如图 2–32 所示。

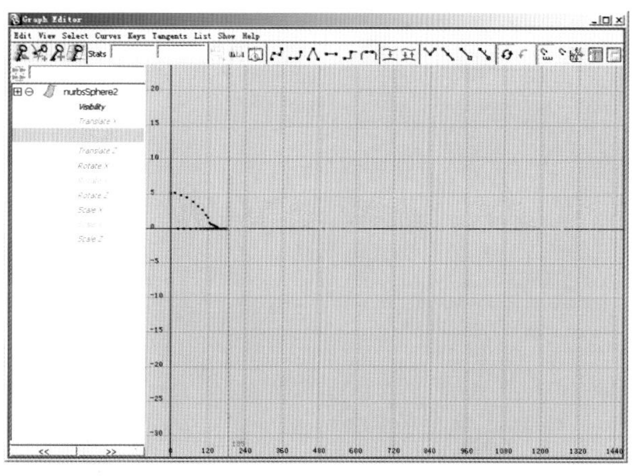

图 2–30

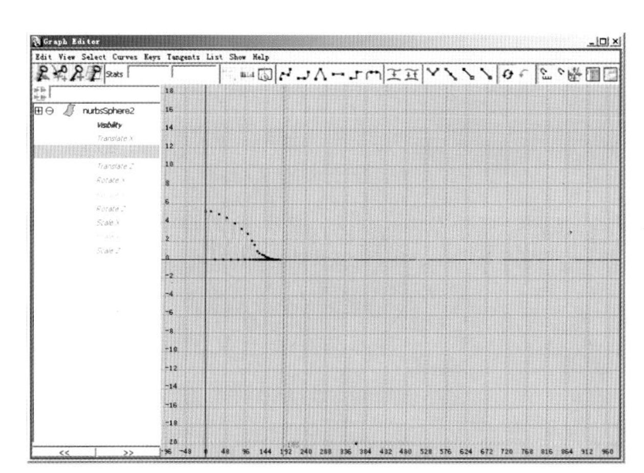

图 2–28

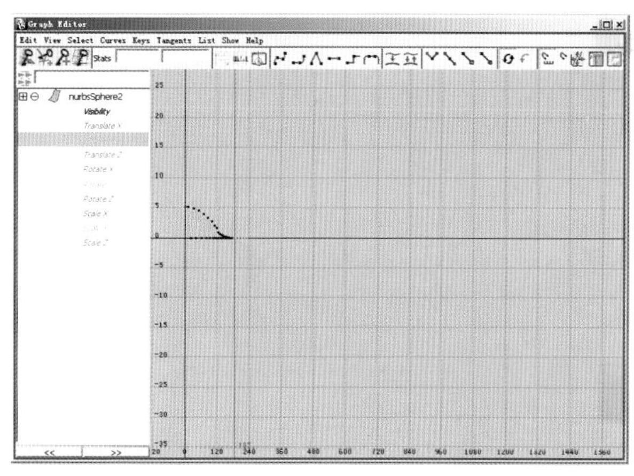

图 2–31

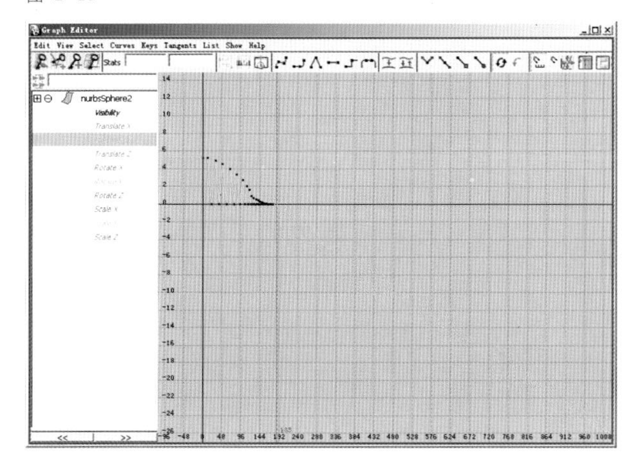

图 2–29

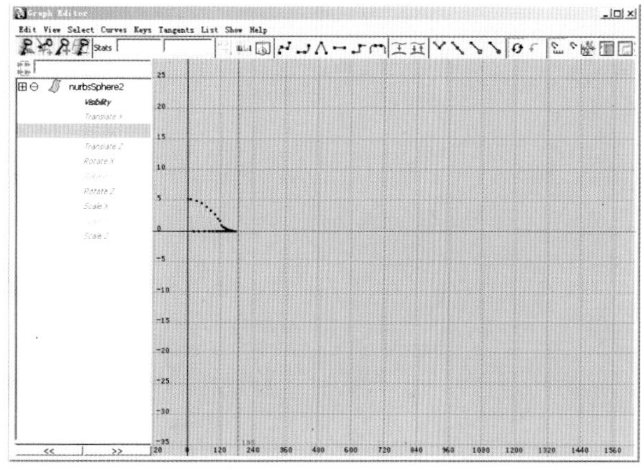

图 2–32

Constant(衡量)

选择此项，设置将保持曲线的第一个或最后一个关键帧的值，这是Maya对动画曲线的默认设置。如图2—33所示。

Simplity Curve(简化曲线)

这个功能是用来除去对动画曲线的形状不起作用的关键帧。当手工添加关键帧或执行像Bake channel (烘焙通道)这类操作时，会产生多余的关键帧，我们需要移除一下多余的关键帧，减少图表的复杂性，并且加大曲线跨度，调整曲线切线。

简化曲线的方法有两种

Classic(传统方式)，这种方法是使用Maya以前的运算法则去除多余的帧。通常对灯光数据集使用这种方法，如关键帧动画，这种动画并不在每一帧上都有关键帧。

Dense(密集数据)，这种方法是专用密集数据设计运算法则去除多余的关键帧，如运动捕捉的数据的数据，这种动画在每一帧上 都有一个关键帧，如果使用Classie方式不能奏效，使用Dense data方式才可以达到精减动画曲线的目的。

需要注意一下Time tolerane (时间公差)和 (Vzlue Tolerance(值公差)的参数设置，这些设置是表示在曲线上的《平均》执行的程度。通常是要给定一个超过1的值。

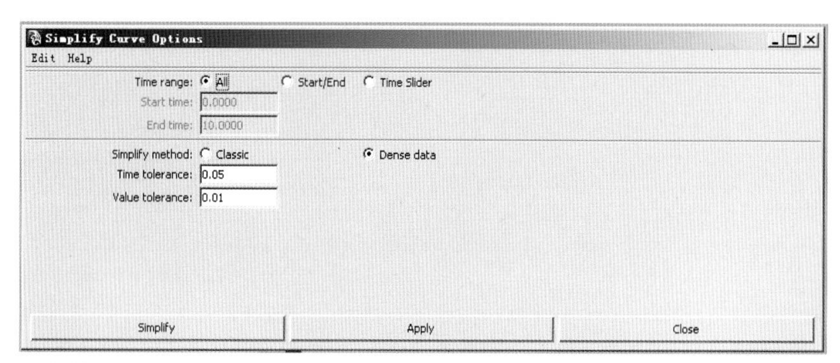

图 2—33

Tangents(切线)菜单

在这部分将全面学习各种切线的功能，包括Liner(线性)，Clamped (夹具)、Stepped(步行)、Flat(平直)、和Fixed(固定)等动画切线类型。

Spline (样条曲线) 此选项可以使选择的关键帧之前的关键帧和之后的关键帧之间创建比较平滑的动画曲线。曲线的切线，共线，(都具有相同的角度) 它可以取保动画曲线平滑的底进入和退出关键帧。如果我们要创建比较流畅的原地效果，选择这种方式是比较理想的，这也是通常应用比较多的。

Linear(线性)，这个选项可以创建两个关键帧之间相连的动画曲线，之间没有缓和的过度。其表现为不平滑地进入和退出关键帧。

Clamped(夹具)，它具有样条切线和线性切线的特征，通常用来防止滑动效果的产生。

Stepped(步进)方式的切线，创建出切线为使出切线保持一条水平的曲线，这种方式可以产生突变，通常只用在一些突变的效果上。

Flat(平直)，此项可以时曲线的入切线和出切线保持水平。这种情况我是我们应用比较多的，尤其是在制作循环动画时变化效果上。

第六节 ///// 声音文件的使用

学习声音文件的使用以及摄影图表编辑器的应用，如图2—34所示。

一、声音文件的应用方式

首先，我们可以直接将声音文件拖到时间滑块上，这样可以直接显示出声音的波形。这种方法的最好的，也是最常用的。如图2—35所示：

其次，我们也可以拖拽声音文件到任何一个视图窗口里面，不过这种方式显示在Timeline上的效果不如第一种方法直观，它显示为USE tarx sounds方式。如图2—36所示。

我们当然可以使用导入文件的方式来获取声音文件。不过这种方法不能直接在时间滑块上显示声音波形，还要选择一下使用的声音文件才可以。如图2—37所示：

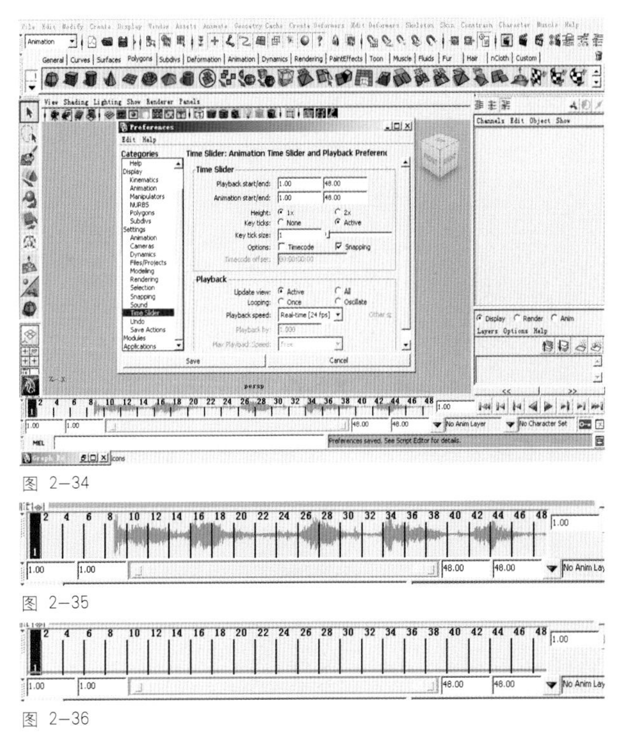

图 2-34

图 2-35

图 2-36

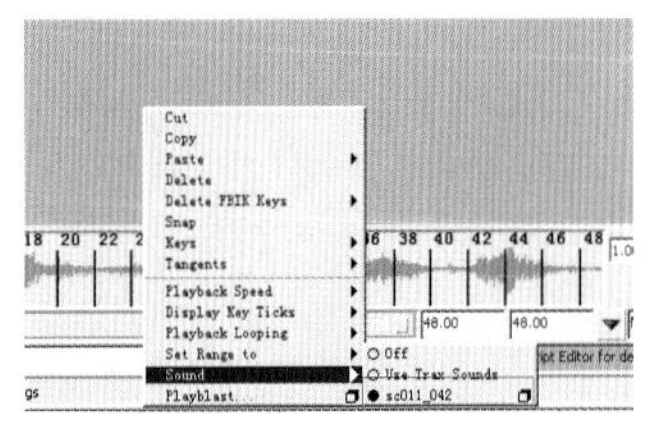

图 2-37

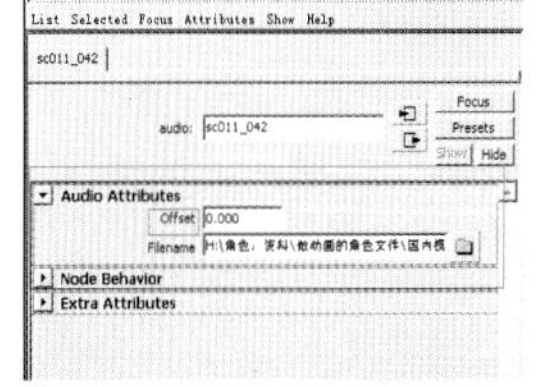

图 2-38

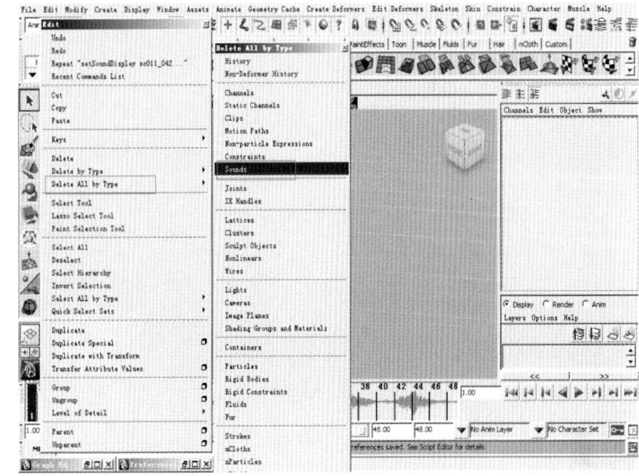

图 2-39

二、多个声音文件的使用

对于声音文件的使用操作也是比较容易的，在其属性面板里面可以随意地选择替换声音文件，也可以多个声音文件一起使用，不过要注意的是，不能同时多个声音时使用，我们可以导入多个声音文件，但每次只能使用一个。

多个文件使用时，要设置一下Offset这个参数，将不同的声音文件放在不同的时间上，就可以实现多个声音文件一起使用了，如图2-38所示。

如果要删除声音文件也是很方便的，可以执行Edit Delete by Type/sounds，然后选择文件名即可。如图2-39所示。

需要特别注意的是，在Maya中可以接受的声音文件格式只有两种形式、即WAV、AIFF或TIF格式，而且是未经压缩的，这一点要特别注意，除此不接受其他声音文件。

另外，声音不被渲染输出，它只被用来调整动画时起参考作用。如果想得到声音只能到后期软件中进行合成了。

声音文件在播放时需要注意要使用Real time的方式才能播放出声音，如果使用Playevery frame是无法播放出声音的。

第七节 ///// 驱动关键帧

在Maya众多的关键帧类型当中有一种特殊的关键帧，叫做被驱动关键帧，它可以用来连接两个不同物体的属性值，当创建一个被驱动关键帧时，需要指明驱动属性值和被驱动属性值、使用驱动关键帧我们可以创建当一个物体到达门前时，门自动打开的动画效果，得到这种动画效果，我们必须把物体的位移属性和门的旋转属性进行驱动关键帧设置。

设置被驱动关键帧动画

打开文件Animation/Chapter-1/Boll_driven_1，我们想让小球沿X轴的负方向运动，撞到门后，门被撞开。小球继续运动。

1.给小球设置关键帧动画，第1帧时按S键设置初始关键帧，到48帧时将小球移动到门后面，将小球的TranslateX轴属性设为-40。

2.选择Animation/Set Driven

Key/Set 命令。如图 2-40 所示。

3.点击后打开Set Driver Key窗口，在透视图中选择小球 Boll。在Set Driven Key窗口，单击Load Driver 按钮，小球ball和它的属性显示在窗口的Driver部分，左边窗口显示的是在动画中起驱动作用的驱动者名称，右边的窗口显示的是驱动者的相关属性。如图2-41所示。

4.在透视图中选择门Door然后在Set Driver Key窗口，单击L oad Driven 按钮，门Door和它的属性显示在窗口的Driven部分，左边窗口显示的是动画中受驱动的被驱动者名称，右边窗口显示的是被驱动者的相关属性。如图 2-42 所示。

在Set Driven Key 窗口中，选择小球ball的属性 Translate X和门 door的属性Rotate Y。如图2-43 所示。

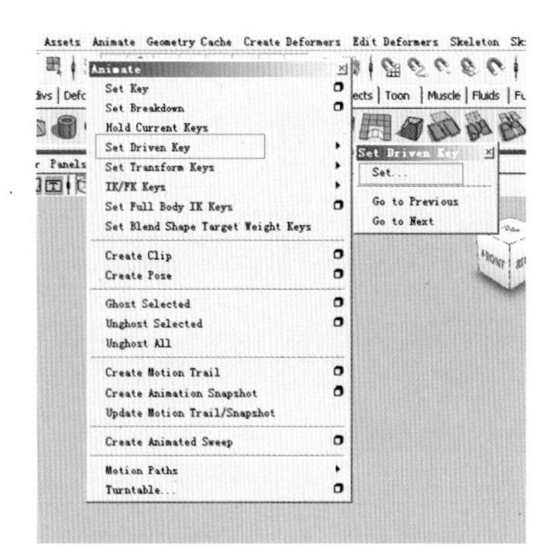

图 2-40

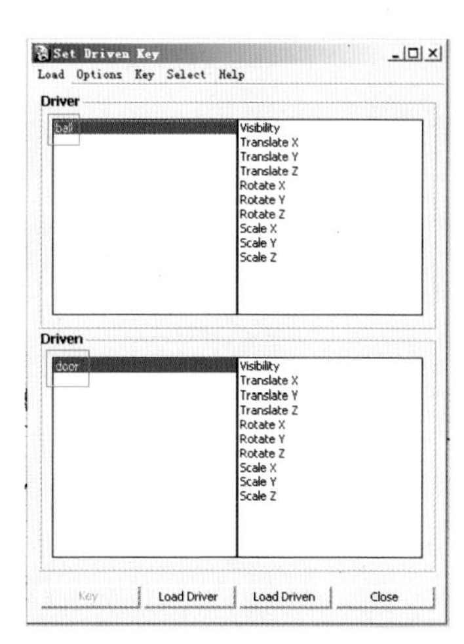

图 2-42

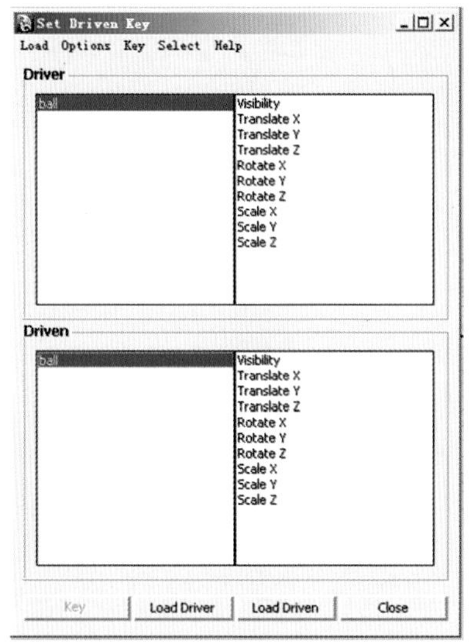

图 2-41

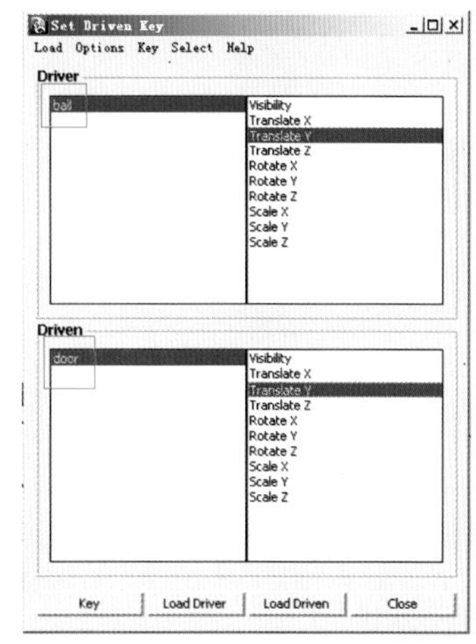

图 2-43

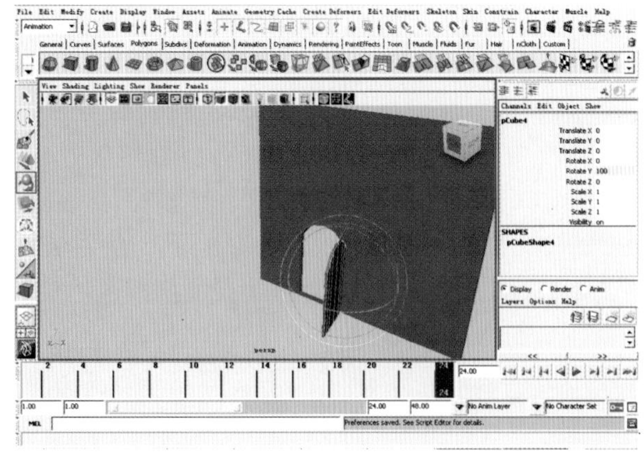

图 2-44

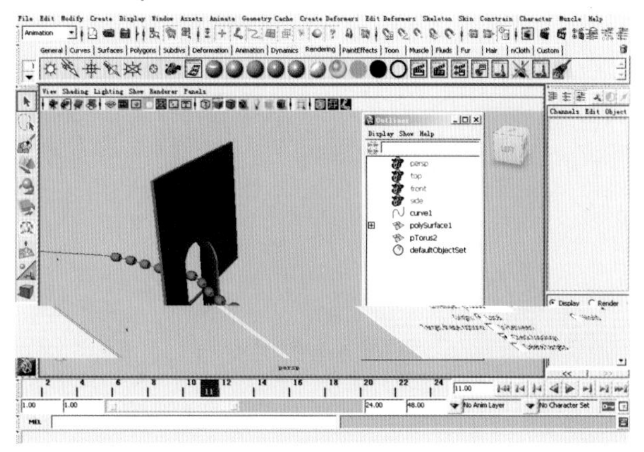

图 2-45

5.在Time slider时间滑块中将动画移至到撞门的一瞬间，即小球刚要接触门的21帧，在Set Driven Key 窗口中单击 Key 按钮。

6.在 Time slider 时间滑块至将动画移至小球进入门后，门被撞开到最大角度的30帧，在透视图中选择门door，选择旋转工具，其在Y 轴旋转 100°。如图 2-44 所示。

7.在Set Driven Key 窗口中单击 Key 按钮。

8.播放动画，我们会看到小球在接住门后，门被打开，小球继续向前移动。如图 2-45 所示。

第八节 ///// 动画路径

Motion Paths(运动路径)

Motion Paths(运动路径)的子菜单如图 2-46 所示。

1.Set Motion Path Key(设定运动路径关键帧)

菜单Animation(动画)/Motion Paths(运动路径)/Set Motion Path Key(设定运动路径关键帧)

工具架上的图标：

默认的快捷键：无

功能：设定路径动画的关键帧，Maya会连接不同的运动路径关键帧的位置，自动生成一条运动路径。

操作方式：选择要动画的物体，然后在不同的时间，改变物体的位置，单击执行。

参数设置：无

注意：Set Motion Path Key(设定运动路径关键帧)得到的是路径动画，不是普通的关键帧动画，既然是路径动画，我们就可以调整路径来影响改变动画。

应用场合：需要设定路径动画时，又不想事先创建运动路径，可以执行 Set Motion Path Key(设定运动路径关键帧)。

示例：如图2-47所示：在不同的时间，改变物体的位置，设定Set Motion Path Key(设定运动路径关键帧)。

2.如图2-48所示，可以在设定好的路径动画关键帧上改变路径动画的参数。

Attach To Motion Path(连接到运动路径)

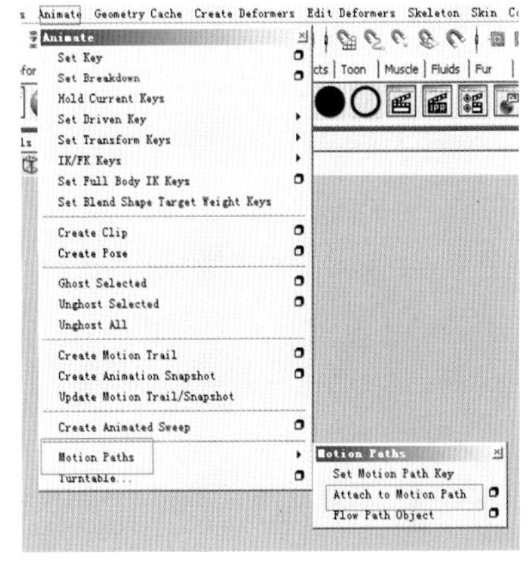

图 2-46

菜单：Animation(动画)/Motion Paths(运动路径) /Attach to Motion Path(连接到运动路径)

工具加上的图标：

默认快捷键：无

功能：使物体沿着已有的NURBS曲线运动，这条NURBS曲

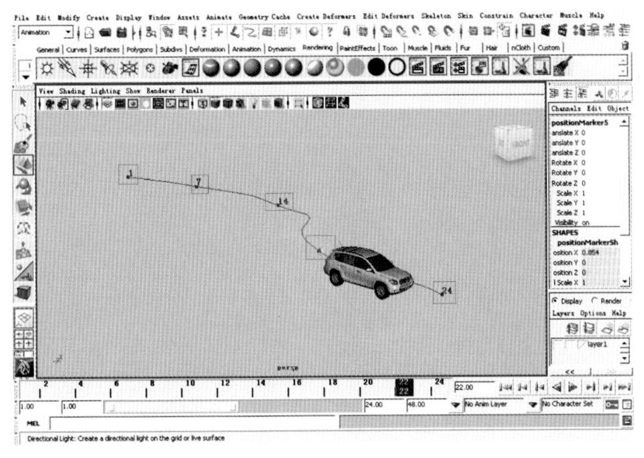
图 2-47

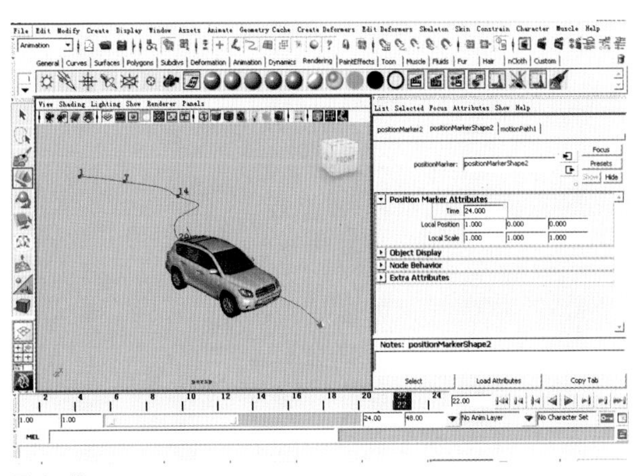
图 2-48

线就叫做Motion Paths(运动路径)，简称路径。路径可以为3D曲线，也可以是表面曲线。如果路径是表面曲线，则运动物体在表面上沿着曲线运动。

操作方式：首先要选择动画的物体，然后按住Shift键选择路径曲线，单击执行。

参数设置：Animation(动画)/Motion Paths(运动路径)/Attach to Motion Path options(连接到运动路径的选项窗）如图2-49所示。

Time Range(时间范围)

Time Slide(时间滑块)：使用时间线上的开始时间和结束时间之间的范围作为路径动画的时间范围。

Start(开始)：设定路径动画的开始时间。

Start(开始)/End(结束)：自定义路径动画的开始、结束时间，可在下面的Start Time(开始时间)和End(结束时间)中输入精确的帧数来设定路径动画的开始，结束时间。

Parametric lebgth(参数长度)：Maya沿着曲线定位物体共有两种方式：参数的间距方式（Parametric Space）和参数长度方式(Parametric Length)，在参数间距方式中，标记表示物体在曲线U参数间距中的位置：而在参数长度方式中时，标记将按曲面的总长度的百分比来表示物体的位置，使用参数间距方式，则路径曲线上的CVs分布不影响路径动画结果。而使用参数长度的方式容易得到物体的平滑运动，而路径曲线上的CVs分布影响路径动画结果。

Follow（前方轴)：勾选该项，物体在沿着路径运动的同时，Maya会根据路径自动调整物体的方向，否则，物体沿着路径运动的同时不会改变方向Maya使用前向量(Front axes）和顶向量（up Vector)来确定物体的方向，并把物体的局部坐标轴(Local axes)和这两个向量对齐。

Front axis(前向轴)：设定物体的局部坐标轴和前向量对齐，可以选择X/Y/Z坐标轴为路径动画打前向轴。

Up axis(上方轴)：设定物体的局部坐标轴和顶向量对齐，可以选择X/Y/Z坐标轴为路径动画的上方轴。

World up type（全局顶向量的类型)：设定全局顶向量的类型。

Scene up(与场景上方轴)顶向量与场景上方轴对齐，全局顶向量被忽略。

技巧：可以执行菜单Window/Settings/preferences/preferences命令，在Settings下可以设定Up axis，即场景上方轴，如图2-50所示：

① Obiect up(物体上方轴)：顶向量与设定的物体的原点对齐，全局顶向量被忽略。原点与顶向量对齐的物体叫做全局顶物体（World Up object)，可在下面的World up object(全局顶物体)中设定全局顶物体。如果没有设定全局顶物体，顶向量将会和场景的时间坐标原点对齐。

② Object rotation up(物体上方旋转轴)：顶向量与设定的全局顶物体的局部看见坐标轴对齐。可以在World up object中来设定全局顶物体。

③ Veotor（向量)：设定顶向量与自定义的向量对齐，可使用

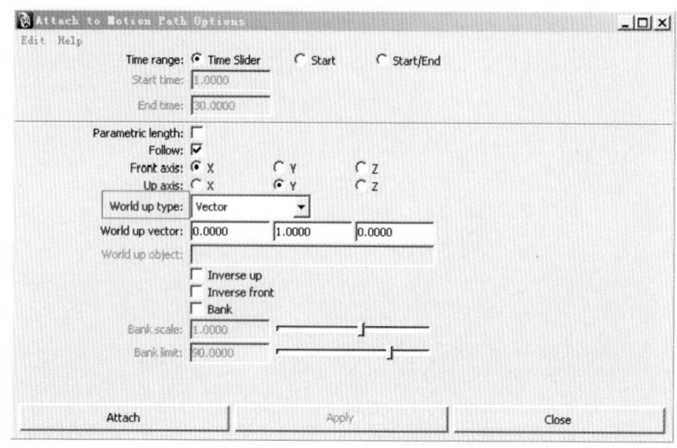

图 2-49

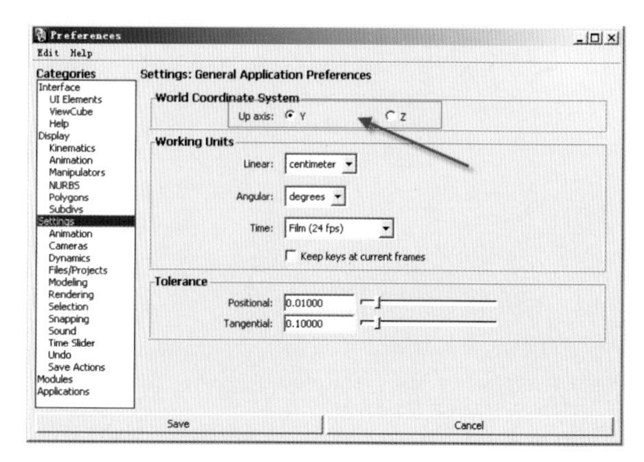

图 2-50

World up vector向定义一个向量，定义的向量和时间坐标空间对齐。

④ Normal(法线)：物体的上方轴总是尽量匹配路径曲线的法线方向。当制作表面曲线的路径动画时，路径曲线是表面曲线，选择此项可产生较好的效果。

World up vector(全部顶向量)：设定与场景全局空间对应的全局顶向量方向，该项只有在World up Type(全局顶向量的类型)选择Object Rotation up 或vector时，才会被激活。

World up object(全局顶物体)：设定全局顶物体，必要时可以旋转全局顶物体，防止物体沿着路径运动时突然翻转，该项只有在World up type(全局顶向量的类型)选择Object up 或object rotation up时，才会被激活。

Inverse up (反转顶向量)：物体的Up axis(上方轴)和顶向量的反向对齐。

Inverse front(反转前向量)：物体的Front axis(前方轴)和前向量的反向对齐。在制作摄像机的路径动画时，我们常常使用Inverse front项来反转摄像机的朝向。

Back(倾斜)：勾选该项，可模拟向心力的作用，使物体在运动时，朝曲线的曲率中心倾斜，例如摩托车在转弯时，受向心力的作用时总是向里倾斜。Maya会根据路径曲线的弯曲自动计算出应该出现的倾斜程度，也可以使用下面的Bank Scale(倾斜缩放)和Bank Limit(倾斜限制)来调整倾斜度。该选项只有在打开Follow时才会被激活。

Bank Scale(倾斜缩放)：可调整倾斜的效果，该参数值越大，倾斜效果越明显。

注意：设定Bank Scale为负值时，物体会向外倾斜，而不是向着路径曲线的曲率中心。

Bank Limit(倾斜限制)：可限定倾斜的最大程度。例如，扩大Bank Scale(倾斜缩放)参数，可获得较为明显的倾斜效果，但在曲线弯曲程度较大的地方，物体倾斜的程度也许会太大，使用Bank Limit(倾斜限制)可以把倾斜程度限制到设定值范围内。

注意：对于路径动画，Maya使用前向量(Front Vector)和顶向量(Up Vector)来确定物体的方向，并把物体的局部坐标轴(Local Axis)和两个向量对齐，需要的两个局部坐标轴分别为Front axis(前方轴)和Up axis(上方轴)所有路径动画核心时需要设定四个方向：前向量(Front Vector)和顶向量(Up Vector)，ront axis(前方轴)和up axis(上方轴)。其中前向量(Front Vector)会根据顶向量(Up Vector)而生成，但我们可以反转前向量(Front Vector)。

技巧：路径动画中，决定物体的方向是其局部坐标轴(Local Axis)而不是时间坐标轴，一般情况下，物体的局部坐标轴(Local Axis)和时间坐标轴的重合的。一旦选择过物体，则局部坐标轴(Local Axis)和时间坐标轴不再重合，这时就需要查看局部坐标轴(Local Axis)来决定物体的方向。有一个简单的方法，在制作路径动画之前，选择要动画的物体，执行Modify/Freeze Transformations命令，即可使物体的局部坐标轴(Local Axis)和时间坐标轴再次重合，这个方法同样适合于目标约束等操作，可以快速地设定方向。

此外，要看物体的局部坐标轴(Local Axis)，有两种方法。

如图2-51所示，选择物体，然后进入成分模式(Components)在状态行(Status Line)上按下问号形状的Icon，便可以看到物体的Local

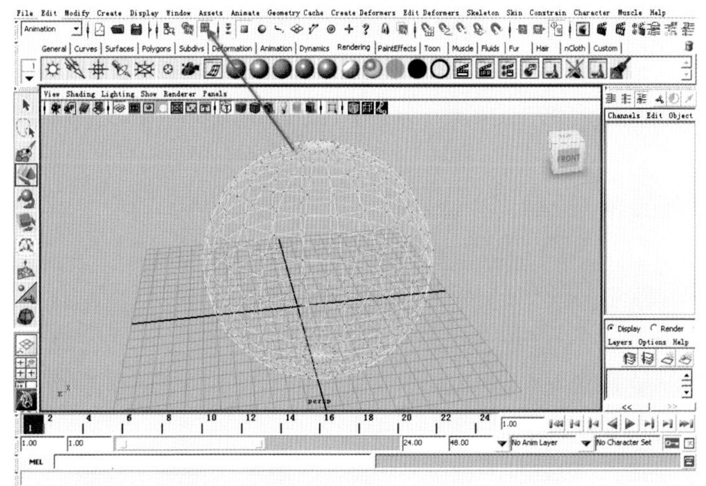

图 2-51

Axis了。

如果想要在物体模式（Object Mode）下显示物体的Local Axes，可以在物体模式（Objcet Mode）下选择物体，然后按Ctrl+a(小写)键。在属性编辑器窗口里开Display标签，如图2-52所示：勾选Display Local Axis,即可以显示物体的Local Axes了。

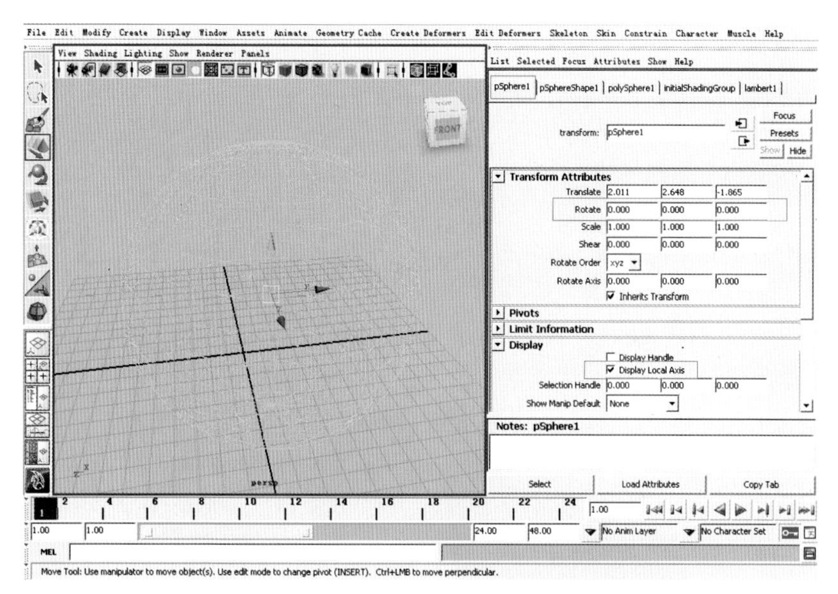

图 2-52

应用场合：我们常常使用路径动画制作车辆运动、追逐、鱼类游动、摄像机跟踪、游历动画等，要追逐车辆在某些特殊地形，如山坡、丘陵运动时，可以设定表面曲线作为运动路径。此外Attach to Motion Path(连接到运动路径)常常和Flow Path Obiect(物体跟随路径)联合使用。在Flow Path Object(物体跟随路径)后面将给出综合示例。

3.Flow Path Object(物体跟随路径)

菜单：Animation(动画)/Motion Paths(运动路径)/flow Path Object(物体跟随路径)

工具架上的图标：

默认的快捷键：无

功能: 物体在沿着路径时，使之随路径曲线形状的改变而变形，从而创建一种比较真实的效果。Maya会在路径动画物体上创建晶格，来实现跟随变形。

操作方式：选择已经设定了路径动画的物体，单击执行。

参数属性: 菜单: Animation(动画) /Motion Paths(运动路径)/Flow Path Object(物体跟随路径)命令的Options(选项窗)，如图2-53所示。

Divisions(细分): 设定细分晶格的数目。可以在Front(向前)Up(向上)、Side(侧面)三栏中设定细分段数，这里的参数值越大，物体的跟随变形效果越细腻，越贴合运动路径。

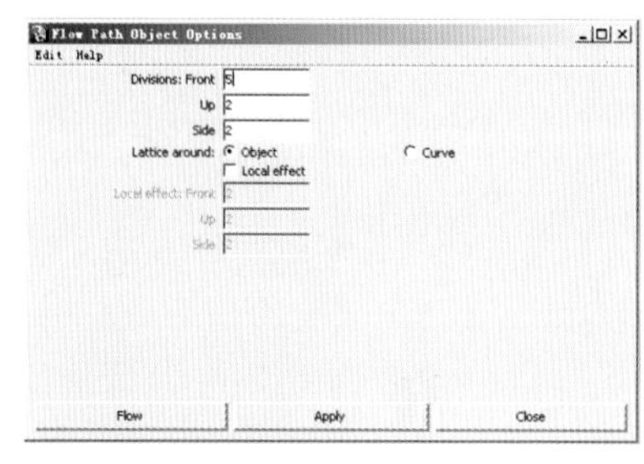

图 2-53

Lattice around(晶格围绕方式)

Object(物体)：围绕路径动画物体创建晶格。

Curve(曲线)：围绕运动路径创建晶格。

如图2-54所示：给出Lattice around(晶格围绕方式)的示例。

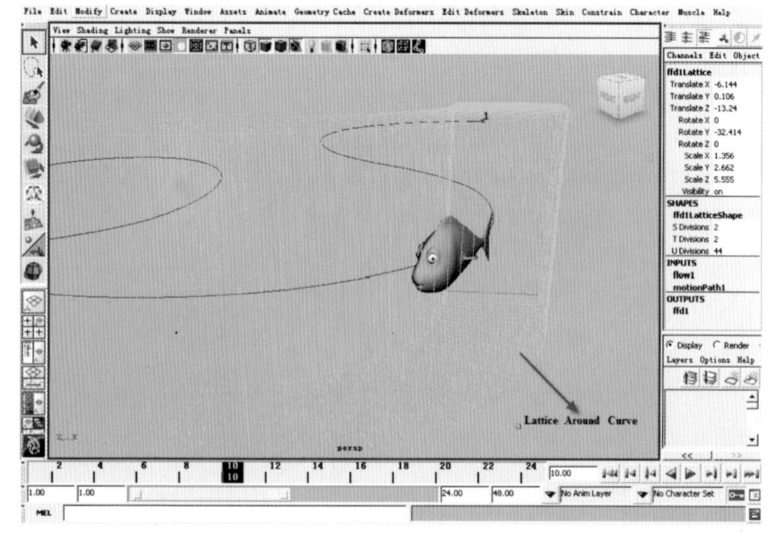

图 2-54

Local effect(局部效果)：设定在局部影响大户物体变形的晶格切片的数目。可以在Front(向前)Up(向上)、side(侧面)三栏中设定细分段数，尤其当Lattice around(晶格围绕方式)选择Curve时，可以调整局部变形效果，避免一些错误，通常状态下，Local Effect是打开的，可以调整局部变形效果，而Local effect divisions的数值应当和能够覆盖物体的晶格分割数量相同。而前面Division的参数值是控制整体效果的，参数值越大，物体的跟随变形效果越细腻，越贴合运动路径。

如图2-55所示：给出使用Local Effect 纠正跟随变形的示例。

应用场合：Attach to Motion Path(连接到运动路径)常常和Flow Path Object(物体跟随路径)联合使用，制作路径动画，使得物体在沿着路径运动时，随路径曲线形状的改变而变形。如图2-56所示，给出只使用Attach to Motion Path(连接到运动路径)和联合二者的示例，大家可以对比一下。

示例：

① 如图2-57所示：选择模型，然后在属性编辑器窗里打开Display标签，勾选Display Local Axis显示模型的L ocal Axis，这在后边设定参数时会用到。

② 建立一条NURBS曲线，先选择模型，按Shift键，然后选择路径曲线，执行菜单Animate Motion Path /Attach to Motion Path命令，打开其Options(选项窗)。

③如图2－58所示，给出了Front Axis，Up Axis的示意图，根据模型的Local Axis Up Axis即向上的轴是Y，观察路径，又可以确定Front Axis即前方轴是X。

④ 确认模型处于选择状态，执行菜单Animation/MotionPath/Flow Path Object命令打开其Op-

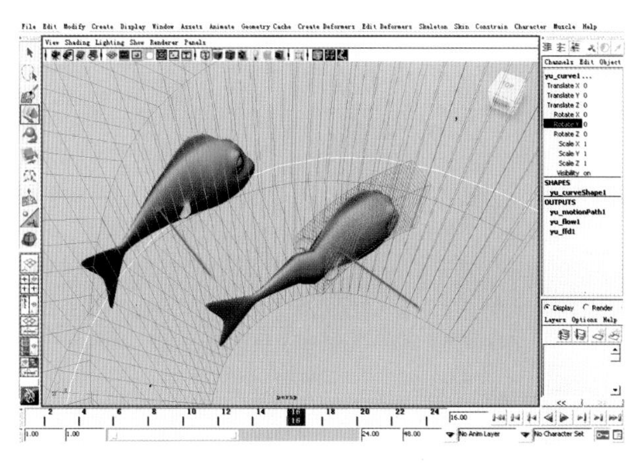

图2-55

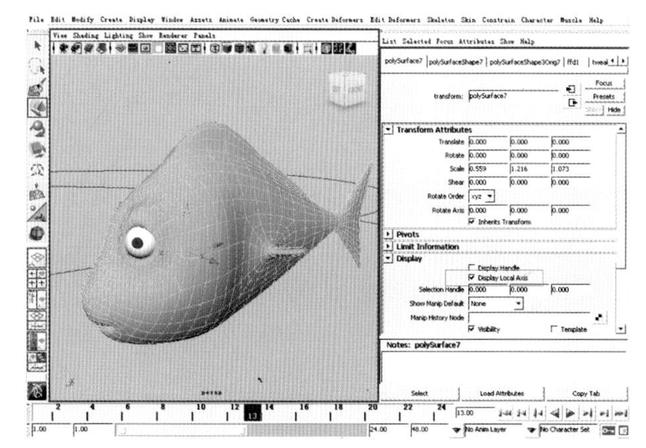

图2-57

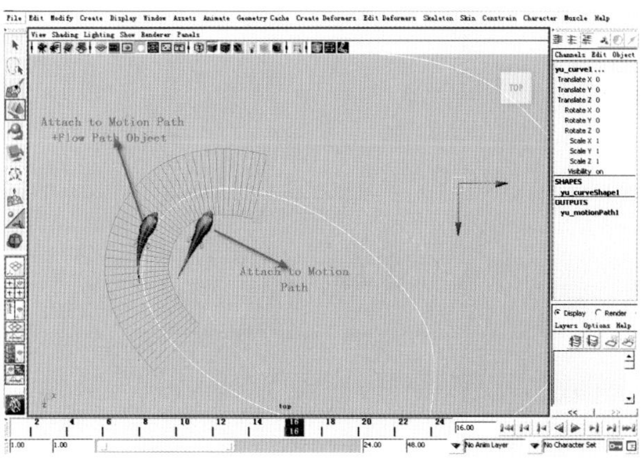

图2-56

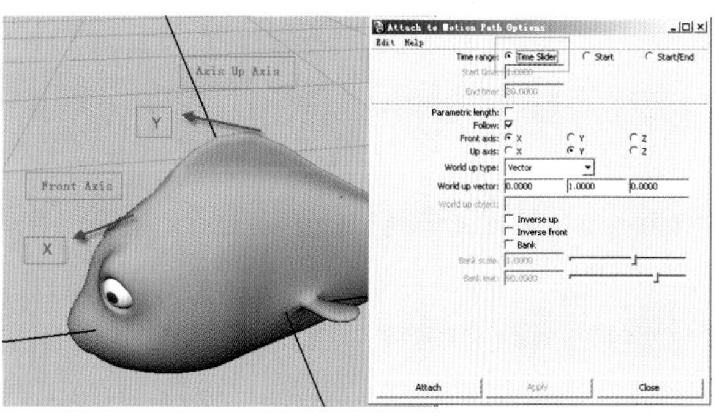

图2-58

tions(选项窗)，如图2-59所示，提高Front Disivions值，可以使物体变形更加光顺，细腻，Lattice around选择Object，当然大家也可以试试Lattice around选择Curve的效果。

播放动画，如图2-60所示：查看模型否是沿着路径运动的，并留意模型是如何根据路径的弯曲而变形的。

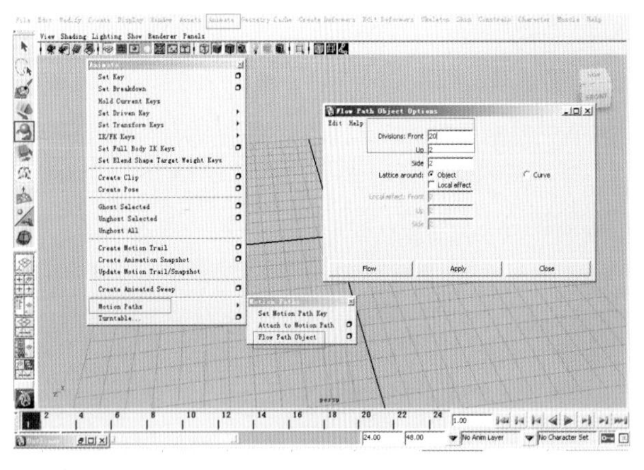

图2-59

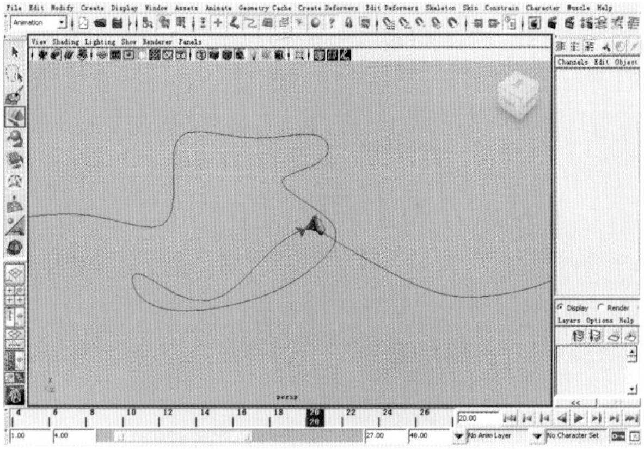

图2-60

第九节 ///// 摄像机的应用

功能：通过勾选一些摄像机的设置选项，来控制视图向导（View Guide）的显示，如分辨率指示器(Resolution Gate)，胶片边界指示器(Film Gate)、安全区指示器（Safe Action）等的显示与否，如图2-61所示，这些将在参数属性部分详细讨论。

一、参数属性

Perspective(透视摄像机)

勾选Perspective（透视摄像机）项，则设定摄像机是透视摄像机。视图也变成透视图了，不勾选Perspective（透视摄像机）项，视图则是正交视图，如图2-62、图2-63所示。

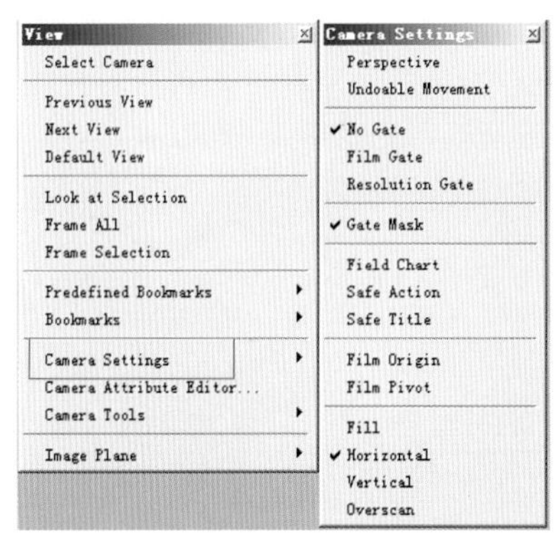

图2-61

图 2-62

图 2-63

Undoable Movement（不作移动）

Maya默认是不勾选Undoable Movement（不作移动)的，一旦勾选Undoable Movement（不作移动）项，则对该视图摄像机的操作，如Zoom（缩放视图）、Track（移动视图）等，Maya都会使用MEL记录下来。打开脚本编制器（Script Editor），就可以看到这些操作的MEL记录，如图2-64所示，通过这些MEL命令，可以返回到之前得到的视图角度。

当然通过前面介绍的菜单View/Previous View/Next View命令，也可以返回到之前得到的任意的视图角度，联合使用键盘上的{}切换起来更快捷。

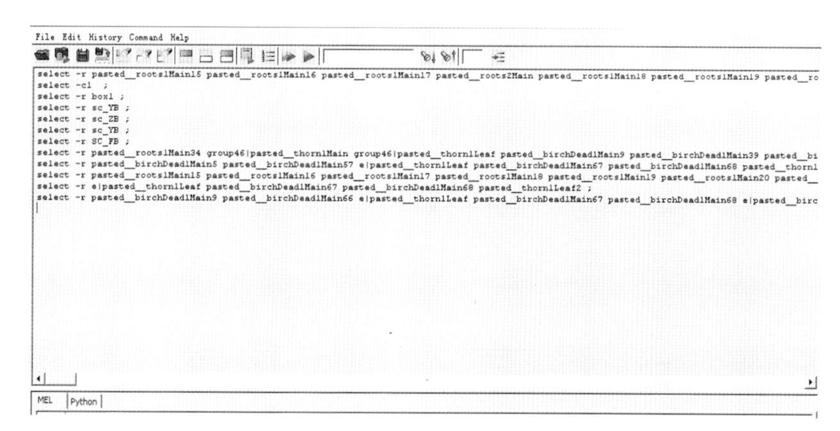

图 2-64

No Gate(不显示指示器)

No Gate(不显示指示器)，不显示指示器，是相对于下面的Film Gate(胶片边界指示器)和Resolution Gate(分辨率指示器)而言的。Maya默认情况下No Gate(不显示指示器)是勾选的。如图2-65所示

图 2-65

图 2-67

Film Gate (胶片边界指示器)

首先来看看Film Gate (胶片边界指示器)的类型，如图2-66所示，选择当前的摄像机，按Ctrl+A键，打开摄像机的属性编辑窗口，在Film Back (胶片) 栏的Film Gate (胶片边界指示器)下可以看到，胶片格式有16mm、35mm、70mm等。我们以好莱坞大片常用的70mm胶片为例，如图2-66所示，这是显示出来的Film Gate (胶片边界指示器)。

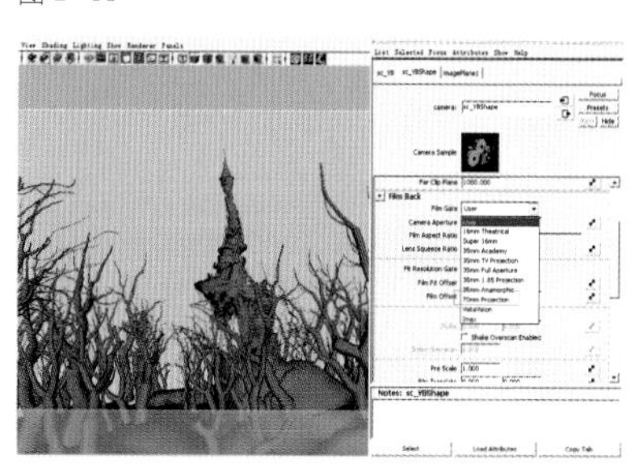

图 2-66

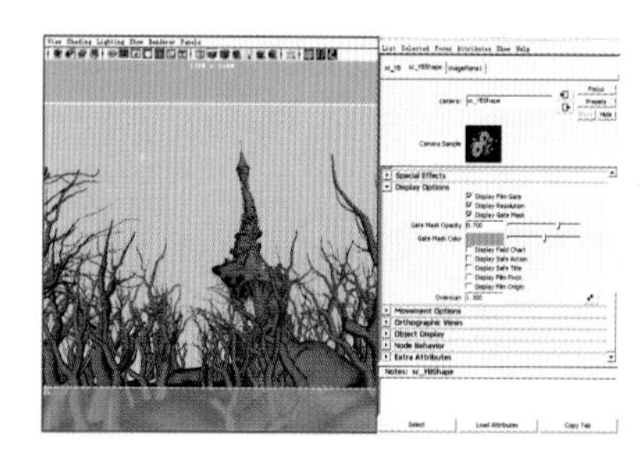

图 2-68

Resolution Gate(分辨率指示器)

Resolution Gate(分辨率指示器)是渲染框。即Resolution Gate (分辨率指示器)内的物体都会被渲染，当然，这里的渲染分辨率和Render Global(渲染全局设置)里的设置是一样的，Resolution Gate(分辨率指示器)如图2-67所示。

可以在视图中同时显示Resolution Gate(分辨率指示器)和Film Gate(胶片指示器)如图2-68所示，选择当前摄像机，按Ctrl+A键，打开摄像机属性窗口，在Display Options(显示选项)下勾选Display Resolution(显示分辨率)和Display Film Gate (显示胶片边界指示器)即可同时显示Resolution Gate和Flim Gate了。

Field Chart (视场指示器)

Field Chart(视场指示器)，如图2-69所示，这个网格显示了12个标准单元格动画视场。

图 2-69

最大的视场尺寸是12，同时也与Resolution Gate(分辨率指示器)重合，如图2-70所示。

Safe Action(安全区指示器)和Safe Title(标题安全指示器)

如果在电视上播放影片时，要

图 2–70

考虑到帧变形的问题。为了保证影片中的动作和字幕等能够完全显示出来,Maya提供了Safe Action(安全指示器)和Sate Title(标题安全区指示器)。

Safe Action(安全区指示器)和Safe Title(标题安全指示器)，在其他软件里面也是很常见的，有了Safe Action(安全区指示器)和Safe Title(标题安全指示器),在制作动作和字幕时就有依据了，影片中角色的动作最好不要超出Safe Action(安全区指示器)，而字幕最好不要超出Safe Title(标题安全区指示器)如图所示，我们把Resoluion Gate（分辨率指示器)Safe Action(安全区指示器)和Safe Title(标题安全指示器)同时显示出来。Safe Action(安全区指示器)大小是Resoluion Gate（分辨率指示器）的90%。而Safe Title(标题安全指示器)是Resoluion Gate(分辨率指示器）80%。

Film Origin（胶片源）

如图2–71所示，是显示当前的胶片源

Film Pivot(胶片中心)

如图所示你这是显示出来的胶片中心，V H分别表示Vertical(竖直)，Horizontal(水平)

Fill(填充)

Maya会自动选择水平方向匹配，以使Resolution Gate(分辨率指示器)尽量充满Film Gate（胶片边界指示器)。如图所示，为了便于观察，我们在视图中同时显示Resolutuon Gate(分辨率指示器)和Film Gate(胶片边界指示器)(方法前面讲过)，这是Fill（填充）的结果。

Horizontal(水平匹配)

在水平方向上使Resoluion Gate（分辨率指示器）Film Gate(胶片边界指示器）匹配，即保证Resoluion Gate（分辨率指示器）水平方向上充满FilmGate(胶片边界指示器)如图所示。

Vertical(竖直匹配)

在竖直方向上使Resoluion Gate（分辨率指示器）与FilmGate（胶片边界指示器）匹配，即保证Resoluion Gate（分辨率指示器）竖直方向上充满FilmGate(胶片边界指示器)之内。如图所示：

注意：在使用Field Chart(视场指示器)时，渲染分辨率必须是NTSC格式，在使用Safe Action(安全区指示器)和Safe Title（标题安全指示器）时，渲染分辨率必须是NTSC格式或者PAL格式。

菜单命令View(视图) Camera Settings(摄像机设置) Overacan(过扫描)和摄像机属性里的Overscan(过扫描)意义不一样的。调整摄像机属性里的Overscan(过扫描)值的大小.可以在视图中看到比Resoluion Gate（分辨率指示器）更多和更少的场景。

应用场合：需要在视图中显示视图向导(View Guide)查看时，可以选择菜单View(视图) Camera Settings(摄像机设置)命令，尤其Resoluion Gate（分辨率指示器）是很有用的，可以使我们明确知道窗口视图里哪些物体的那些部分即将被渲染，视图中哪些内容显示出来但不在渲染框内，不会被渲染。而Film Gate(胶片边界指示器)则可以提示我们胶片的边界。Safe Action(安全区指示器)和Safe Title(标题安全指示器)是我们设置好动画和字幕的好帮手，尤其制作电视片头动画，电视剧等更是必不可少。

二、Camera Attribute Editor（摄像机属性编辑器）

View(视图)— Camera Attribute Editor（摄像机属性编辑器)

快捷键：(在Outliner中）选择相应的摄像机，按Ctrl+a(小写)键。

功能：执行菜单View(视图)— Camera Attribute Editor（摄像机属性编辑器)命令，如图2–71所示，可以跳出摄像机的属性编辑窗并查看，修改其属性参数。

操作方式：单击执行。

参数属性：摄像机的属性编辑窗口Attribute EditorCamera，如图2–72所示。这里的众多属性参数我们会在以后面的Camera中详细介绍。

应用场合: 需要查看,修改某视图摄像机的属性参数时，不需要选择该摄像机，只需要执行菜单View(视图)— Camera Attribute Editor(摄像机属性编辑器)命令,即可调出摄像机的属性编辑器窗口，因为Maya默认情况下，Top ,Front

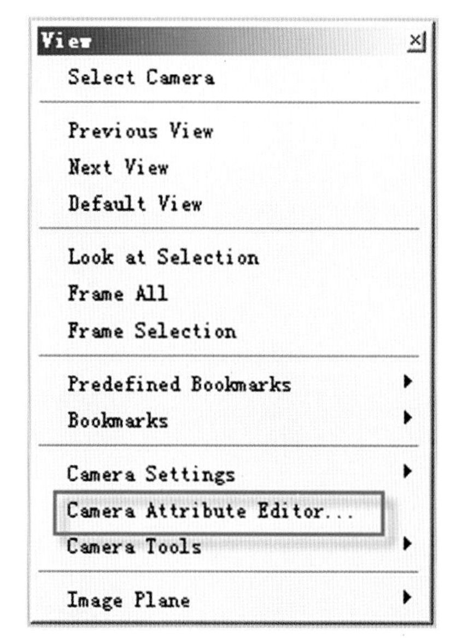

图 2–71

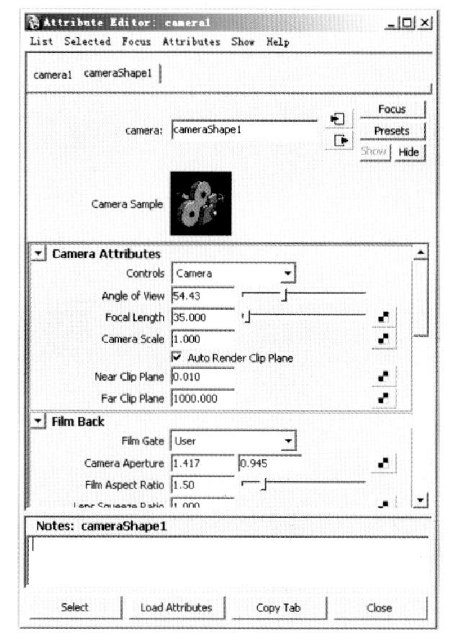

图 2–72

Side Perspective这几个视图摄像机是隐藏的，所以不容易直接选择，当我们可以在Outliner中选择相应摄像机，按Ctrl+a(小写)键，但显然执行View(视图)— Camera Attribute Editor 命令更加方便。

三、Camera Tools(摄像机工具)

1.View(视图)

Camera Tools (摄像机工具)，如图2–73所示。

工具架上的图标：见图

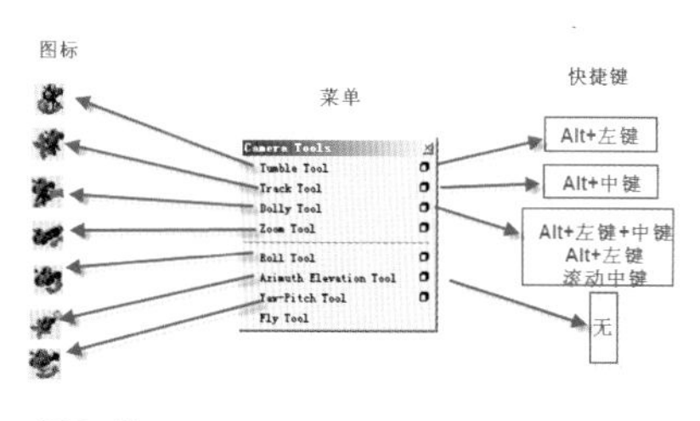

图 2–73

默认的快捷键：在图中已标记。

操作方式：单击执行。按住鼠标左键在视图中拖拽即可。

以下分别介绍它们。

2.Tumble Tool(翻转工具)

功能：在透视图翻转摄像机，以调整视图摄像机。

参数设置：如图2–74所示。

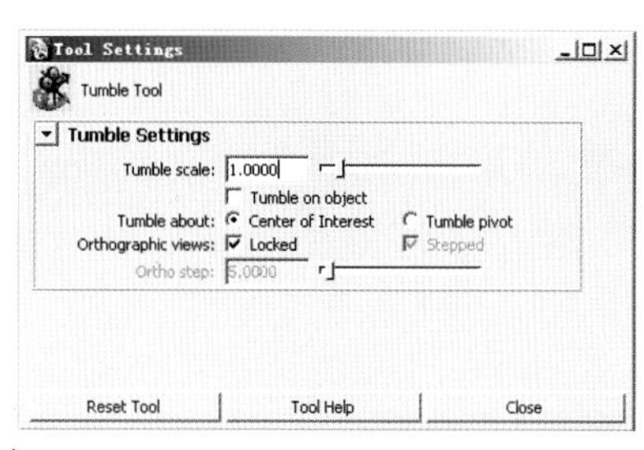

图 2–74

Tumble Scale(翻转速度)

设置Tumble Scale(翻转速度)可以调整翻转的快慢，Maya默认的Tumble Scale(翻转速度)值是1，可以根据个人喜爱和工作的需要设定Tumble Scale(翻转速度)，最大是10，最小是0.01。

Tumble About(翻转选项)

Maya提供两种翻转选项Center Of Fnerest(兴趣点)和Tumble Pivot(翻转轴点)Maya默认的翻转选项是Center Of Lnterest(兴趣点)。

Orthographic views (正交视图)

可以设置正交视图的翻转参数。对于翻转，Maya提供对正交视图两种操作Locked(锁定)和Stepped(分布)。

当勾选Locked(锁定)项时，此时Stepped(分布)。和Ortho Step(正交步幅)均显示为灰色，而且翻转工具对于Top(前视图)。Side(侧视图)等正交视图无效，只在Perspective(透视图)和Camera(摄像机视图)有效。

当关闭Locked(锁定)项时，便激活了Stepped(分布)和Ortho Step(正交步幅)勾选Stepped(分布)项后，可以分布的不连续的翻转正交视图，通过设置Ortho Step(正交步幅)值是5。当然可以根据个人爱好和工作的需要设定Ortho Step(正交步幅)，其最大是180，最小值是0.01。

当去掉Locked (锁定) 前面的选项时，则可以连续地翻转正交视图。跟翻转透视图完全一样。

注意：一般建模时，正交视图都作为参考，所以最好设置Orthographic Views(正交视图)选项为Locked (锁定)，即Maya的默认选项，翻转工具 (Tumble Tool) 对正交视图不起作用。

应用场合：翻转视图，调整视图角度，在场景中查看模型的细节或者查找某个对象，我们都会频繁的使用旋转工具（Tumble Tool）。按住Alt+鼠标左键，翻转视图，几乎是我们操作Maya最为常用的操作了。

技巧：按住Alt+Shift+鼠标左键，可以单方向翻转视图。

3.Track tool（移动工具）

功能：通过移动摄像机来滑动视图。

参数属性：如图2-75所示：

Track geometry(移动几何体)

如图2-76所示，当滑动视图时，常常遇到鼠标指针与视图中对象的移动不同步的问题，这是因为Maya默认是关闭Track Geometry（移动几何体）选项的。当勾选了

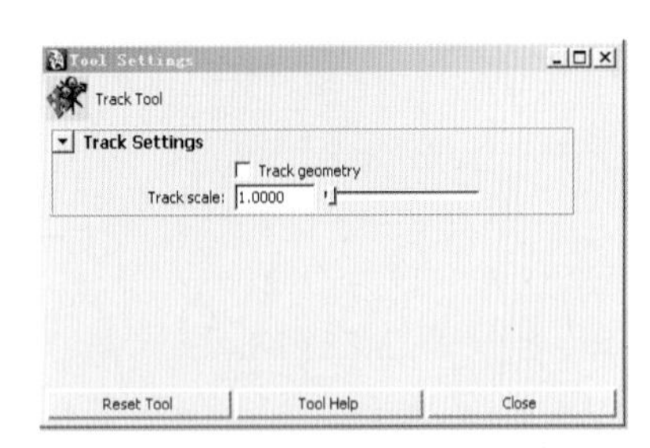

图2-75

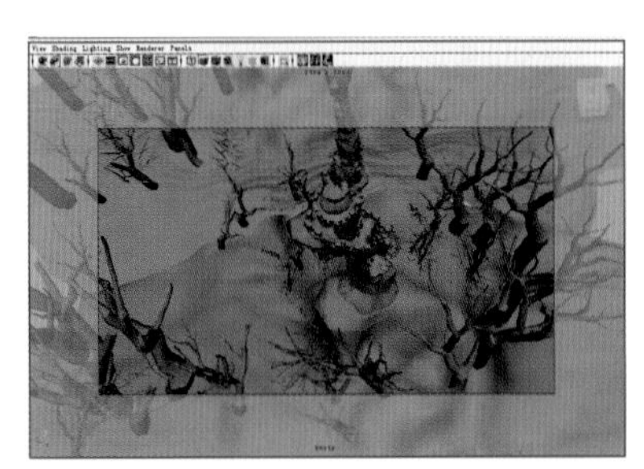

图2-76

Track geometry(移动几何体)项，则视图中对象与鼠标的移动就同步了，即滑动视图时，鼠标指针相对于视图中对象的位置不再变化。

Track Scale(移动速度)

设置Track Scale(移动速度)可以调整移动视图的快慢。Maya默认的Track Scale(移动速度)值是1，我们可以根据个人的爱好哈工作的需要设定Track Scale(移动速度)，其最大值是100，最小值是0。

注意：勾选Track geometry(移动几何体)选项，会消耗资源，降低视图交互变换速度，尤其场景比较复杂时，所以Maya默认情况下关闭Track geometry(移动几何体)项。

应用场合：在场景中查看模型细节或者查找某个对象，我们会频繁的使用移动工具（Track Tool）.

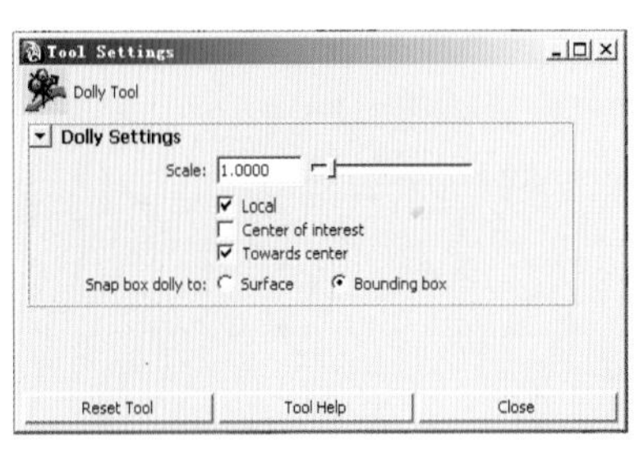

图2-77

按住Alt+鼠标中键，滑动视图，是Maya经常用的操作。

技巧：按住Alt+Shift+鼠标中键，可以单方向（水平或垂直）滑动视图。

4.Dolly Tool(推移工具)

功能：通过推进或推拉远摄像机，来改变视图大小，从而查看场景的细节或者全貌，功能类似于放大缩小视图。

参数属性：如图2-77所示：

Scale(推移速度)

设置Scale(推移速度)可以调整推拉视图的快慢，Maya默认的Dolly Scale(推移速度)值是1，我们可以根据个人的爱好和工作的需要设定Dolly Scale(推移速度)，其最大值是10，最小是0.01。

Dolly(推移选项)

推移选项有两个：Local(局部)和Center of Interest(兴趣点)。Maya默认情况下是勾选Local(局部)的，

图2-78

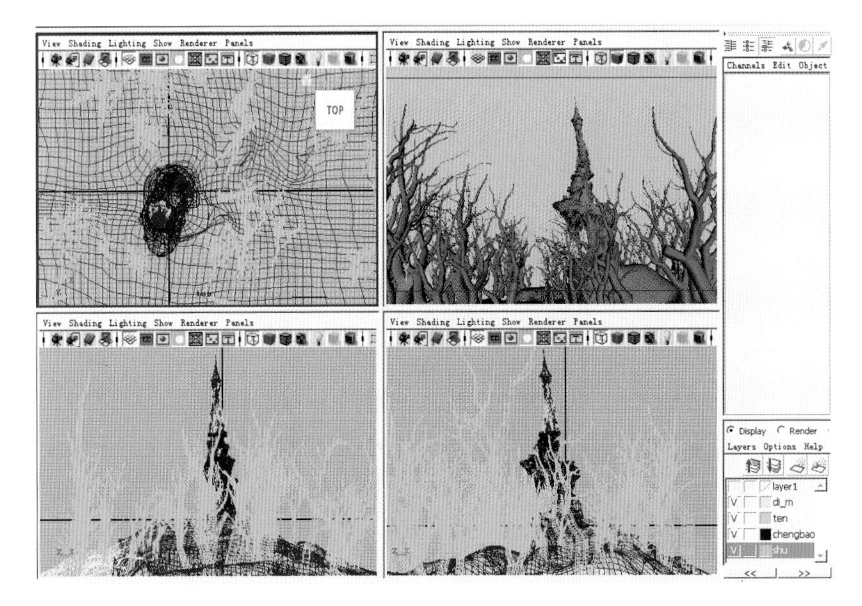

图2-79

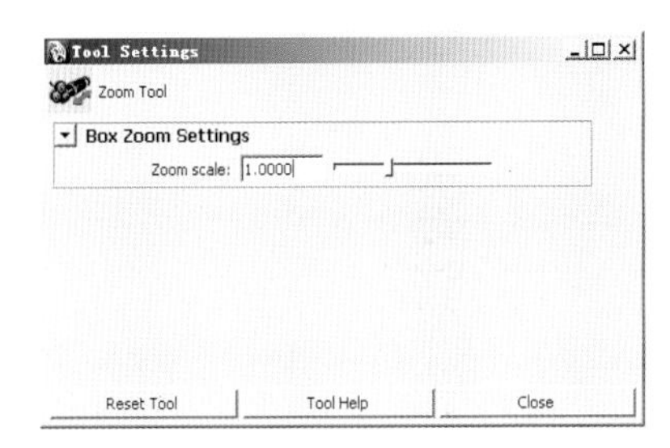

图2-80

这样当使用Dolly Toll(推移工具)推拉摄像机时，摄像机的属性参数Center of lnterest(兴趣点)的值也会随着改变，如图2-78所示。如果关闭Local(局部)选项，则使用Dolly Toll(推移工具)推拉摄像机时，Center of lnterest(兴趣点)的值不变。

当只勾选Center of lnterest(兴趣点)时，我们可以拖拽中键以改变兴趣点到摄像机的距离。此时拖动左键选出一个矩形区域，则视图只会出现一条带小叉的红线，以标示兴趣点的位置，如图2-79所示，关闭Center of lnterest(兴趣点)选项后，推拉摄像机时，摄像机的属性参数Center of lnterest(兴趣点)的值不改变。

Snap Box Dolly To（捕捉方块推移到……）

除了使用Dolly Tool(推移工具)拖拽左键推拉视图外，我们还可以按住Ctrl+Alt+鼠标左键（或者按住Ctrl键执行Dolly tool）从左到右或右到左拖拽出一个矩形区域来推拉视图，这种方法叫做Box Dolly(方块推移)当使用Box Dolly(方块推移)时，Maya会将摄像机的兴趣点移动到所拖出的矩形区域内。

进行Box Dolly(方块推移)时，点选Surface（表面）时，Maya会将兴趣点捕捉到所拖区域内的对象的表面上，点选Bounding Box(区域框)时，Maya会将兴趣点捕捉到所拖区域的中心。

应用场合：当我们需要查看场景的细节或者全貌时，可以使用Dolly tool(推移工具)推拉摄像机，从而放大显示或缩小显示视图。

技巧：Maya的Dolly tool使用起来空前方便，只是快捷键就好即个，下面将它详细说明。

Alt+鼠标左键+鼠标中键（早期Maya版本中Dolly Tool的默认快捷键）

Alt+鼠标右键（Maya4.5后版本来是支持这个快捷键）

滚动鼠标中键（Maya6.0后的版本开始支持中键滚动）

Ctrl+Alt+鼠标左键（Box Dolly，方框推移）

5.Zoom Tool(缩放工具)

功能：摄像机的位置不变，通过调整自己的焦距（Focal Lenghth）来放大，缩小视图，类似于Dolly Tool(推移工具)，但又不尽相同。

参数属性：如图2-80所示。

Zoom Scale(缩放速度)

设置Zoom Scale(缩放速度)可以调整缩放视图的快慢，Maya默认的Zoom Scale值是1，我们可以根据个人爱好和工作需要设定Zoom Scale，其最大值是3，最小值 是0.01。

应用场合：调整摄像机的焦距(Focal Length)来放大，缩小视图，以查看场景细节、全貌或者调整所需镜头角度。使用Zoom Tool工具得到的视图，透视感强，视图中的物体富有张力，大家可以巧妙使用Zool Tool(缩放工具)得到左键需要的镜头角度。

注意：使用Zool Tool(缩放工具)时，由于长焦镜头、广角镜头间的切换，视图中的对象常常会因为透视而变形得厉害，而使用Dolly

图 2-81

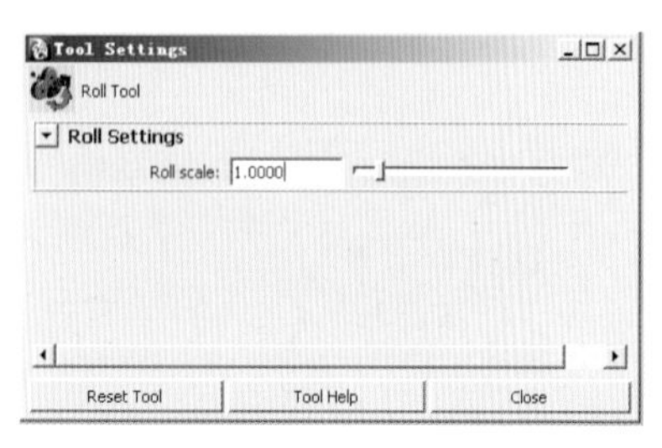

图 2-82

tool(推移工具)不会出现这个问题。如图 2-81 所示，这是使用 Dolly Tool(推移工具)和 Zoom Tool(缩放工具)得到的两个近似角度的视图，留意图中的对象的变形。

6.Roll Tool(滚动工具)

功能：绕视图的水平轴顺时针或逆时针旋转视图。

参数属性：如图 2-82 所示。

Roll Scale(滚动速度)

设置Roll Scale(滚动速度)可以调整旋转视图的快慢。Maya调整摄像机的Roll Scale值是1，我们可以根据个人的爱好和工作的需要可设定 Roll Scale，其最大值是 10，最小值是 0.01。

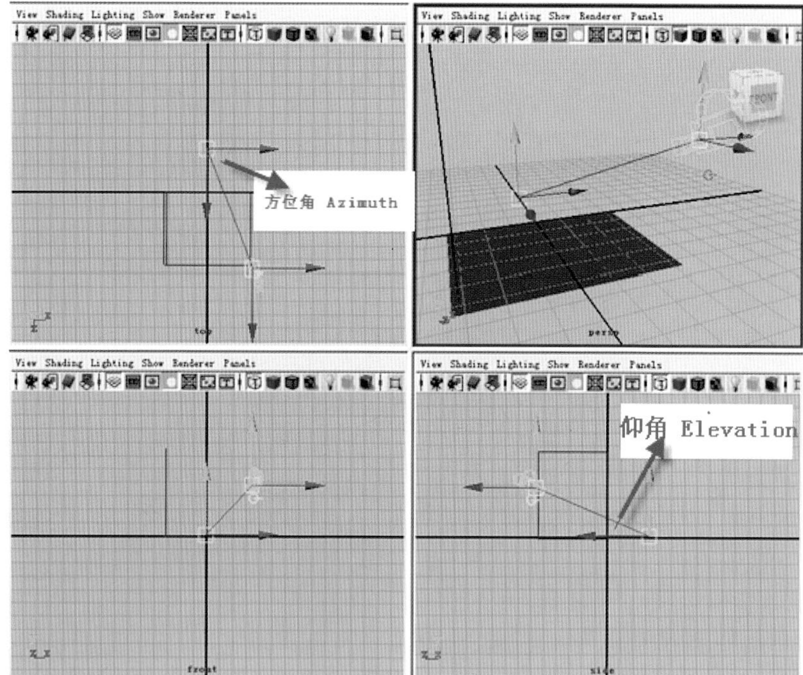

图 2-83

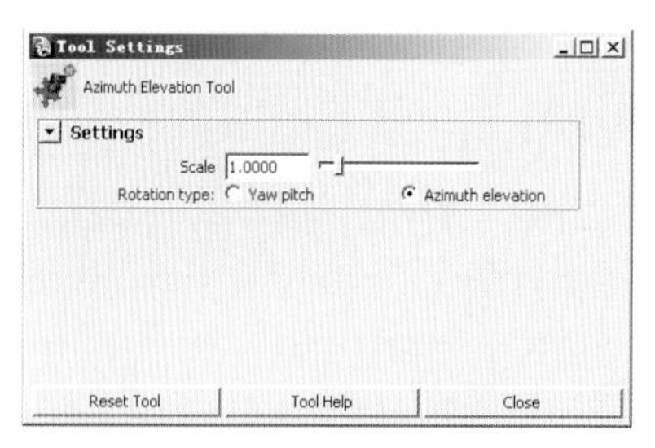

图 2-84

应用场合：当需要旋转视图，倾斜视图时，可以考虑使用 Roll Toll (滚动工具)。

注意：Roll Toll(滚动工具)和 Tumble Tool(翻转工具)有类似的地方，但Tumble Tool(翻转工具)的自由度更大。

7.Azimuth Elevation Tool(方位角，仰角工具)

功能：以摄像机的兴趣点为中心旋转摄像机，从而调整摄像机的方位角(Azimuth)仰角(Elevation)仰角，是摄像机视线与视图水平面所成的角度，而方位角是摄像机视线与视图平面的垂直面所成的角度。方位角 (Azimuth),(Elevation) 的示意图如图 2-83 所示。

参数设置：如图 2-84 所示。

Scale(速度)

设置 Scale(速度)可以加快或减慢方位角、仰角改变的速度，Maya 默认的Azimuth Elevation Scale(方位角、仰角、速度)值是1，我们可以根据个人的爱好和工作的需要设定 Scale 其最大值是 10，最小值是 0.01。

Rotation Type(旋转类型)

Maya 提供了两种旋转类型 Yaw Pitch(倾斜)和 Azimuth Elevation (方位角、仰角工具) 就自动转换为 Yaw pitch Tool(偏移工具)了。Yaw pitch Tool(偏移工具)

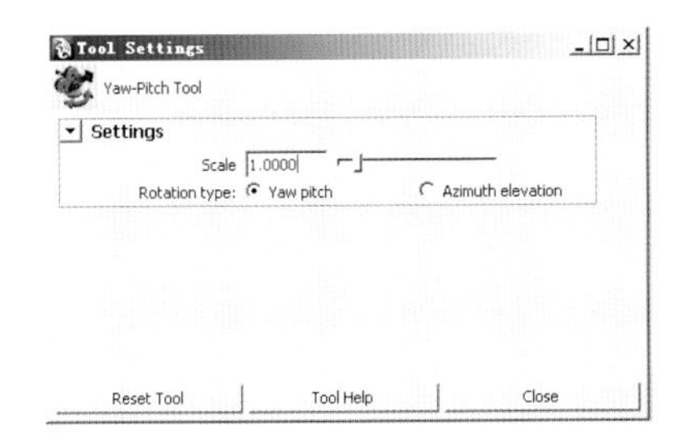

图 2–85

以下详细讲解。

应用场合：需要围绕兴趣点旋转摄像机以得到需要的视图角度时，可以使用Azimuth Elevation（方位角、仰角工具）。

技巧：按住Shift键，配合Azimuth Elevation（方位角，仰角工具）可以只改变方位角或者只改变仰角。

8.Yaw Pitch Tool（偏移工具）

功能：以摄像机自身为中心旋转摄像机，完成偏移（Yaw）或倾斜（Pitch）。偏移（Yaw）即左右旋转摄像机，倾斜（Pitch）即上下旋转摄像机。

参数属性：如图2–85所示。

Scale(速度)

设置Scale(速度)可以调整偏移速度，Mya默认的Yaw Pitch Scale值是1，我们可以根据个人的爱好去设定Scale，其最大值是10，最小值是0.01。

Rotation Type(旋转类型)

Maya提供两种旋转类型Yaw Pitch（偏移)和Azimuth Elevation(方位角，仰角)其实当我们选Azimuth Elevation Tool(方位角，仰角工具)时，Yaw–Pitch（偏移)就自动转化为Azimuth Elevation(方位角、仰角)了。

应用场合：当不改变摄像机的位置，只旋转摄像机以得到需要的视图角度时，可以使用Yaw–Pitch Tool（偏移工具）

技巧：按住Shift键，配合Yaw Pitch Tool（偏移工具)可以只左右旋转或者只上下旋转摄像机。

注意：Yaw Pitch Tool（偏移工具)和Azimuth Elevation(方位角，仰角工具)很类似，单Azimuth Elevation(方位角、仰角)是围绕摄像机的兴趣点旋转，此时摄像机的位置会随之改变，而Yaw Pitch Tool(偏移工具)是围绕摄像机自身中心旋转，此时摄像机的位置不改变。

9.Fly Tool(飞行工具)

功能：使用Fly Tool(飞行工具)可以毫无阻挡的穿越场景。

应用场合：癌症视图角度时，可以灵活使用Fly Tool(飞行工具)。一旦激活Fly Tool(飞行工具)，则Tumble Tool(翻转工具)，Track Tool(移动工具)Dolly Tool(推移工具）就也被激活了。

技巧：按住Ctrl键配合Fly Tool(飞行工具)，可以前后飞行，松开Ctrl键即可改变摄像机方向。

10.非线性动画

（1）使用Trax Editor(非线性编辑器)可以创建和编辑独立于时间的角色动画片段。

选择Window/Animation Editors/Trax Editor显示Trax Editor窗口。如图2–86所示。

Trax Editor 工具 如图2–87所示：

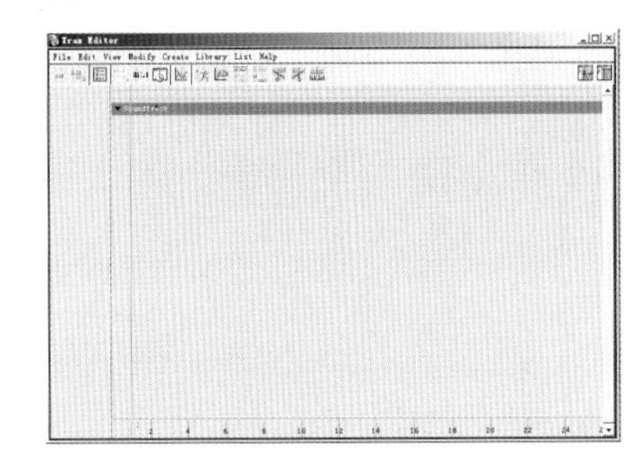

图 2–86

按钮	名称	作用
	Create Clip	快速的将物体上关键帧动画转换为影片剪辑
	Create Blend	在两段影片剪辑间创建混合连接
	Get Clip	启动 visor,在库中获取以存储的影片剪辑
	Frame All	显示所有影片剪辑
	Frame Playback rang	将选中的影片剪辑放大显示,以充满整个非线性编辑器
	Center The view about Current time	以当前播放头为显示中心,在视图区中放大显示这一部分的影片剪辑
	Graph Anim Curves	切换到曲线编辑器,显示选中影片剪辑的动画曲线
	Load Selected Characters	载入所选择的角色影片剪辑
	Graph Weight Curves	在曲线编辑器中显示所选择影片剪辑的权重曲线
	Group	将多个影片剪辑打组,以便同时选择移动
	Ungroup	对应 Group 操作,将组中的影片剪辑拆散
	Trim Clip Before Current Time	对于被选中的影片剪辑,将当前播放头之前的影片剪掉
	Trim Clip After Current Time	对于被选中的影片剪辑,将当前播放头之后的影片剪掉
	Key into clip	对于被选中的影片剪辑,在当前播放头位置设置关键帧,并将其添加到影片剪辑中
	Open the Graph Editor	切换到曲线编辑器窗口
	Open the Dope Editor	切换到时间动作窗口

图 2–87

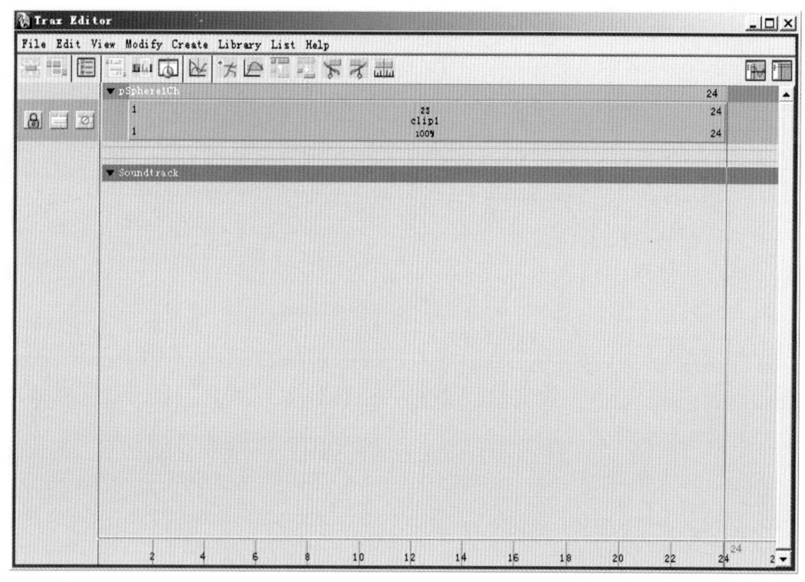

图 2-88

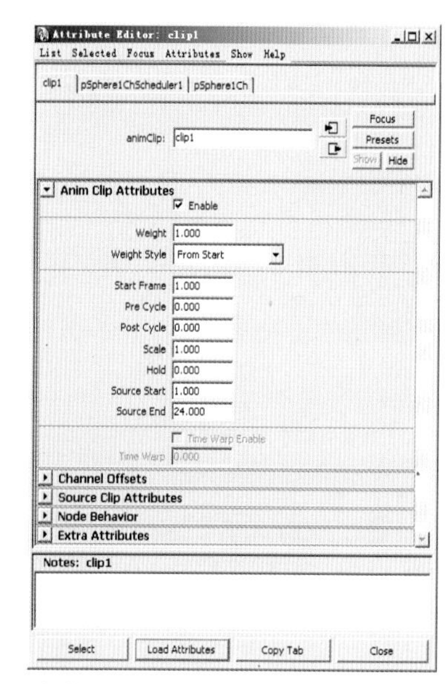

图 2-89

(2) 创建非线性动画

执行 Window/Animation Editors/Trax Editor命令。弹出非线性动画编辑器窗口，在Trax Editor 非线性动画编辑器，窗口中执行 Create/Animation Clip 命令，我们会发现在（非线性动画编辑器）窗口的视图区中出现创建的影片剪辑。如图 2-88 所示。

此时注意观察 Time Slider(时间轴)可以看到整个时间轴上不再显示方体的关键帧，所有的关键帧已在转换影片剪辑后自动被删除，但如果播放，还可以看到方体的运动效果仍然被保存了下来，这样方体的影片剪辑就做好了。

(3) 编辑非线性动画

在 Trax Editor 中，选中刚刚做好的方体的片段，选择 Modify/Attribute 命令。如图 2-89 所示。

Enable(启用)

决定是否使一个片段发生作用。

Offset(偏移)

如果属性由上一个片段或时间栏上的关键帧控制，则由 Offset 来解释片段的属性，包括 Absolute(绝对)和 Relative(相对)。Absolute 属性不考虑以前的值而使用当前片段的属性。Relative(相对)将片段的属性值增加到它以前的值上。

Weight(权重)

通过制定百分比来缩放片段的整个动画起作用。例如，一个物体在 24 帧内移动了 100 个单位，如果将权重设置在 0.5，则在 24 帧内物体只移动了 50 个单位。

Start Frame(开始帧)

设置片段的实际播放时间，也可以在Trax Editor中左右拖拽片段来改变播放的开始时间，如图 2-90 所示。

Pre Cycle(前循环)Post Cycle(后循环)

制定片段在原始片段之前或之后将重复播放几次。例如，片段最初播放 24 帧，将它设置为 2 原始片段之后将再循环播放 47 帧，总共播放 120 帧，我们可以按住键盘上 Shift 键，在片段右下数字区域，鼠标将出现循环拖拽图标，通过循环拖拽图标来改变的值，如图 2-91 所示。

Scale(缩放)

延长或缩短片段的时间范围，增加缩放的值，动画会变慢，反之会变快。也可以通过拖移片段的右下

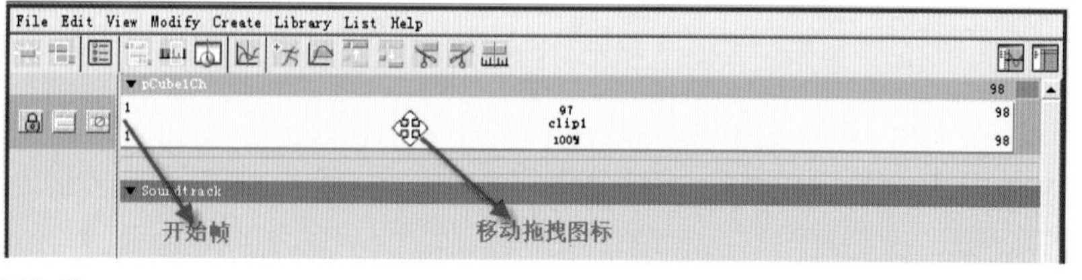

图 2-90

边缘显示的缩放拖拽图标来改变缩放值，如图2–92所示。

Hold(保持)

保持片段结束的最后姿势时间、输入数值后，可以通过拖移片段的右上边缘显示的保持拖拽图标来改变保持值。如图2–93所示。

Source Start(源片段开始时间)

Source End(源片段结束时间)

源片段开始的帧数和源片段结束的帧数，也可以通过拖移片段块的左上或右下边缘显示的修改拖拽图标来改变开始和结束时间，如图2–94所示。

(4) 导入，导出动作

在非变形动画中，Maya可以使一段非线性片段单独导出，然后允许相同属性的物体或是相同设置的角色在其他场景中重复使用，这样会大大提高工作效率。

导出非变形动画

打开Model/01然后在非变形编辑器窗口中执行File/Export Animation Clip命令，弹出保存对话框，选择保存路径，命令Model/01单击保存。

导入非线性动画

新建一个Maya文件，创建一个方块，将沿着Z轴旋转30°，让它刚才的方块旋转方向一致，执行Modify/Freeze Transformations，冻结它的属性，让它的属性与创建的片段的方体属性一致。打开Trax Editor(非线性编辑器)选择方块，执行Create/Character Set创建角色组，然后执行File/Import Animation Clip to Characters导入动画片段到角色，找到刚才保存的文件Model/01，单击Import导入片段。如图2–95、图2–96所示。

进入透视图将时间调至200帧，点击播放按钮，我们会发现没有设置关键帧的方体有了做过动画方体

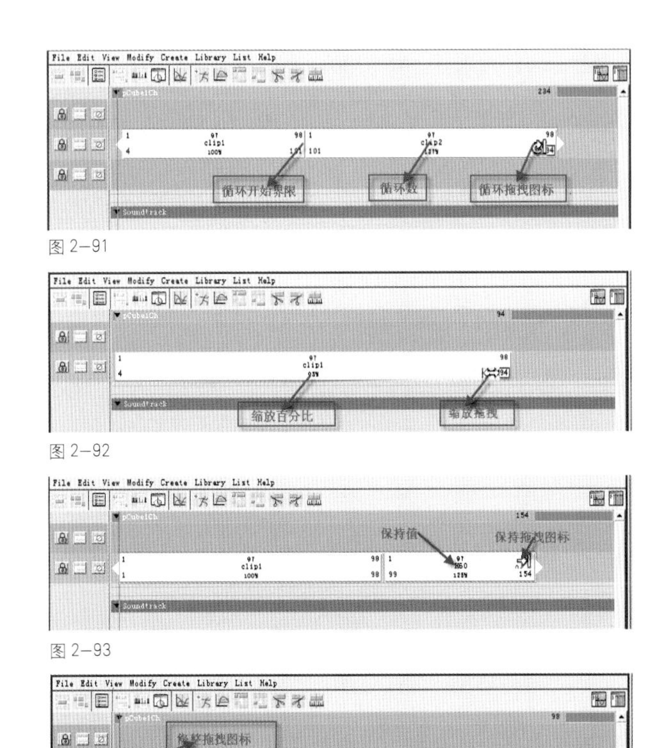

图2–91

图2–92

图2–93

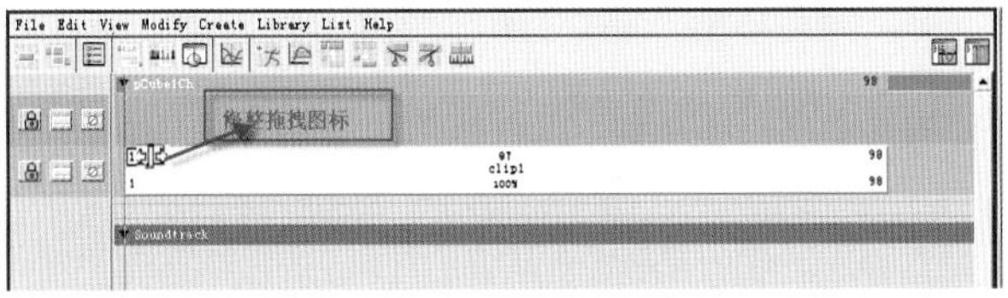

图2–94

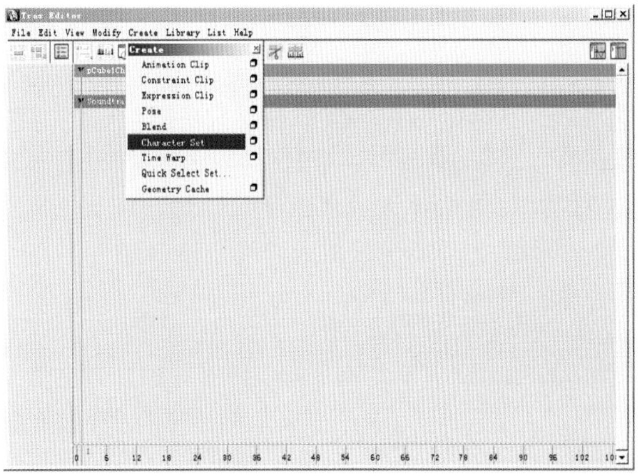

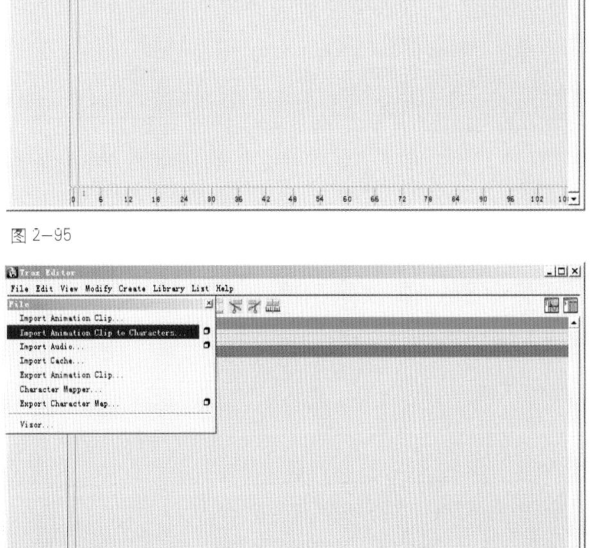

图2–95

图2–96

相同的运动属性。

做完导入动作的Maya文件保存在Animation/ Model/01。

第十节 ///// 动态捕捉

动态捕捉是一种摇杆技术。当时制作此系统的初衷是通过记录和分析人体的运动来进行医疗演讲，结果却被普遍用于好莱坞电影拍摄和娱乐游戏开发，Motion Capture技术涉及尺寸测量、物理空间里物体的定位及方位测定等方面，然后可以由计算机直接理解处理这些数据。在运动物体的关键部位设置跟踪器。由Motion Capture系统捕捉跟踪器的位置，再结果计算机处理后，提供给用户可以在动画制作中应用的数据，当数据被计算机识别后，动画师即可以将数据与动画角色合成，生成动画，然后很方便地在计算机产生的镜头中调整、控制运动的物体。在制作一个项目，如果需要应用动态捕捉技术，那么，我们要做好前期准备。

首先，我们需要把项目的角色模型做出来，然后需要技术人员对角色进行绑定。

对角色绑定完后，我们就可以交给专业人员了。在这个时候，我们演员就可以穿上动态捕捉系统的那套衣服，进行表演，专业人员进行捕捉。

捕捉完后，专业人员会把捕捉出来的动作数据导到我们所绑定奥的模型上面。

数据导好之后，我们可以把这个角色导入到Motion Builder中，进行修改，用Motion Builder修改完后，保存起来，然后用Maya打开，因为这个动作是在低模上的，所以我们需要把这个动作用clip的形式，导出来，保存，然后把高模打开，把动作导给它就可以了。

通过一些简单的介绍，相信大家对Maya动画有了整体的了解，在下面的章节中我们会由浅到深地揭开Maya中动画的制作过程。

[复习参考题]

◎ 制作一套钢球、皮球的动画。

◎ 制作一套小车行走、小鱼水中游动的路径动画。

第三章 变形工具的运用

- **本章重点** 》

非线性变形工具的运用。

- **学习目标** 》

掌握多个变形器在动画中的作用。

- **建议学时** 》

8学时。

第三章　变形工具的运用

在我们生活中，身边除了坚硬的物体外，还有柔软富有弹性的物体同时存在，比如石头与泥巴团。硬性的物体外形通常比较坚固很难发生变化，而软性的物体则可以进行丰富的外形变化，在Maya里面变形器工具可以把物体挤压扭曲或者进行夸张的形体变化，以致达到我们想要的效果。如图 3–1 所示：

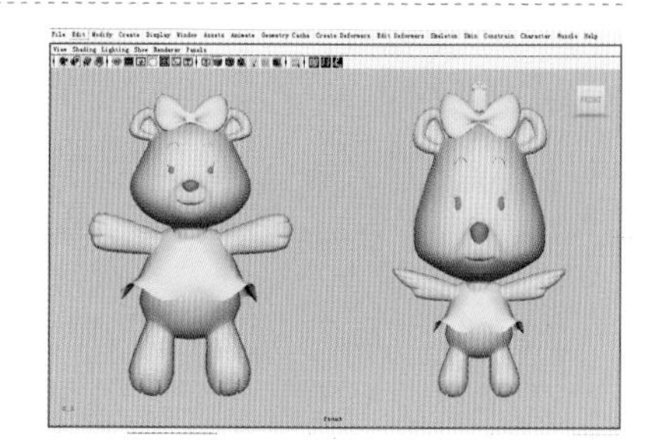

图 3–1

第一节 ///// 变形器的应用工具

使用Maya的变形功能，可以改变物体的几何形状。Create Deformers 菜单下包括下列类型的变形，如图 3–2 所示。

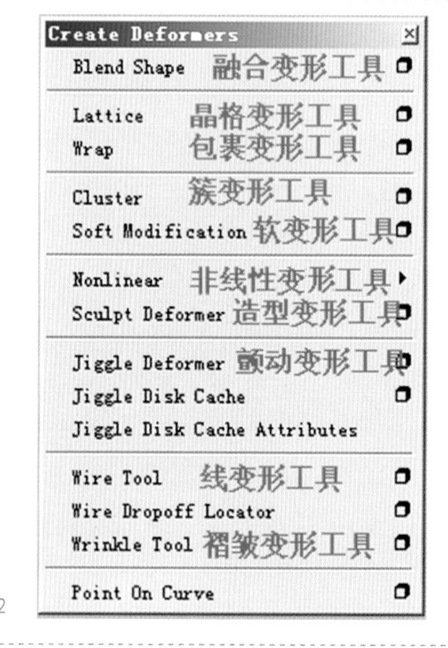

图 3–2

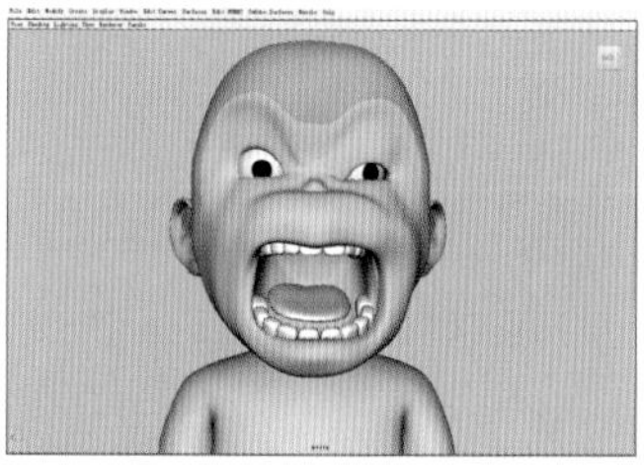

图 3–3

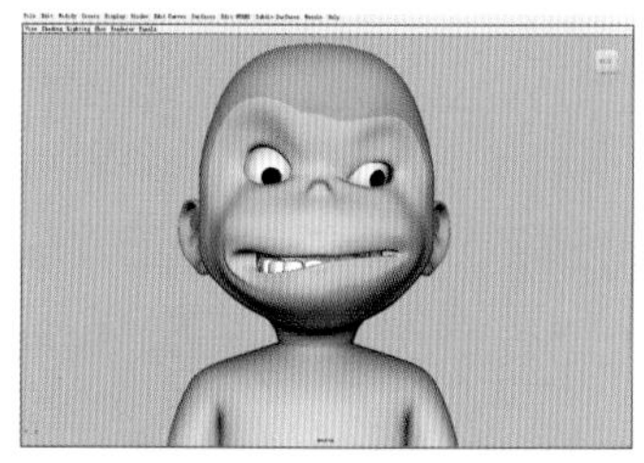

图 3–4

第二节 ///// 融合变形

Blend Shapes是变形工具中比较重要的一个工具，它可以使一个物体的形状变为其他形状。比如我们在做面部表情动画制作时，可以保留原模型为基础物体，然后复制多个基础物体进行变形，我们称这些变形的模型为目标体，如图 3–3、3–4 所示。

一、创建混合变形效果

1.建立一个多边形几何体物体作为我们的原模型（基础物体）如图 3–5 所示。

2.我们把原模型复制多个，然后随意拖动它们的点，改变其外形，因为 Maya 允许我们在同一个混合变形中创建多个目标变形物体，如图 3–6 所示。

3.依此选中每个目标物体，最后在加选基础物体，执行 Create Deformre/Blend Shape ❐ 命令，弹出窗口如图 3–7 所示。

注意： ① Blend Shapes Node 命令需要英文字母开头，否则操作会失败。

② 我们要确保目标物体在点、线、面没有被添加或者删除的情况下，再调节外形改变工作，否则将无

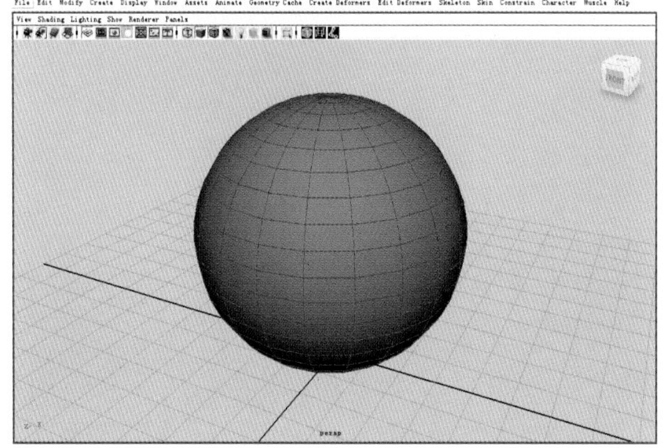

图 3-5

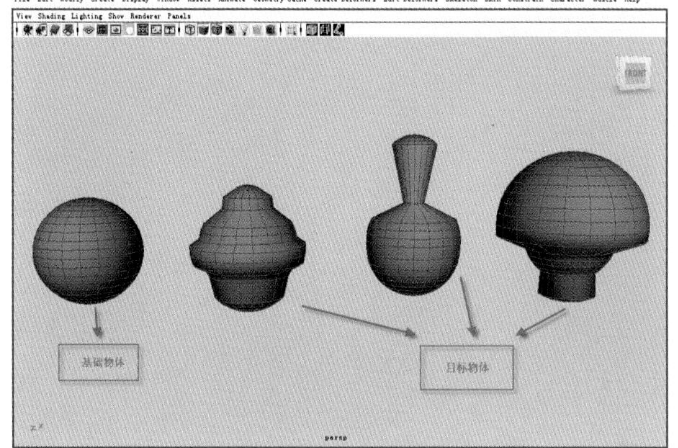

图 3-6

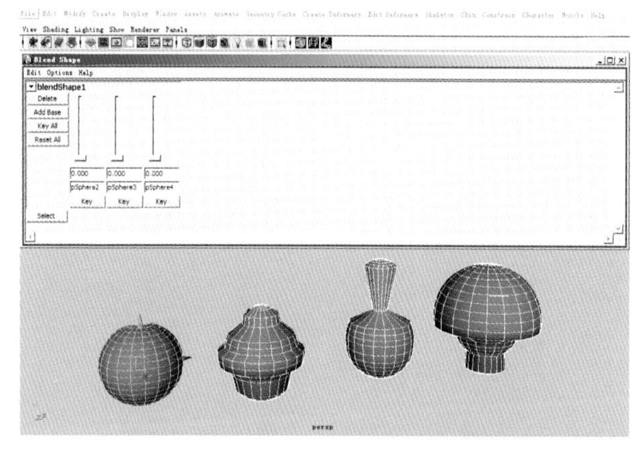

图 3-7

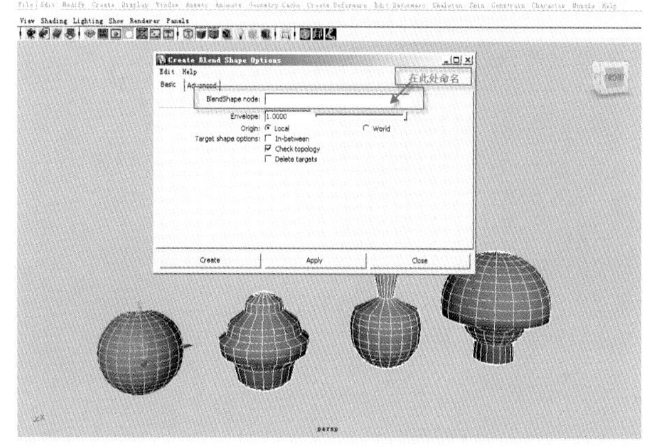

图 3-8

法完成目标物体与基础物体之间的关联。

我们只需要了解一下 Basic 下面的选择设置：

Blend Shapes Node：给混合变形命名，默认是按创建顺序命名的。

Envelope：调节变形系数，默认的数值为 1。

Origin：设置混合形状是否与基础对象的位置、旋转和缩放有关，然后点击 Local 和 World，通常我们使用的是默认的 Local 设置。

Target Shape options：该选项是用来设置变形方式的。

In-between：此选项可以设置是以顺序方式或者以平行方式进行混合。

Check topology：检查基础物体和目标物体之间有无同样的结构，此项默认为选种。

Dclete Targets：设置在创建变形以后是否删除目标形状，默认为关闭的。

④ 设置完都点击 Apply，场景中没有发生任何变化。

⑤ 选择 Windows/Animation Editors/Blend Shape命令，尝试拖到每个滑条，以控制目标对象影响的程度，弹出窗口如图 3-8 所示。

注意：在混合变形器中。我们看到在一个混合变形器中包含了多个目标物体，我们可以单独调节其中一个滑条或者同时调节几个滑条来达到我们想要到效果

在每个变形滑条下面，都有相对应的改变物体名称，以便于我们更快地识别每个滑条变形的效果。

二、添加，去除，交换目标物体

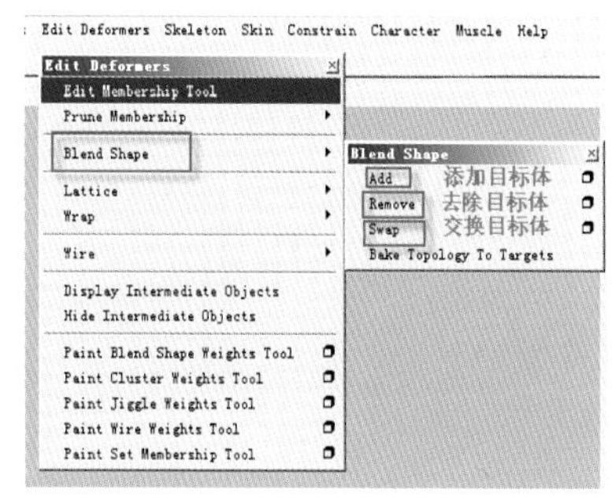

图 3-9

第三节 ///// 晶格变形

使用晶格变形，可以利用晶格来改变物体的形状，在创建变形效果的时候，可以通过移动、旋转或者缩放晶格结构编辑晶格，或者直接操作晶格点，如图所示3-10所示。

一、影响晶格和基础晶格

晶格变形由两部分晶格构成：影响晶格（如图3-11）。和基础晶格（如图3-12）术语称为“晶格”，一般指的是影响晶格，我们可以通过编辑影响晶格或者为晶格设置动画来创建变形效果，晶格变形的效果是基于基础晶格的晶格点和影响晶格点之间的差别之上的需要注意的是，变形效果取决于影响晶格和基础晶格之间的关系。影响晶格被选中时，显示一个分段数较高的方框，基础晶格选中时显示一个方框。如果给一个物体拖加了晶格变形，我们可以从大纲视图中选择影响晶格和基础晶格。

二、创建晶格变形效果

1.创建一个可多变形物体，如图3-13所示。

2.执行Create Deformers/Lattice命令，弹出窗口如图3-14所示。

Divisions(晶格分割度)：设置晶格的分割段数，Divisions后面的3个文本框分别代表X、Y、Z三个轴向上的晶格分段数。

Local Mode(局部模式)：该项设置每个节点是只影响距离自己周

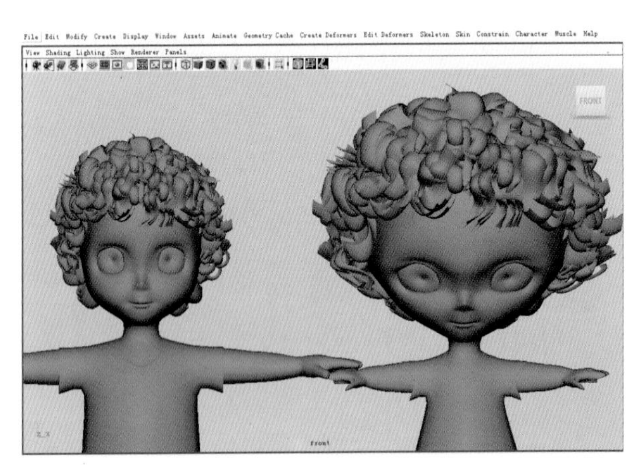

图3-10

图3-12

图3-11

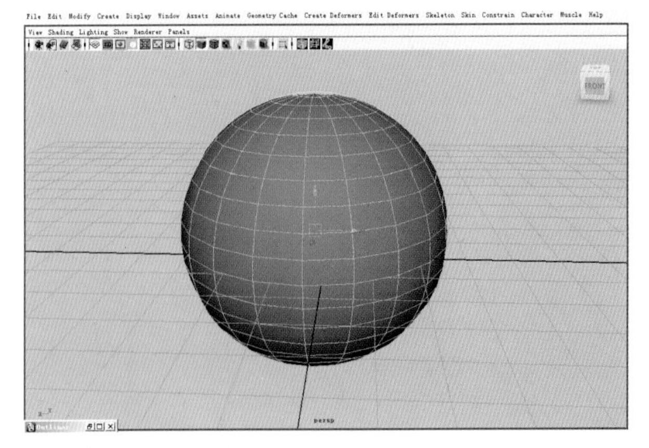

图3-13

围的对象点，还是可以影响所有的可 对象点（在心态默认下是打开的）。如果关闭此项，Loacl Divisions 也同时被关闭。

Loacl Divisions（局部分割度）精确设置顶点可以影响到的模型空间范围，设置的值越大，移动单个定点时模型被影响的范围越大。

Positioning 选中此项时，表示只对晶格工具所包围的模型部分变形有效。

Grouping 设置是否要把基础晶格和有效晶格组合在一起，这样可以使我们将这两个晶格一起变换（移动、旋转或缩放），默认是关闭的。

Parenting此项设置是否使晶格作为所选可变形对象的子对象，这样可以将这两个晶格一起变换（移动、旋转或缩放）默认是关闭的。

3.点击Create 或Apply创建晶格，如图 3-15 所示。

4.鼠标移动到晶格框上，点击右键出现菜单选择 Lattice Point 如图 3-16 所示。

5.拖动晶格上的点，改变物体的形状直到自己满意。如图3-17所示。

注意：如果已经创建了一个晶格变形，一旦对晶格的点进行了移动就不能再改变晶格的段数，并且拖加变形以后最好也不要改变变形表面的点数。在开始使用变形之前，尽量满足可变形物体的结构。

三、重设影响晶格点和去除曲扭

1.Eidit Deformers/Lattice/Rest Lattice 重设影响晶格点，如图 3-18 所示。

2.选择 Eidit Deformers/Lattice/Remove Lattice Tweaks去除曲扭。

3.选择变形节点在Eidit /Delete下删除，删除变形节点，保留变

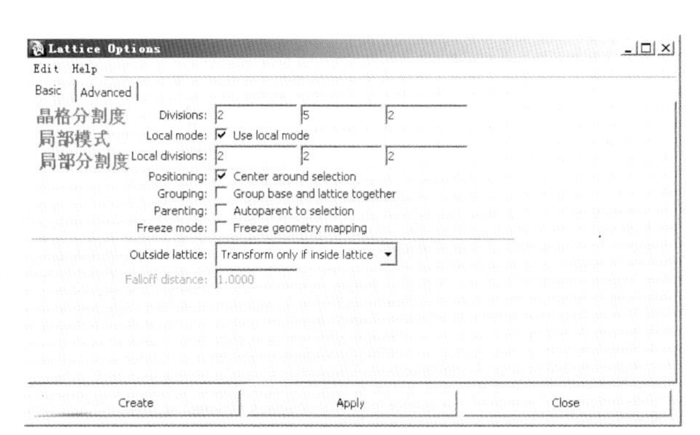

图 3-14

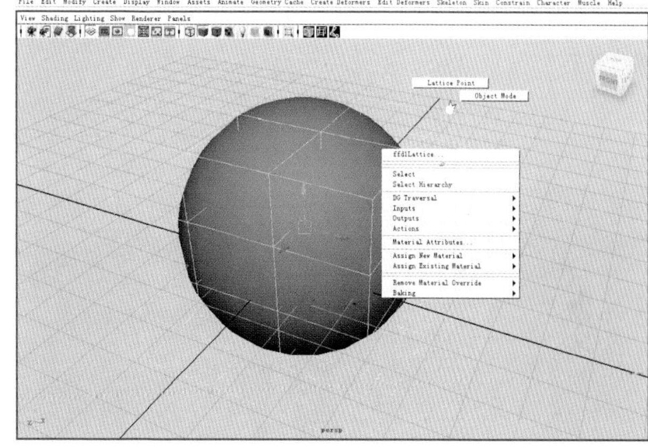

图 3-16

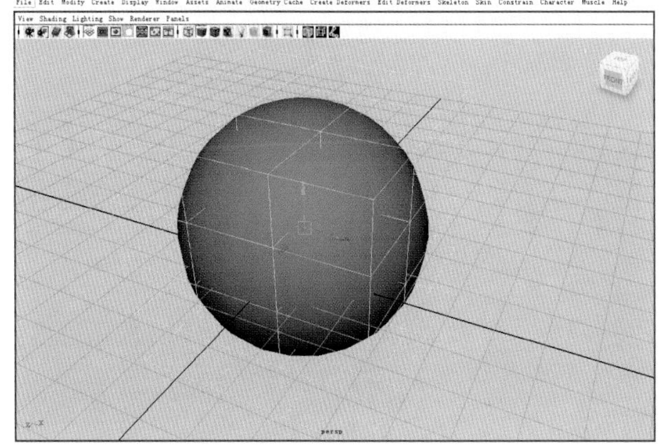

图 3-15

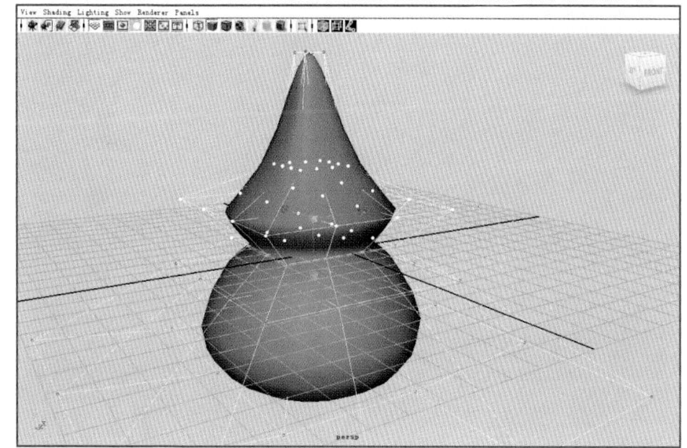

图 3-17

形后物体形状—Eidit Delete BY Type/Histoy，如图 3-19 所示。

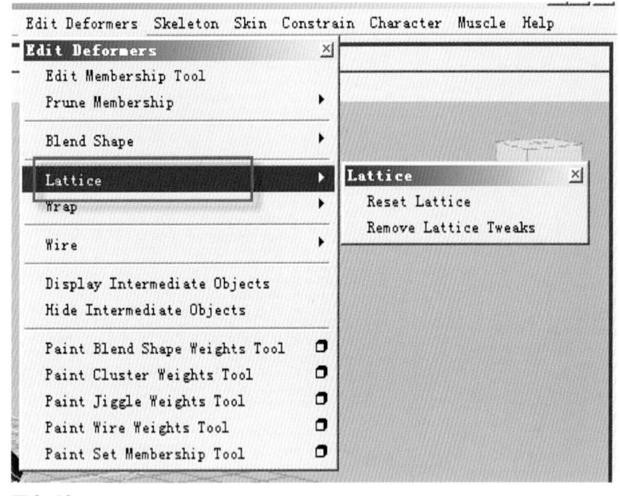

图 3-18

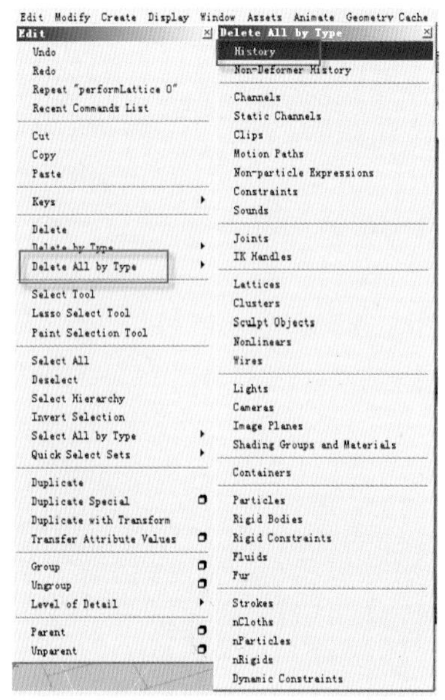

图 3-19

第四节 ///// 包裹变形

使用包裹变形时，它可以允许使用另外一个曲面或者多边形物体来控制当前物体变形，创建包裹变形时首先要创建作为包裹变形影响对象的物体(曲面，曲线或多边形曲面即网格，其次是设置创建选项和使用创建包裹变形命令。

一、创建包裹变形效果

1.建立一个 NURBS 平面，属性调节如图 3-20 所示。

2.在创建一个要用作包裹影响的对象。先选择要影响的NURBS平面，再选择影响者，如图3-21所示。

3.执行Create Deformers/Warp命令，弹出窗口如图 3-22 所示。

Weight Threshold：设置包裹变形对象形状的影响，这要基于被变形对象和包裹影响对象形状的接近

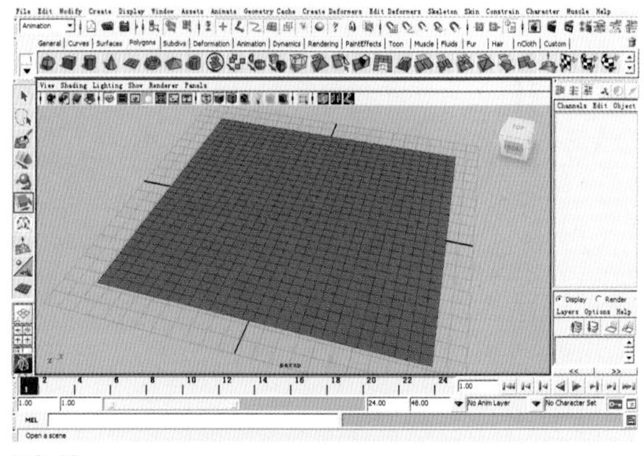

图 3-20

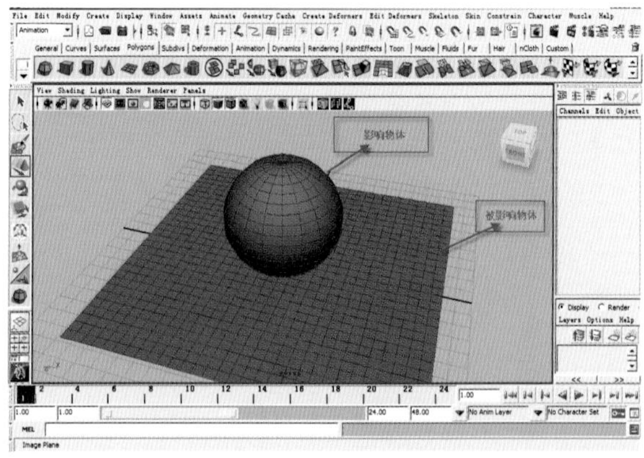

图 3-21

程度。改变Weight Threshold可以改变整个变形对象的平滑效果。

Limit Influence Area：下点击Max distance 设置 Max distance。

Max Distance：设置包裹影响物体点的影响区域。在使用高分辨率时非常有用，它可以限制可需内存。

4.点击 Create 或 Apply 创建包裹变形，移动影响者，如图3–23所示。

二、添加和去除包裹影响体

添加命令：Edit Deform/Wrap/Add Influence 命令。

去除命令：Edit Deform/Wrap/Remove Influence 命令。

三、包裹变形蒙皮

蒙皮是将变形物体绑定到骨骼的过程，因为包裹影响物体本身可变形物体，所以我们可以用平滑或刚体的蒙皮方式将它们绑定到骨骼。

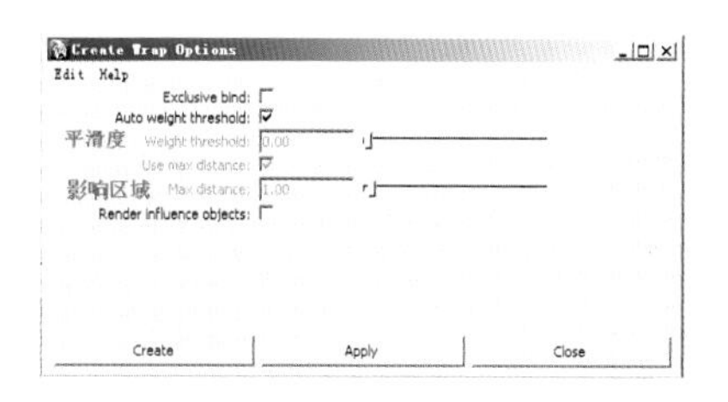

图 3–22

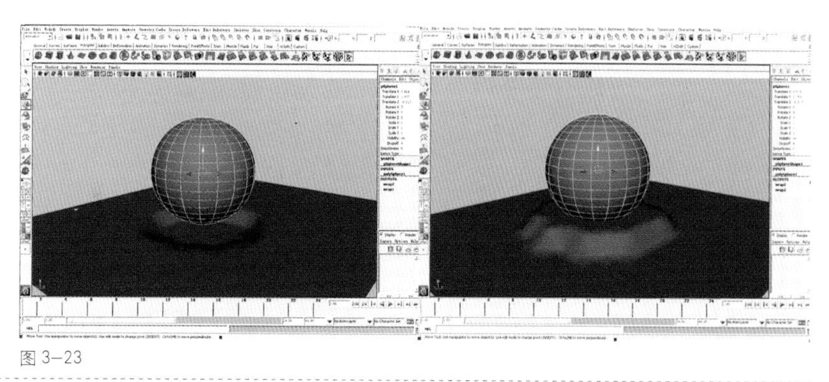

图 3–23

第五节 ///// 簇变形

通过一个簇控制器同时控制一个区域的顶点操作，我们可以使用大小的影响力来控制物体上的 CV 可控制点，顶点或晶格点。

一、创建簇变形

1.创建一个可多变物体或一个有表情的人物表情模型文件。下面我们需要做一个咧嘴的表情，点模式下选择需要变形的位置，如图 3–24。

2.选择 Create Deformers/Cluser 命令，弹出窗口如图3–25所示。

我们只需要看 Basic 下的标签。

Mode：设置是否仅当簇变形手柄自身摆转换（运动、旋转、缩放）时错变形才会发生，当 Relative 摆打开时，仅簇形自身的变换才引起变形效果。在Relative关闭时，对簇变形手柄是子对象的变形会产生变形效果。

Envelop：设置变形缩放系数。值为0时，没有变形效果；值为0~5时，所提供的变形效果将压缩为全部变形效果的一半；值为1时，提供全部的变形效果。使用滑块可以选择0~1之间的数值，系统默认设置为1。

3.点击 Create 或 Apply 完成操作。如图 3–26 所示。

4.现在已经建立了簇变形，模型上会显示为（C），通过调节（C）来产生效果。可以把（C）轻轻上拖，即使出现了穿插我们也不用管它。

图 3–24

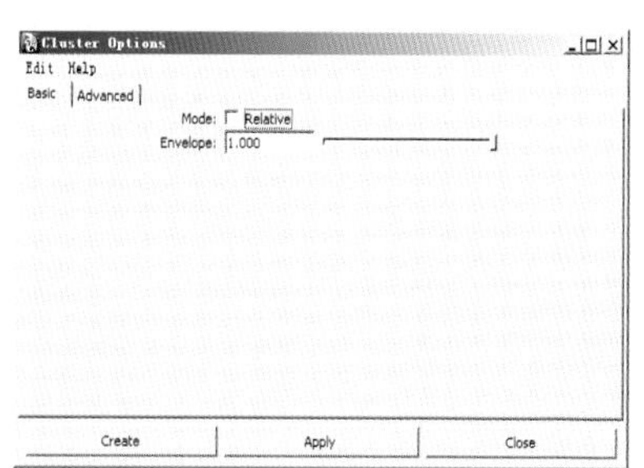

图 3–26

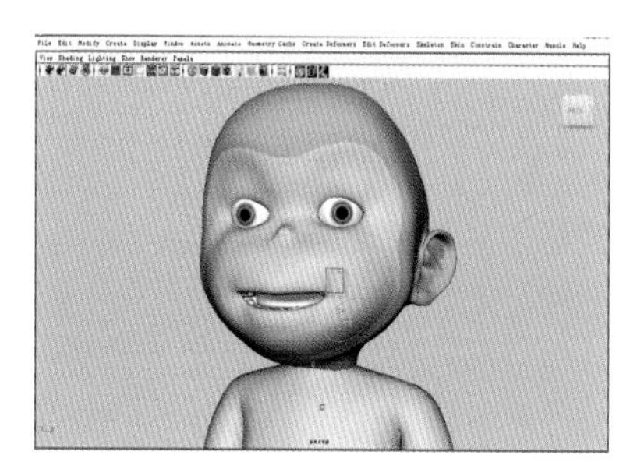

图 3–25

如图 3–27 所示。

二、绘画簇权重

使用绘画权重工具，可在物体表面直接设置权重，通过颜色显示可以直接观察到簇的那一部分有不同的权重，权重显示为一个灰度值的范围，值为 1 的权重显示为白色，值为 0 的权重显示为黑色。

1. 选择要进行绘画的模型，进入平滑材质实体显示模式（6 键）。

2. 先选择模型，再选择 Edit Deformers/Paint Cluster Weight Toll。如图 3–28 所示。

3. 选择绘画的簇，在属性框里设置笔刷，如图 2–29 所示。

4. 在模型上单击并拖动笔刷进行绘制，此时我们也可以把刚才的穿插刷回去，直到刷到自己满意为止，如图 3–30 所示。

图 3–29

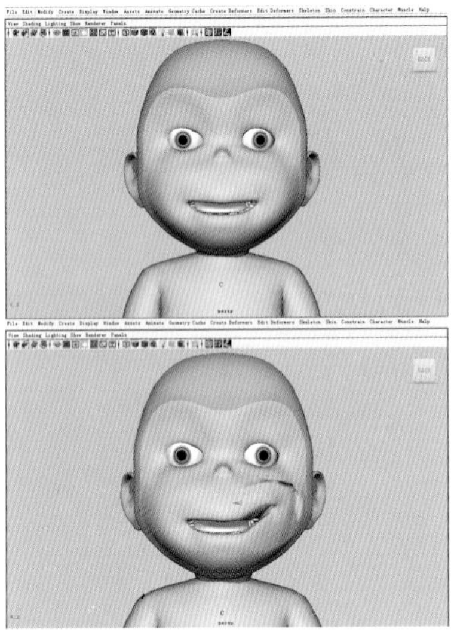

图 3–27

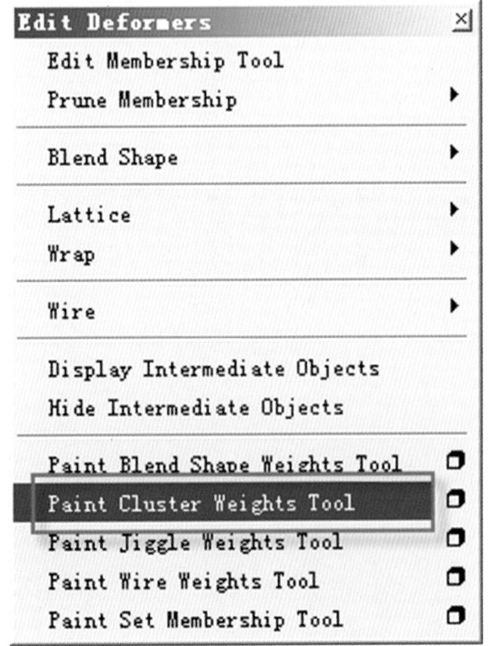

图 3–28

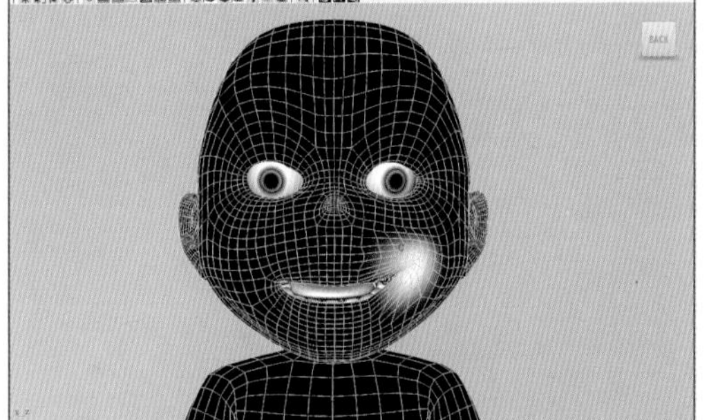

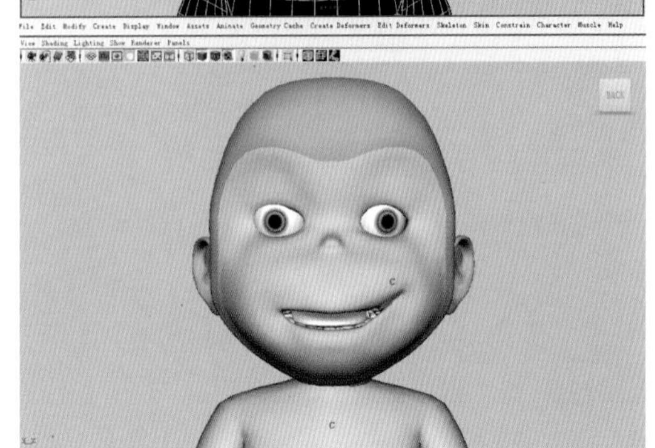

图 3–30

第六节 ///// 软变形

软编辑工具是通过操作变形器影响物体变形，使物体圆滑方便地进行推拉缩放等变形。使用此命令可以像雕刻一样编辑或修改物体，默认状态的中心是在物体的中心。

创建软变形

1.创建一个可多边形物体，用点模式选择我们需要变形的位置。如图3-31所示。

2.选择Create Deformers/Soft Modifcation ❐ 命令，弹出窗口如图3-32所示。

Falloff radius(衰减半径)：变形器的影响范围从最大值衰减到0的半径。

Falloff curve(衰减曲线)：通过曲线控制衰减。

Preserve history(保存历史)：当此属性打开时，所有节点都全部保存下来，如果物体进行特殊动画，此节点打开。

Mask unselected(未选择遮罩)：使未被选择的区域在影响器之外。

Falloff around selection(环绕着选择区域衰减)：此属性打开时，衰减将环绕被选择区域衰减。

Folloff based on(衰减基准)：其中有3个衰减提供选择，如果不勾选其中的某轴向的话，变形将在那个轴向上不衰减。

3.点击Soft Modification或Apply完成操作。如图3-33所示。

4.现在已经建立了软变形，模型上会显示为S，通过调节S来产生变形效果。红色是受影响的部分，如图3-34所示。

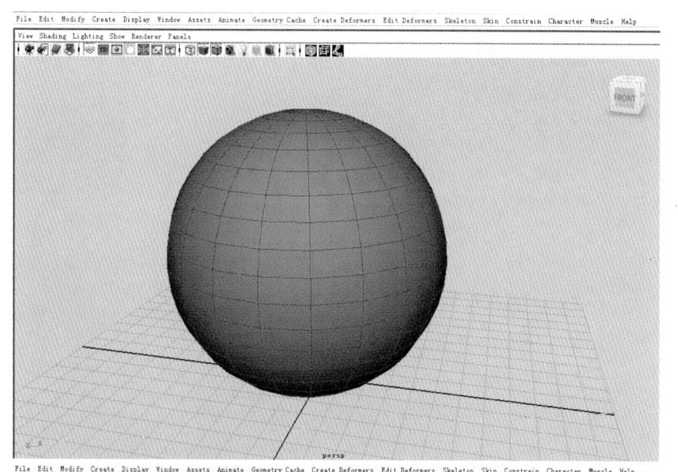

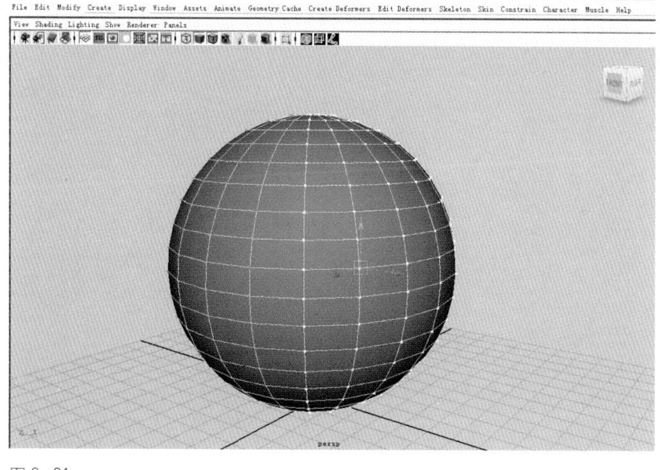

图3-31

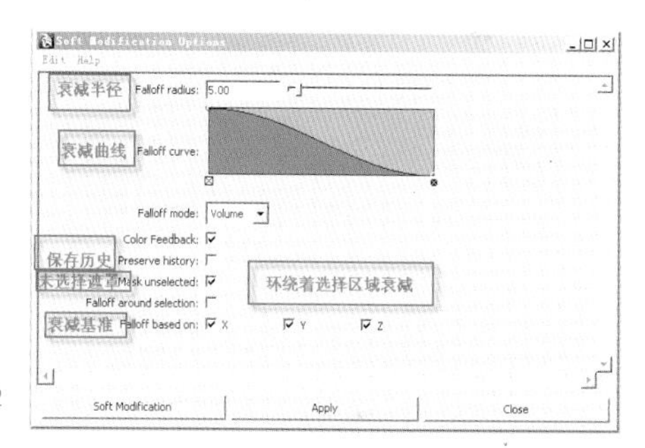

图3-32

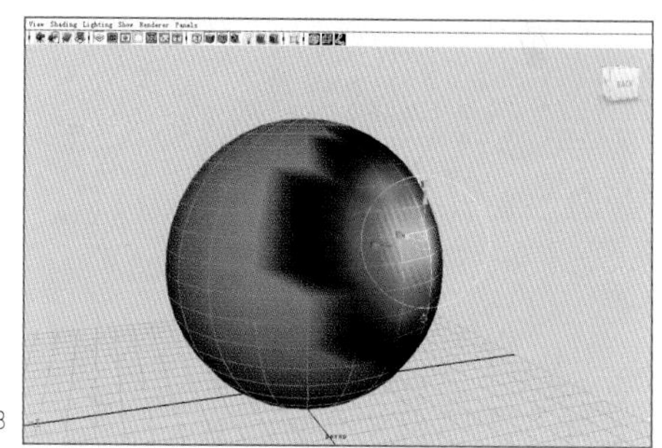

图3-33

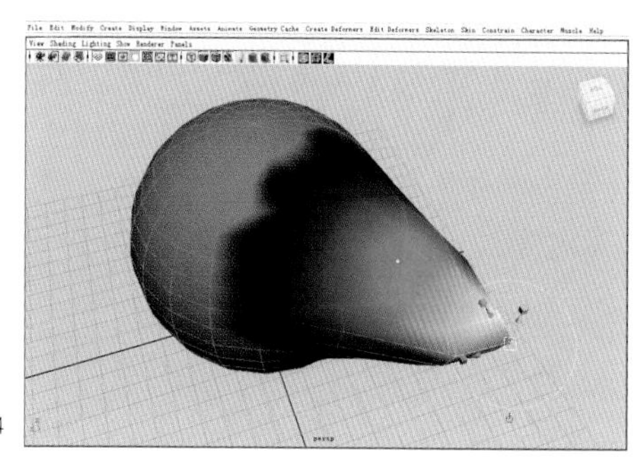

图3-34

第七节 ///// 非线性变形

非线性变形工具单里共包括弯曲（Blend）、扩张（Flare）、正弦（Sine）挤压（Squash）、扭曲（Twist）、波浪（Wave），现在我们分别了解一下。

一、创建弯曲变形（Blend）

1.创建一个可多边形物体，如图3–35所示。

2.为了方便我们观察圆柱的弯曲变形效果，我们需要给它的横切面加上段数，选中模型后按Ctrl+A找到右边的属性栏里面的Subdivisions Height改大数值即可，数值越大段数越多，如图3–36所示。

3.选择Create Deformers/Nonliner/Blend命令，弹出窗口如图3–37所示。

Low bound：设置沿弯曲变形的Y轴负方向进行弯曲的下限位置，默认值为–1，调节范围–10～0。

High bound：设置沿弯曲的Y轴负方向进行弯曲的上限位置，默认值为1，调节范围0～10。

Curvatue：设置弯曲的数量。负值设置向着弯曲变形的X轴负方向弯曲，正直设置向着弯曲变形的X轴正方向变形。调节范围–4～4，系统默认值是0，表明没有弯曲。

4.点击Create或Apply完成操作–选中中间绿色控制点调节弯曲度。如图3–38所示。

删除弯曲变形的方法：

①选择弯曲变形手柄。

②在Edit/Delete下删除。

注意： 删除变形之后则弯曲的变形手柄，手柄形状和弯曲变形节

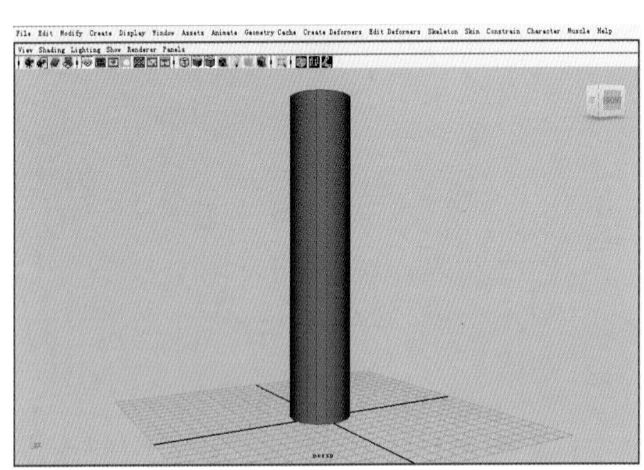

图3–35

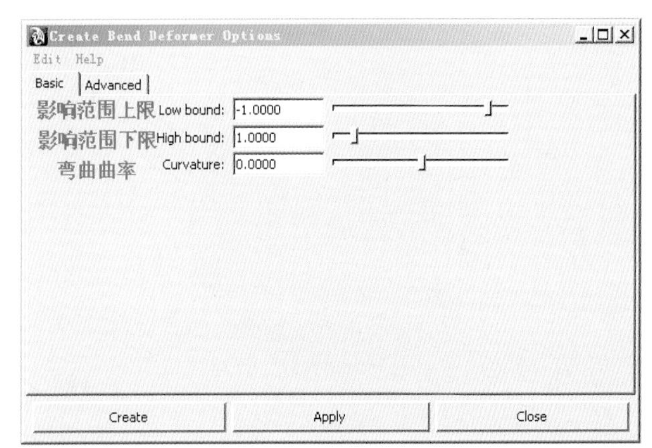

图3–37

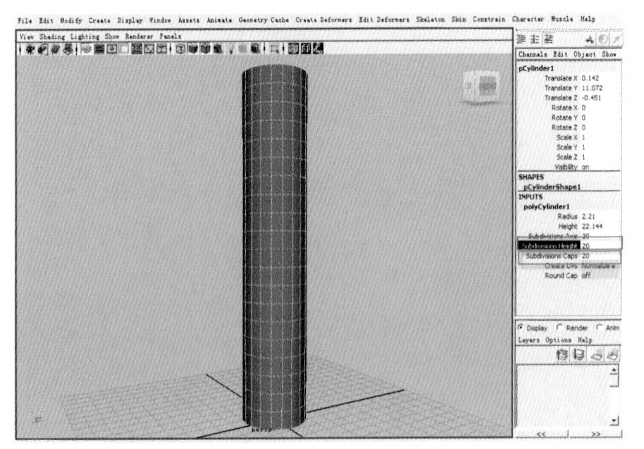

图3–36

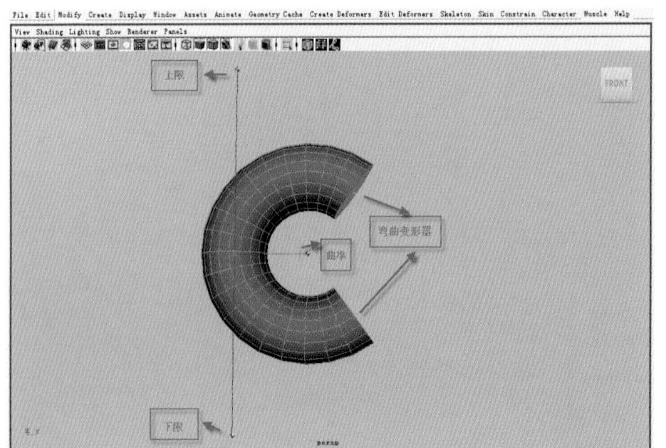

图3–38

点都被删除。然而，对象仍然有作为输入节点的扭曲节点，所以之前所做的扭曲被保留。同时注意，构成变形计算的各种输入节点都未被删除。

二、创建扩张变形（Flare）

1．创建一个可多边形物体，Ctrl+A选中模型，找到右边的属性栏里的Subdivisions Height改大它的数值，增加模型横切面的段数即可，如图3–39所示。

2.选择Create Deformers/Nonliner/Flare命令，弹出窗口如图3–40所示：

3.点击Create或Apply完成操作–选中上下两端圆形控制器的绿色控制点和模型中间的控制点，或者点击Maya界面左边工具栏里的 图标，鼠标左右拖动可进行任意调节。如图3–41所示。

Low bound(下限)：沿变形局部Y轴负方向扩张的下限。值可取负数或0.默认值为–1。

High Bound（上限）：沿变形局部Y轴正方向扩张的下限。值可取负数或0，默认值为1。

Start Flare X(开始扩张X轴)设置从Low bound沿变形的X轴的扩张或细化值，扩张沿变形的局部X轴进行，随曲线值而变化。默认为1。

Start FlareZ（开始扩张Z轴）：设置从Low bound 沿变形的做Z轴的扩张或细化值。扩张沿变形的局部Z轴进行，直到High bound随曲线值而变化。默认为1。

End Flare X（结束扩张X轴）：设置从High bound沿变形的Z轴到扩张或细化值。变形从Low bound开始并没有沿变形的局部X轴直到High bound，随曲线变化，默认值为1。

End Flare Z(结束扩张Z轴)：设置从High bound沿变形的Z轴作用的范围，变形从Low Bound开始并沿变形的局部Z轴直到High Bound，随曲线变化。默认值为1。

Curve(曲率)：设置在High Bound和Low bound之间曲率的数量。默认值为0。

删除扩张变形的方法：

①选择扩张的变形手柄。

②在Edit Delete下删除。

注意：扩张变形手柄，形状和扩张变形节点都被删掉。然而，对象仍然有作为输入节点的扭曲节点，因此所做的扭曲被保存。同时注意任何构成变形计算的各种输入节点未

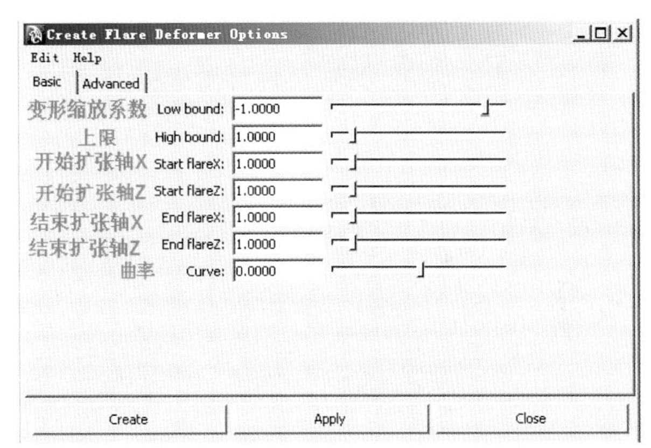

图3–40

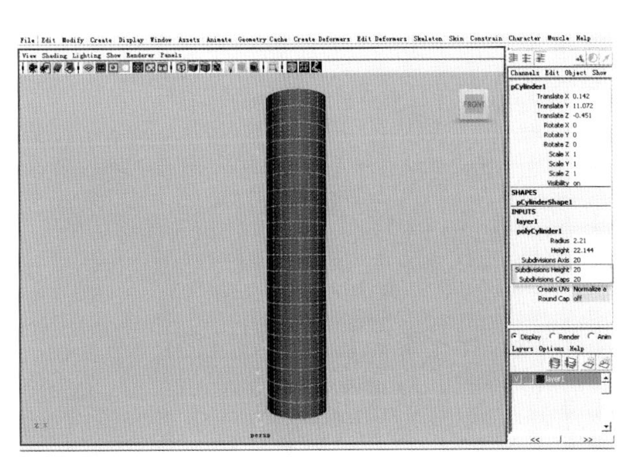

图3–39

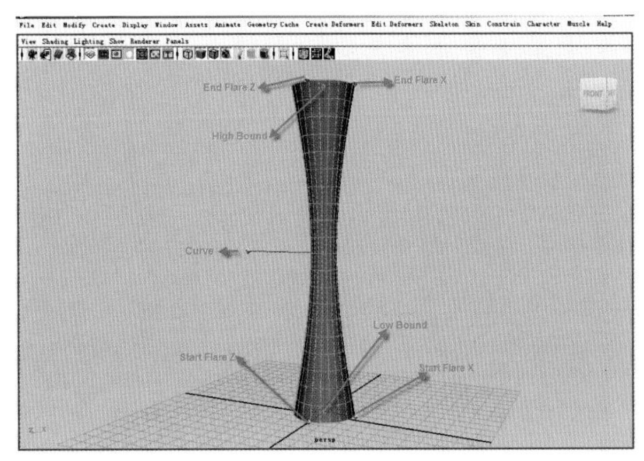

图3–41

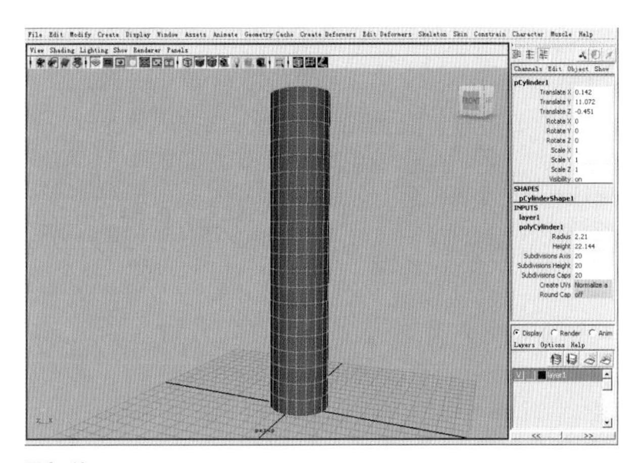

图 3-42

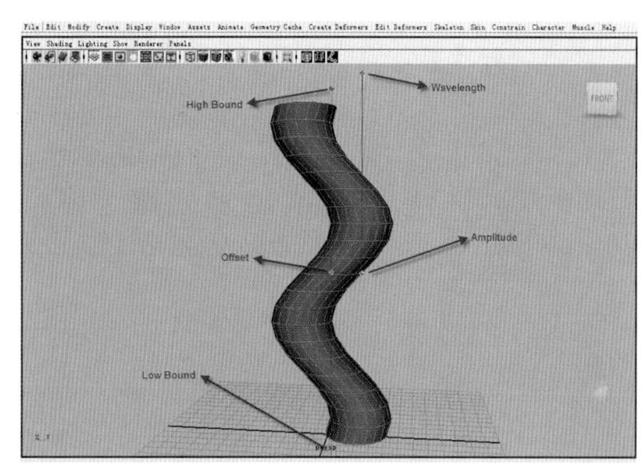

图 3-44

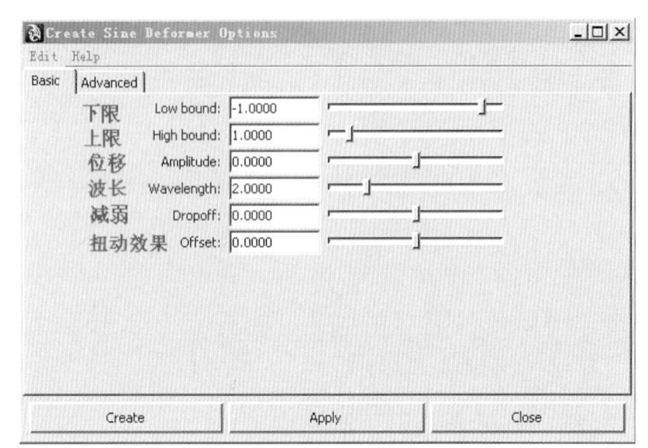

图 3-43

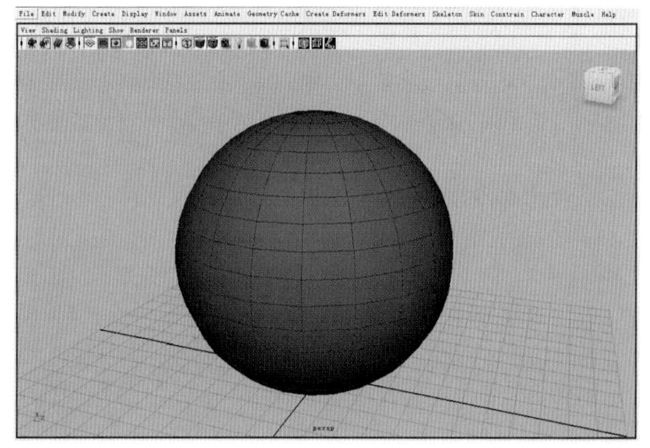

图 3-45

被删除。

三、创建正弦变形（Sina）

1.创建一个可多边形物体，按Ctrl+A选中模型找到右边的属性栏里的Subdivions Height，改大它的数值，增加模型横切面的段数即可。如图 3-42 所示。

2.选择 Create Deformers/Nonlinear/Sine ❐ 命令，弹出窗口如图 3-43 所示。

3.点击Create或Apply完成操作，选中上下两端绿色控制点和模型中间的控制点，或者点击Maya界面左边工具的图标，鼠标上下或者左右拖动可进行任意调节。如图 3-44 所示。

Low bound（下限）：设置正弦变形的局部Y轴负方向作用的范围。

High bound（上限）：设置正弦波沿变形的局部 Y 轴正方向作用的范围。

Amplitude（位移）：设置正弦波的振幅（最大波动数量）。

Wavelength(波长)：设置沿变形的局部 Y 轴的正弦波率。频率越大，波长减小，频率越小，波长增大。

Drop off（减弱）：设置振幅的减弱方式。

Offset(衰减)：设置正弦波与变形手柄中心的位置关系。

删除扩张变形的方法：

① 选择正弦非变形手柄。

② 在 Edit/Delete 下删除。

注：正弦变形手柄，形状和正弦变形节点都被删除，然而，对象仍然有作为输入节点的扭曲点，所做的扭曲被保留。同时注意构成变形计算的各种输入节点都不会被删除。

四、创建挤压变形（Squash）

1.创建一个可多边形物体，如图 3-45 所示。

2.选择 Create Deformers/Nonlinear/Squash 命令，弹出窗口

如图 3-46 所示。

3. 点击 Create 或 Apply 完成操作，选中模型中间外圈上的控制点，

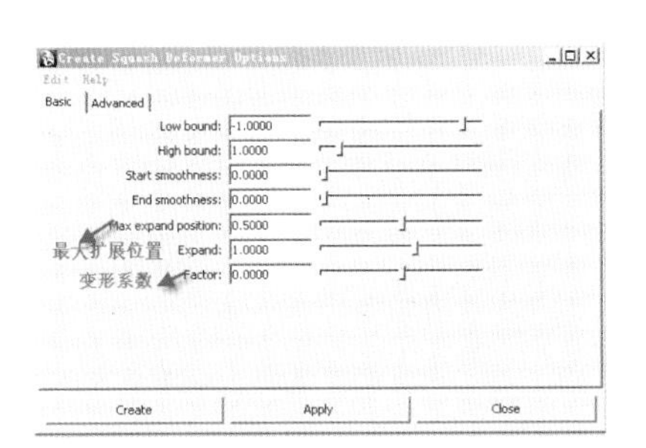

图 3-46

或者点击 Maya 界面左边工具栏里的图标，鼠标左右拖动可进行任意调节。如图 3-47 所示。

Factor(变形系数)：设置挤压或拉伸的数据，增加负值设置变形的局部 Y 轴挤压，增加正值设置沿变形的局部 Y 轴拉伸。

Max Expand Postion (最大扩展位置)：设置上限制和下限位置之间的最大扩展范围的中心。

删除挤压变形的方法：

①选择挤压变形的手柄。

②在 Edit/Delete 下删除。

注意：挤压变形手柄，挤压那些手柄形状和挤压变形节点都被删除。然而，对象仍然有作为输入点的扭曲点，因此，所做的扭曲可被保留，同时注意构成变形计算的各种节点都未被删除。

五、创建扭曲变形（Twist）

1．创建一个多边形物体，按 Ctrl+A 选中模型 Ctrl+A 找到右边的属性栏里的 Subdvisions Height 改大它的数值，增加模型横切面的段数即可。如图 3-48 所示：

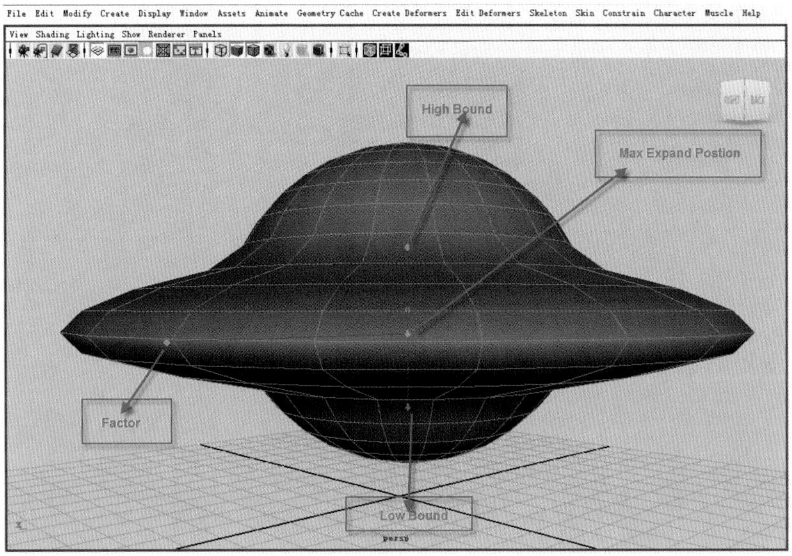

图 3-47

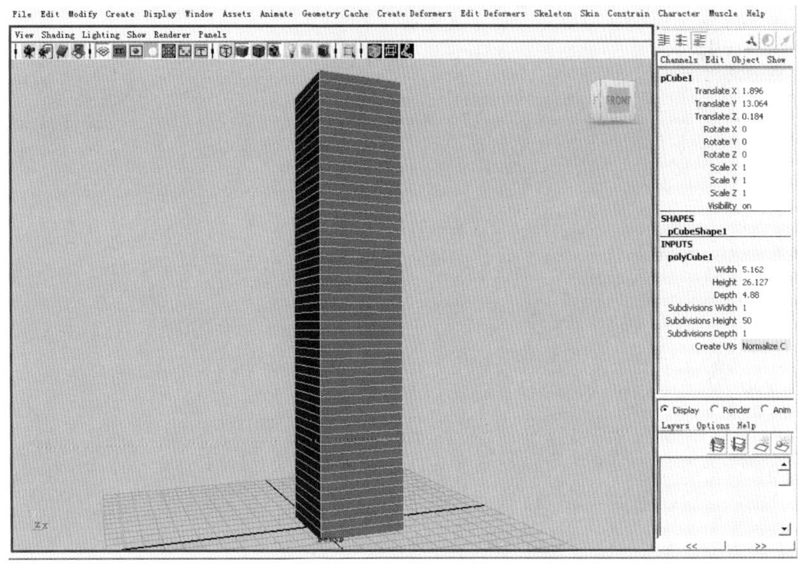

图 3-48

2. 选择 Create Deformers/Nonliner/Twist 命令。弹出窗口如图 3-49 所示。

3. 点击 Create 或 apply 完成操作，选中模型上下两端的控制圈，或者点击 Maya 界面左边工具栏里的图标，鼠标左右旋转拖动可进行任意调节。如图 3-50 所示。

Start angel(开始角度指示器)：

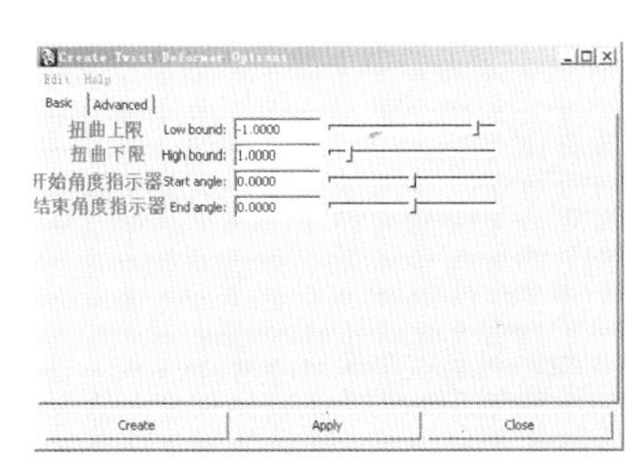

图 3-49

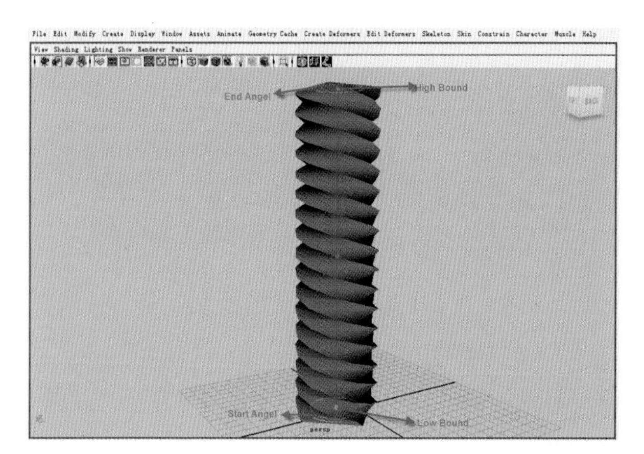

图 3–50

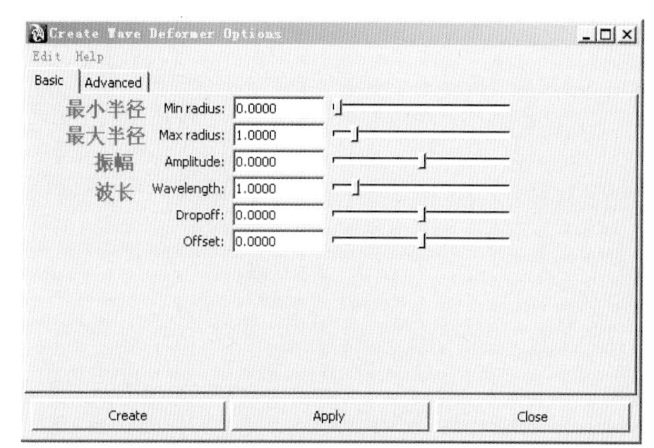

图 3–52

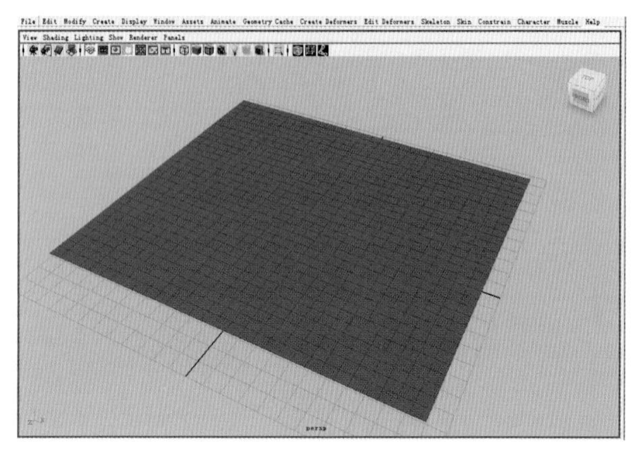

图 3–51

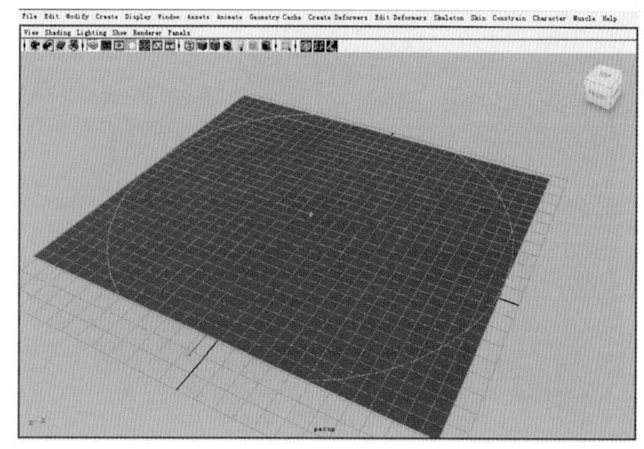

图 3–53

设置在变形的局部 Y 轴负方向下限位置的扭曲度数。

End angel(结束角度指示器)：设置在变形的局部 Y 轴负方向下限的扭曲度数。

删除扭曲变形的方法：

①选择扭曲变形手柄。

②在 Edit/Delete 下删除。

注意：扭曲变形手柄，形状和扭曲变形节点都被删除。然而，对象仍然有作为输入节点的扭曲节点，所以之前所做的扭曲被保留，同时注意构成变形计算的各种输入节点都未被删除。

六、创建波形变形（Wave）

1.创建一个可多边形物体。按 Ctrl+A选中模型找到右边的属性栏里的 Subdivisions Height 和 Subdivisions Width 改大它的数值，增加模型段数即可。如图 3–51 所示。

2.选择 Create Deformers/Nonlinear/Wave命令，弹出窗口如图 3–52 所示。

3.点击 Create 或 Apply 完成操作，选中面片上的控制点，或者点击 Maya 界面左边工具栏里面的 图标。

4.鼠标先选中中心控制点，向一边拖出一个新的控制点。如图 3–53 所示。

5.再次选中中心控制点，向上拖出一个新的控制点。如图 3–54 所示。

6.调节其他控制点，鼠标左右或上下拖动可进行任意变形。如图 3–55 所示。

Amplitude(振幅)：设置正弦波形是振幅（最大波形数量）

Wavelength(波长)设置正弦波长的频率。

Min radius(最小半径)：设置圆形正弦波的最小半径。

Max radius(最大半径)：设置圆形正弦波的最大半径。

删除扭曲变形的方法：

① 选择波形变形手柄。

② 在Edit/Delete下删除。

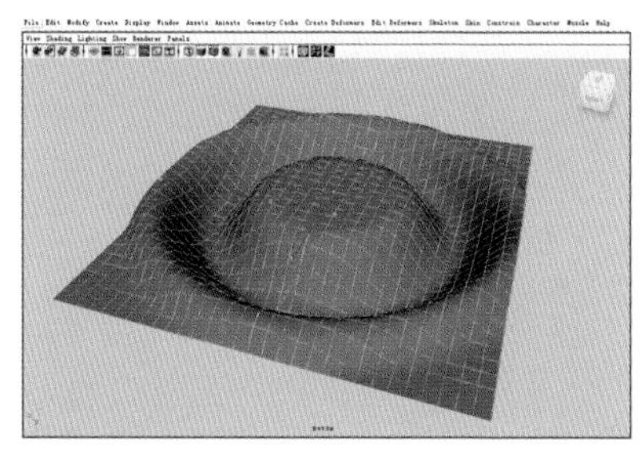

图3-54

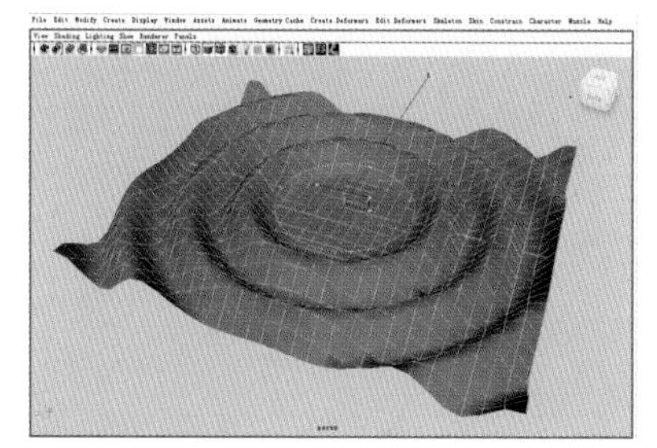

图3-55

第八节 造型变形

造型变形用于创建各类的圆形变形效果。例如，在设置角色的面部动画时，可使用造型变形控制人物下巴、眉毛或面颊的动作。如图3-56所示。

造型球：造型变形是通过操作球形线框物体来对其他物体来创建变形效果，它的变形模式包括翻转，投影和拉伸3种。

翻转模式：在此模式中，造型球的中心有一个隐含的定位器，当造型球靠近几何体时发生变形，这种模式被称为反转模式，是因为造型球的中心通过曲面时，被变形的曲面翻转到造型球的另一侧。

投影模式：在此模式中，造型变形将几何体投影到造型球表面。投影的范围取决于造型变形的Dropoff Distance属性。

当此属性值为1～0时，投影发生在造型球表面。这是使用投影模式的正常效果。

当此属性值为0时，几何体投影到造型球的中心。

当此属性值小于0时，投影几何体的他穿过造型球体的中心时被翻转。

拉伸模式：在拉伸模式中，造型球从几何体表面移开。几何体被影响表面伸长或突起于造型球保持uz一起。拉伸的方向从拉伸原始位置定位器的标记点向造型球表面延伸。当在拉伸模式下创建一个造型球时，可以选择和移动原始位置定位器将它作为造型球队子物体或父物体一起移动。

一、创建造型变形

1.创建一个多边形物体，选中模型Ctrl+A找到右边的属性栏里面的Subdivisions Height和Subdivisions Width改大它的数值，增加模型横切面的段数即可。如图3-57所示。

2.选择Create Deformers/Sculpt Deformer 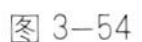 命令，弹出窗

图3-56

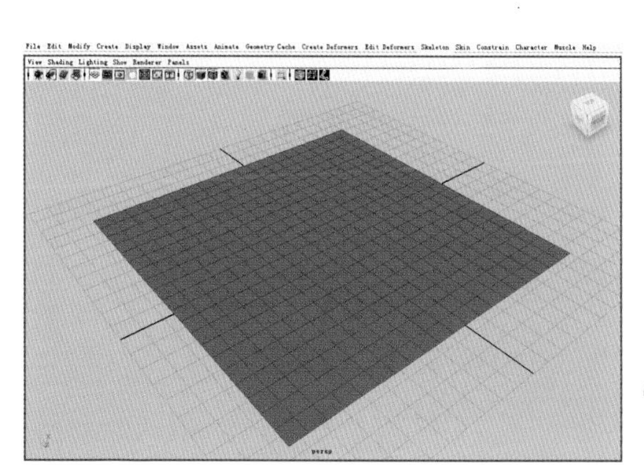

图3-57

口如图 3–58 所示。

Locator 可控制影响的方向。

Maximum Displace(最大移动)：设置在球体的表面，造型球可推动可变形对象的距离。

Dropoff Displace(控制距离)：设置造型球的影响范围。

3.点击 Create 或 Apply 完成操作。创建变形后，可在属性通道栏或使用控制手柄进行变形调节。在视图窗中，选择球体线框。鼠标左右施动可进行调节，如图 3–59 所示。

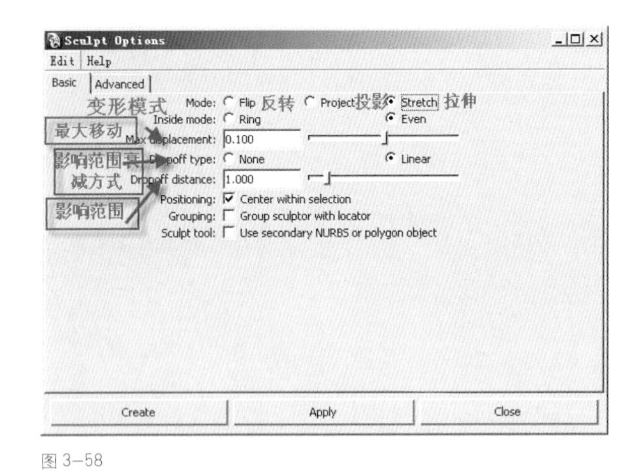

图 3–58

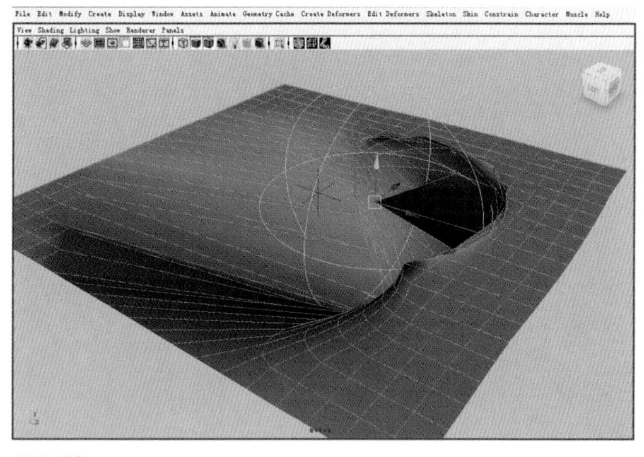
图 3–59

第九节 颤动变形

颤动变形可以让物体的点适当的添加抖动效果。比如物体突然加速或者突然停止，虽然动画已经结束，但是物体上被添加颤动变形的点由于受到惯性作用，仍然会右抖动。适当地为物体添加颤动变形，这样动画更加生动有趣。比如一个胖子在做动作的时候，肚子上的肉也跟着身体颤动，这种效果就可以用颤动变形来实现。

一、创建颤动变形

创建一个Polygons圆球，Y轴位移的属性调整为 5，在第一帧的时候为球体 KEY 一个关键帧，在第 8 帧的时候，修改 Y 轴位移的属性只为 0，KEY 一个关键帧。现在圆球已经有动画了，执行 Create Deformers/Jiggle Deformer 命令，为圆球创建一个颤动变形，播放动画看看效果，如图 3–60 所示。

可以看到，小球落地后，出现了抖动的效果，可以通过调整通道里面颤动变形的属性，来改变小球的颤动效果。如图 3–61 所示。

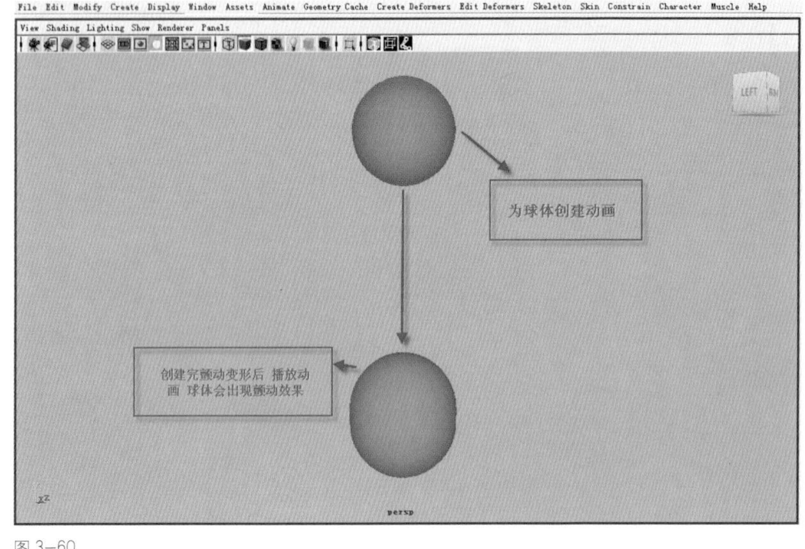

图 3–60

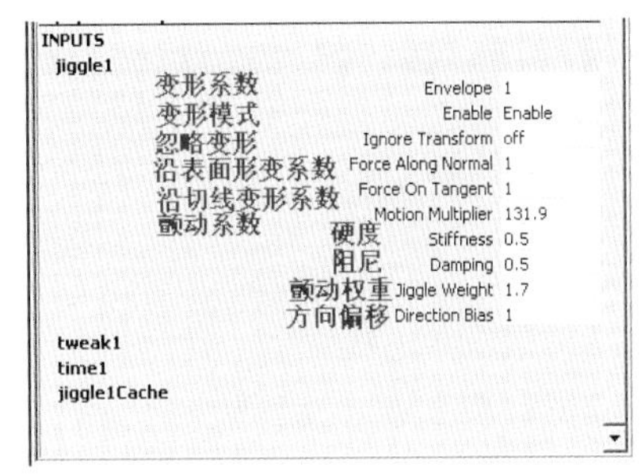

图 3-61

二、创建颤动缓存

选择Create Deformers/Jiggle Disk Cache命令创建缓存有利于复杂场景的缓慢播放。缓存创建后可以在时间条上查看任何一帧播放情况，如果没有缓存必须从开始帧播放查看效果。如图 3-62 所示。

三、删除颤动缓存

选择 Create Deformers/Jiggle Disk Cache Attributes，显示Attribute Editor(编辑属性)。在 Control For All Caches 下点击 Delete All Caches 或从 Enable Status选择 Disable All，如图 3-63 所示。

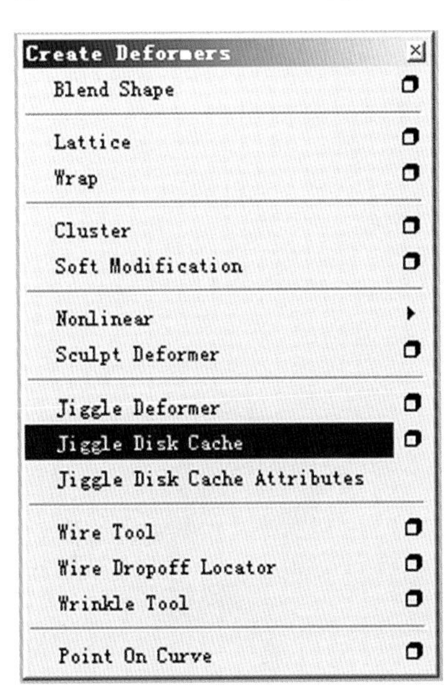

图 3-62

如果在一个场景中创建了很多个缓存，我们也可以单独删除，选择单个物体，打开属性面板，找到 Jiggle Cache标签，在Jiggle Cach Attribute属性下单击 Delete Cache 按钮即可。如图 3-64 所示。

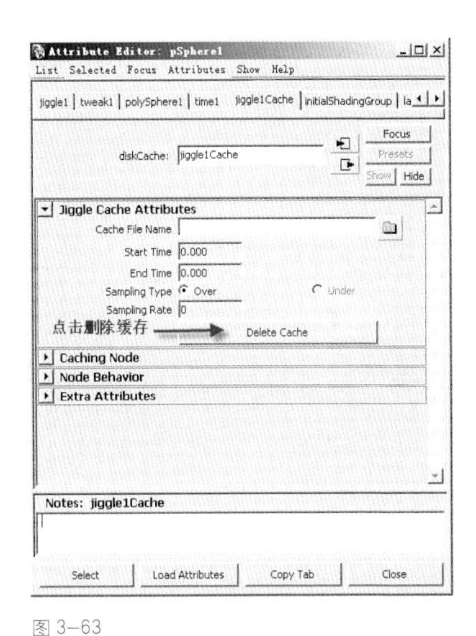

图 3-63

四、绘制颤动变形权重

1.当我们为小球创建玩颤动变形后，当动画停止播放时，整个小球都在颤动，如果我们只想让小球下半部分颤动，就需要对颤动变形进行权重绘制。

2.选择小球执行Edit Deformers/Paint Jiggle Weights Tool 命令，打开其属性面板，如图 3-65。

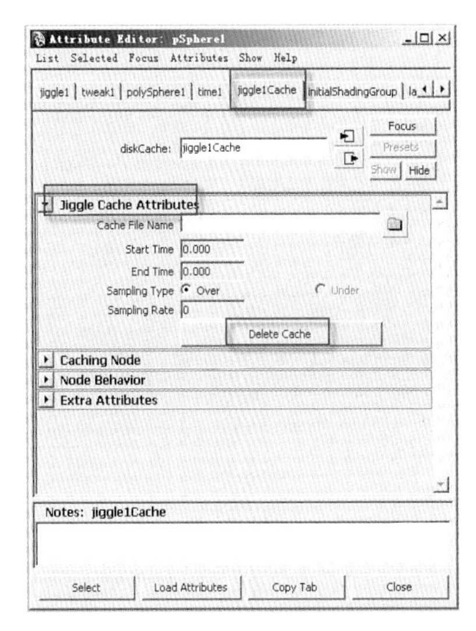

图 3-64

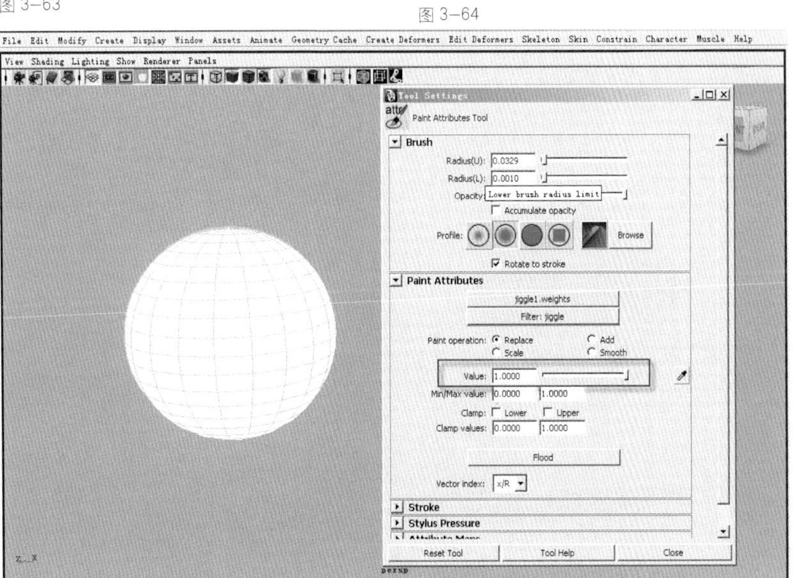

图 3-65

3.用Replace替换的方式，然后Value值调整为0，把小球的上半部分刷出黑色。然后将笔刷模式调整为Smooth，对黑白过度的地方进行光滑，如图3-66所示。

现在再来播放动画，观察一下效果，可以发现，现在小球只有下半部分颤动了。

到这里，我们已经对颤动变形有了初步的认识和了解。下面将通过为角色的头发创建颤动变形，来更深入的去学习。

为角色猴子的头发创建颤动变形

①打开文件中已经设置好的模型，简单地为头部创建一个左右转动的动画。点击Create Deformers/Jiggle Deformer命令，为头发创建一个颤动变形，播放动画看看效果。可以看到。模型头发颤动的有点过了。我们可以通过对颤动变形绘制权重以及修改它的硬度、阻尼及权重值来达到我们想要的效果。

②选择模型的头发，执行Edit Deformers/Paint Jjggle Weights TooL命令，打开其属性面板，可以为头发给绘制权重，如图3-67所示。

③角色模型的头发形状相对圆球来说，要复杂一点，这样绘制其权重就显得很麻烦，特别是头发底部的权重。我们可以通过属性编辑器调整数值来修改权重，显示头发的点，选择不想要动的点。如图3-68所示。

④点击Windows/General Editors/Component Editor命令，点击Weighted Deformer，把Jjggle1的数值调整为0.如图3-69所示。

⑤现在我们所选择的点的权重已经没有颤动变形了，把头发切换回物体模式，点击Edit Deformers/Paint Jjggle Weights Tool命令，打开其属性面板，可以发现，现在只有选择的地方才受影响，把黑白过度的地方光滑一下。如图3-70所示。

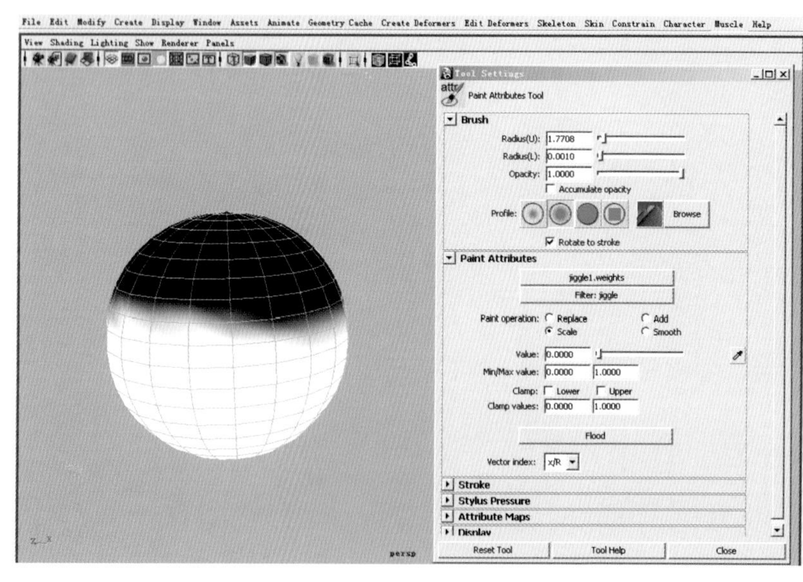

图3-66

图3-67

图3-68

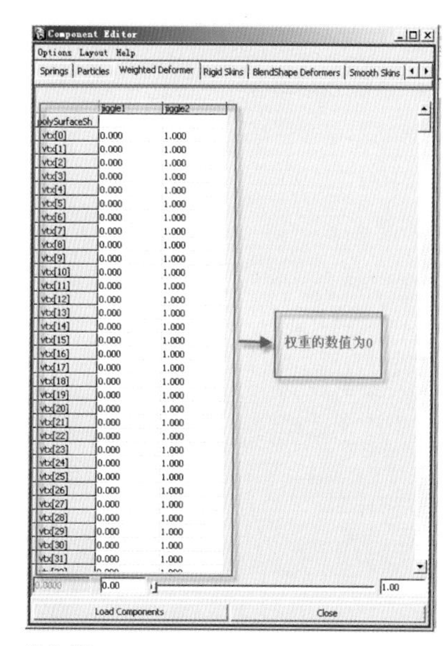

图3-69

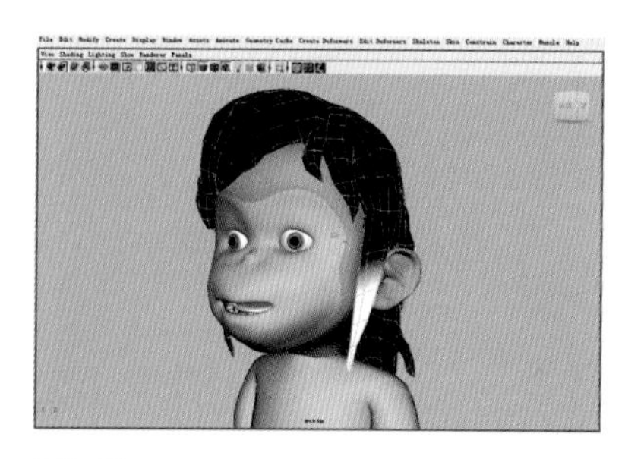

图3-70

⑦播放动画。发现已经看不清楚了，这里我们创建Jjggle缓存，创建完毕后再来播放动画，现在就可以流畅地观看动画了，但是现在头发动的似乎有些过了，我们来调整颤动变形的硬度、阻尼以及权重。如图 3–71 所示。

⑧调整完毕后，再来播放动画，基本上可以达到我们想要的效果了，只有角色头发的颤动变形就完成了，我们可以根据自己想要的效果绘制权重并调整硬度、阻尼、颤动的数值。

注意：在修改了权重后，一定要删除之前创建过的缓存，否则播放预览没有任何变化。最好是在创建完缓存后再播放动画，这样效果比较稳定。

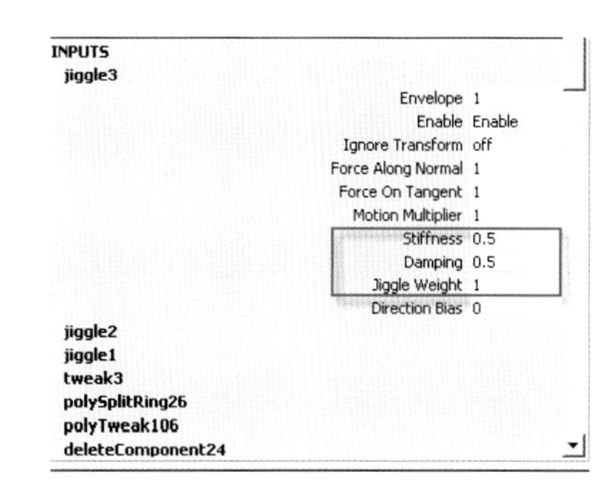

图 3–71

第十节 ///// 线变形

线变形就想雕塑加造型使用的刻刀，使用线变形时，可用一条或多条 NURBS 曲线来改变可变形对象的现状，在角色设置中，对建立嘴唇和眉毛变形是特别有用的。

创建线变形

①创建一个 NURBS 平面属性调节如图 3–72 所示。

②创建要用作影响的曲线，为得到好的效果，将影响线放在可变形物体上或可变形物体附近，如图 3–73 所示。

③选择 Create Deformers/ Wire Tool 命令，弹出窗口如图 3–74 所示。

Holders：现在确定创建的线变形是否带有夹具，使用夹具可限制曲线的变形范围。

Envelope：设置变形缩放系数。

Crossing Effect：设置两条影响线交错处的变形效果的振幅。

Local Influence：设置两个或多个影响线变形作业的位置。

Dropoff Distance：设置每条影响线影响的范围。

Deformation Order：此项设置在可变形物体历史记录中变形节点的放置方式。

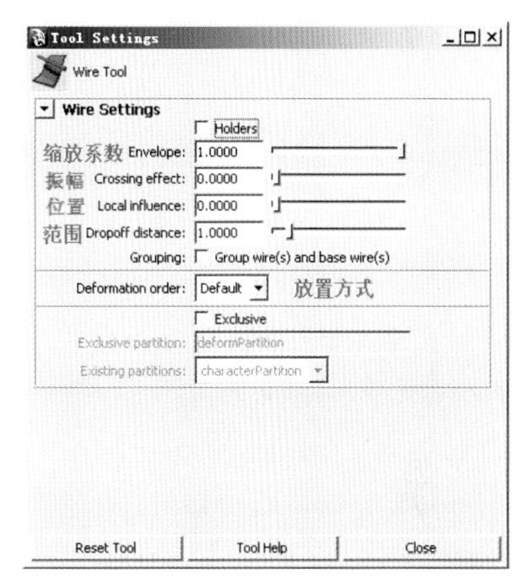

图 3–74

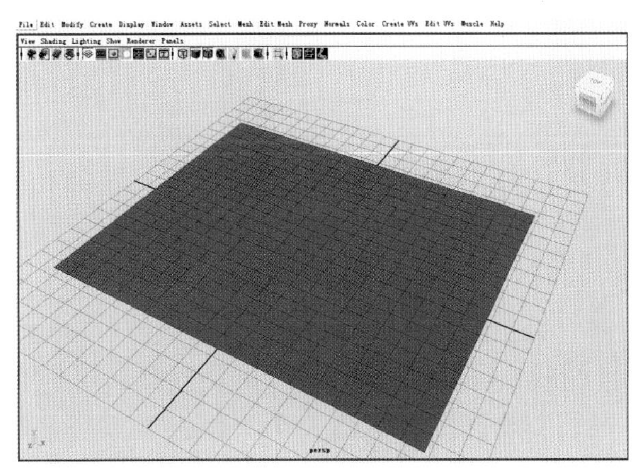
图 3–72

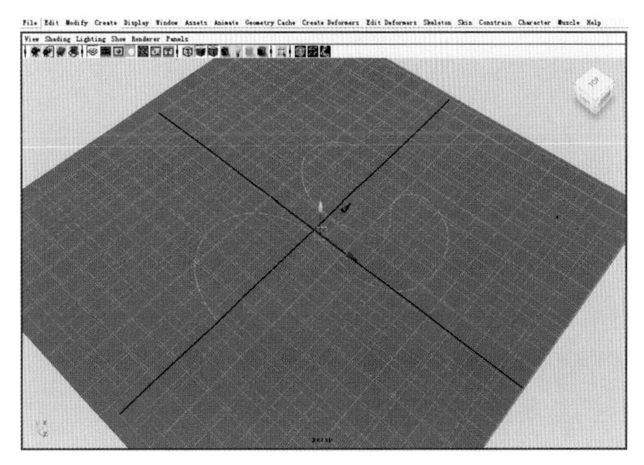
图 3–73

Exclusive：设置变形组是否在一个分区，如果在，那么组中的点不能在其他的任何组。

Exclusive Partition：设置分区名称。

Existing Partitions：设置现有分区。

④在工作区中，注意鼠标变为十字形，表示我们正在使用 Wire Tool。

⑤选择平面，按 Enter 键。

⑥选择 S 形曲线，按 Enter 键。

⑦选择S形曲线，向上移动。平面向上变形，就像被吸到S形曲线一样。如图 3–75 所示。

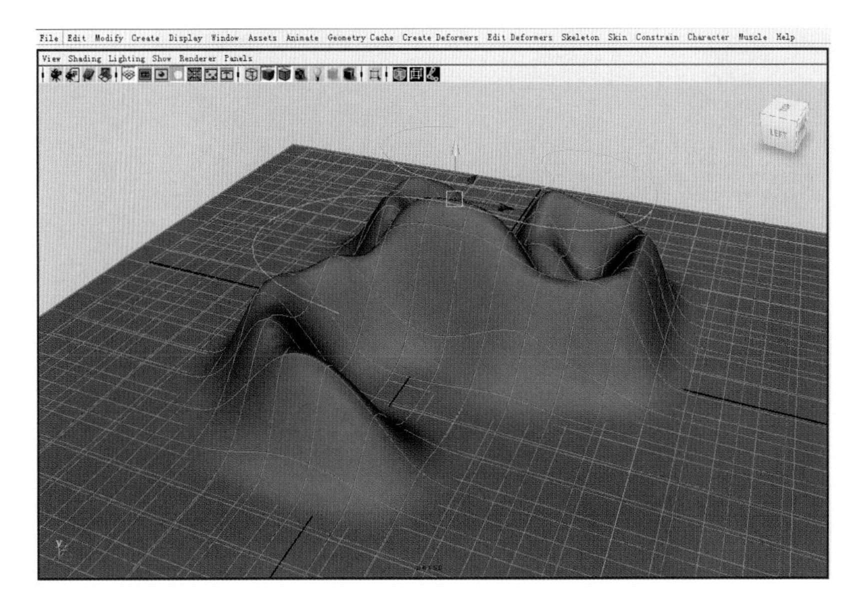

图 3–75

第十一节 ///// 褶皱变形

褶皱变形提供了线变形簇。可通过控制整个线变形或操纵单个线变簇或操纵单个变形创建变形效果。由于褶皱变形是簇变形和一个或多个线变形的组合，因此，为褶皱变形设置动画包括为簇变形属性和褶皱变形属性设置动画，而不单是对褶皱变形属性进行。

褶皱变形的种类：

射线褶皱变形：射线褶皱变形组合了从单个点分处的影响线，像车轮上的轮辐。射线褶皱变形只能变形单个的 NUEBS 曲面。

切线褶皱变形：切线褶皱变形组合了大致平行的影响线。一个切线褶皱变形只能变形一个单个 NURBS 曲面。

自定义褶皱变形：根据要达到的变形效果，以最合适变形效果的方式创建影响线。自定义褶皱变形可以变形一个独立的或多个 NURBS曲面。自定义褶皱变形还可以变形多边形曲面和晶格点，也就是说，自定义变形在可变形任意的可变形对象。

创建褶皱变形

①创建一个或多个可变形对象。可变形对象是NURBS曲面。为了更方便看出变形效果，属性调节曲面的段数为Patches U 30、Patches V 30。

②选择Deform/Wrinkle Tool 命令，弹出窗口如图 3–76 所示。

Type：设置褶皱变形类型。

Amount：设置褶皱变形中的数量。

Thickness：设置曲线衰减，它是指每条影响线影响的区域。

Randomness：设置褶皱变形如何紧密地符合被设置的 Amount Intensity Radial Branch Amount 和 Radial Branch Depth。

Intensity：设置影响线创建折痕的锐化程度。最小值是0，设置光滑的折痕，最大值是1设置尖锐、陡峭

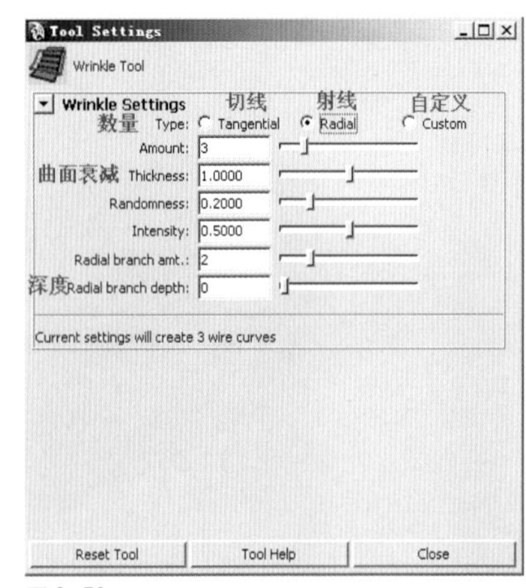

图 3–76

的折痕。

Radial Branch Amount：设置子影响线的数量，子影响线分支于每条父影响线。仅使用射线褶皱变形。

Rndial Branch Depth：设置影响线层级的数量，子影响线级别的数量。曾加它的指数可以曾加影响线的总数量。只适合于射线褶皱变形。

③红色显示的是物体的UV，鼠标中建拖到中间的红点可以任意摆放物体的UV拖动每条线上中间的红点可进行相应缩放，两边的点可旋转UV。如图3–77所示。

④确定后按回车，物体上会出现C图标，是变形器的簇操控手柄。如图3–78所示。

⑤移动，旋转或缩放簇变形手柄（C图标）如图3–79所示。

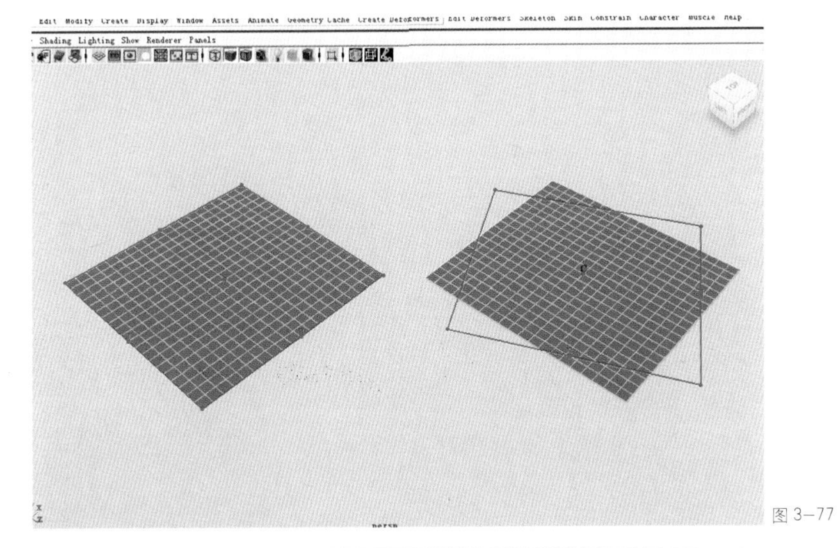

图3–77

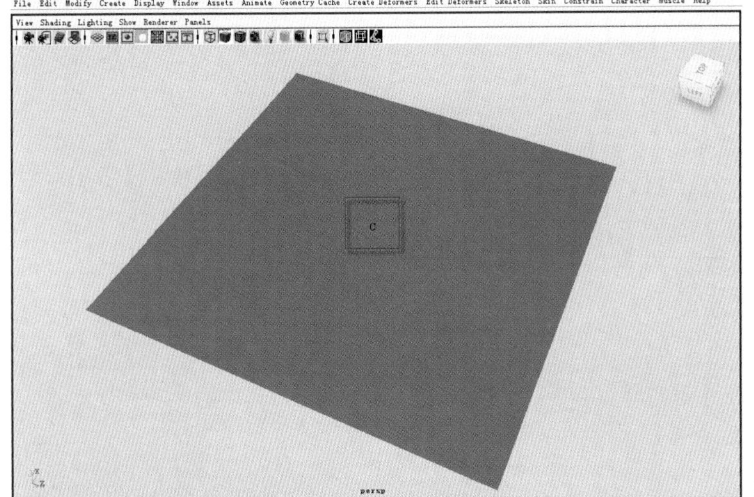

图3–78

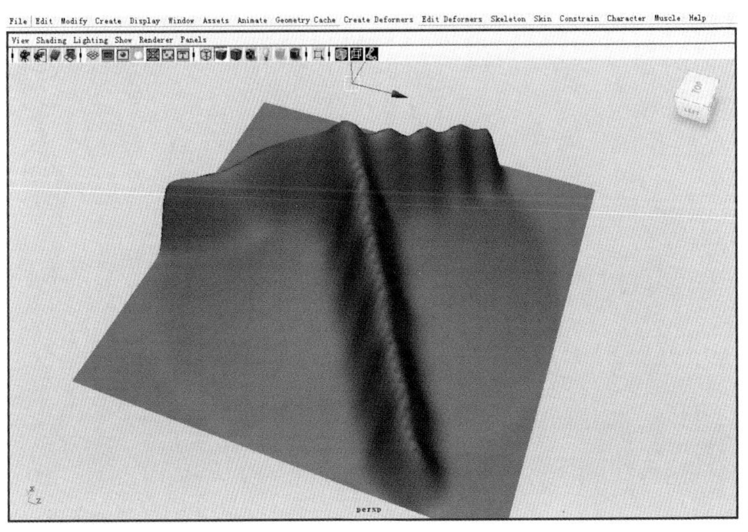

图3–79

[复习参考题]

◎ 制作一个卡通头像，将做好的表情加在融合变形上。

◎ 熟练掌握非变形器的菜单应用。

第四章　Animation动画介绍

— 本章重点 >>

驱动关键帧的运动应用及动画辅助功能。

— 学习目标 >>

掌握动画关键帧的各种设置方法。

— 建议学时 >>

6学时。

第四章 Animation 动画介绍

Animation（动画）

Maya的Animation（动画)菜单如图 4–1 所示。

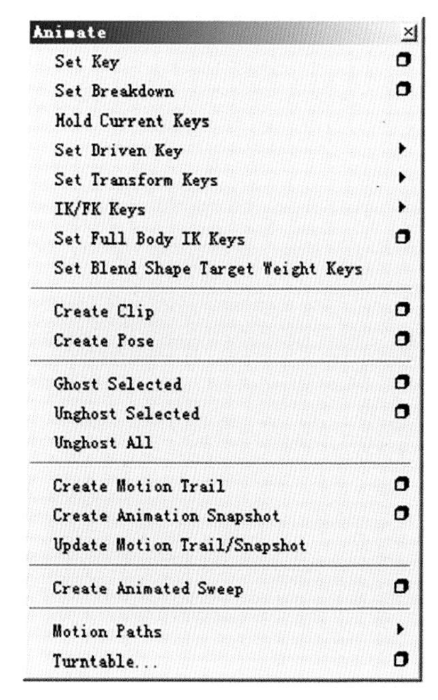

图 4–1

第一节 ///// Set Key（设置关键帧）

Set Breakdown(设定受控关键帧)、Hold Current Keys(保持当前关键帧)、Set Driven Key(设置驱动关键帧) Set Transform Keys(设定变换关键帧)、IK/FK keys (IK\FK 关键帧)。

一、Set Key(设定关键帧)

菜单：Animation(动画)/Set Key(设定关键帧)。

工具架上的图标：

默认的快捷键：s（小写）

功能：设定动画关键帧。

操作方法：选择要Key的对象，单击执行。

参数属性：菜单 Animation(动画)/Set Key(设定关键帧)命令的

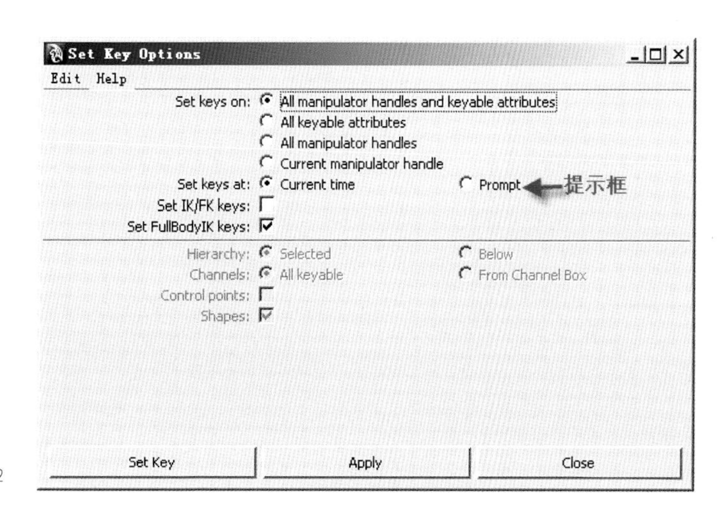

图 4–2

Options(选项窗)，如图 4–2 所示。

1.Set Keys On(设置关键帧)

ALL Manipulator Handles and Keyable Attributes(所有操纵杆的手柄和可设定关键帧的属性)：为所有操纵器所影响的属性和所有可设定关键帧的属性设定关键帧。

ALL Keyable Attributes (所有可设定关键帧的属性)：为所有可设定关键帧的属性设置关键帧。

ALL Manipulator Handles(所有操纵杆的手柄)：为所有操纵器所影响的属性设定关键帧

Current Manipulator Handle (当前操纵杆手柄)为当前操纵器所影响的属性设定关键帧。

2.Set Key at (在……设定关键帧)

Current Time(当前时间)：点击该选项，可在当前时间位置设Key。

Prompt(提示)：点击该选项，在设定关键帧的时候，系统会提示发出一个小对话框，可以同时设定多个 Key，当然设定的 Key 的值是一样。如图 4–3 所示，在提示框中输入多个帧，以空格断开，单击OK就可以同时对这些帧设置 Key。

3.Set IK/FK Keys(设定 IK/FK 关键帧)

勾选该项，可以为IK手柄和骨骼的所有属性设Key，以创建比较流畅的 IK/FK 动画，如果关闭该项，Maya 只对所选的对象设 Key，例如：我们当前选择IK手柄时，Maya 只对 IK 的手柄属性设 Key，而忽略骨骼，但是勾选SetIK FK/Keys(设定IK FK关键帧)Maya会同时针对 IK 手柄的属性和骨骼的属性设置 Key。

① Selected(所选)：为当前所选对象设 Key

② Below(下层)为当前所选的对象以及它的下层子对象设 Key

③ Channels (通道)该项只有在Set Keys on(设置关键帧)选择All keyable attributes(所有可设定关键帧的属性)时才会被激活。

④ All Keyable(所有可Key的通道）为所选对象的所有通道设 Key。

⑤ From Channel Box(从通道盒中）为通道盒中所选通道设 Key。

技巧：执行Window。/General Editors/Channel/Control，然后在弹出的窗口中可以设定通道盒中显示那些属性。如图 4–4 所示。

Control Points(控制点)：勾选该选项，可为所选的可控制点设 Key，可控制点是 NURBS 表面的 CV，多边形顶点和晶格点，该选项只有在 Channels(通道)选择 All keyable(所有可 Key 的通道)时才会被激活。

Shapes(形状节点)：勾选该选项，可为物体的 Shape 节点和 Tansform 节点的属性设定关键帧，关闭此项，则只为 Tansform 节点的属性设定关键帧。该项只有在 Channel(通道)选择All keyable(所以可 Key 的通道）时才会被激活。

注意：勾选 Control Points(控

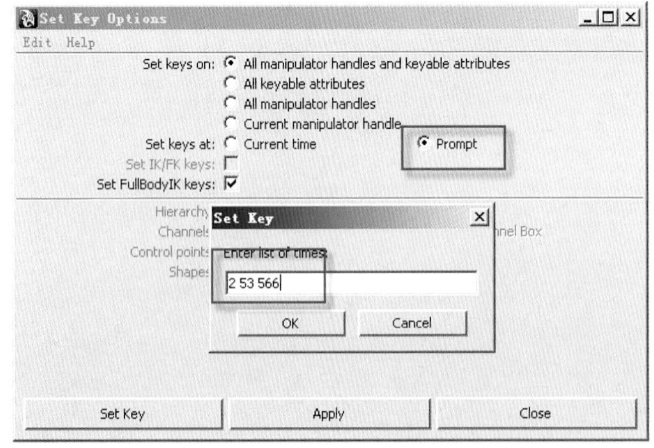

图 4–3

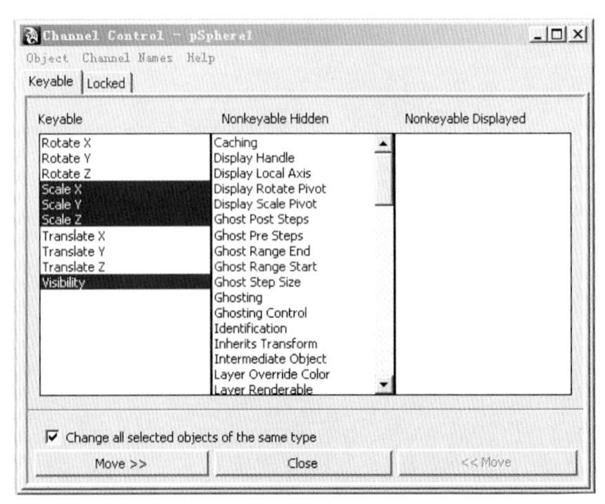

图 4–4

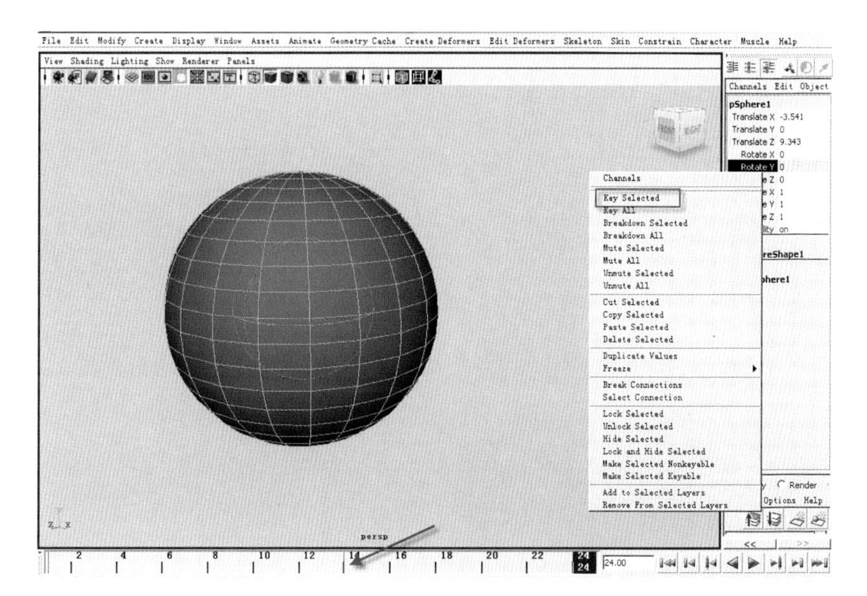

图 4—5

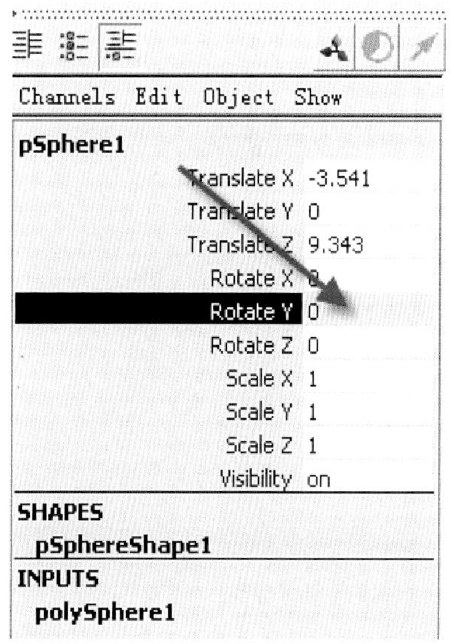

图 4—6

制点)，如果动画模型带有很多可控制点。则 Maya 将创建大量的关键帧，将减慢操作。如果打开 Hierarchy Below 的话，将会进一步减慢操作，建议大家在必要时才勾选 Control Points(控制点)，此外如果勾选Control Points(控制点)并设定了关键帧，此时再删除物体的构造历史，动画会不正常。

应用场合：需要为某个对象设Key制作动画，可执行菜单Animate(动画)/Set Key(设定关键帧)命令或按键盘上的s键（小写）。但这样一般是为所选对象的所有所选设Key。而大多数执行菜单 Animaton（动画）/Set Key(设定关键帧)命令时，Maya会为我们并不需要动画的属性也设 Key，这样会造成许多静通道(Static Channels)，不利于编辑动画曲线，同时也会占用资源，减慢 Maya运行速度，所有我们最常用的设 Key 的方式是在通道盒中选择要设定关键帧的属性，然后单击鼠标右键选择Key Selected，如图4—5所示。

示例：如图4—6所示，Key 过的属性在通道盒中会显示褐色，同时时间线上出现 Key 标志。

二、Set Breakdown(设定受控关键帧)

菜单：Animation(动画)/Set Breakdown(设定受控关键帧)

工具架上的图标：

默认的快捷键：无

功能：设定受控关键帧(Breakdown)。

操作方式：选择要设 Breakdown 的对象，单击执行。

参数属性：菜单 Animation(动画)/set Breakdown(设定受控关键帧)命令的Options(选项窗)，如图4—7 所示。

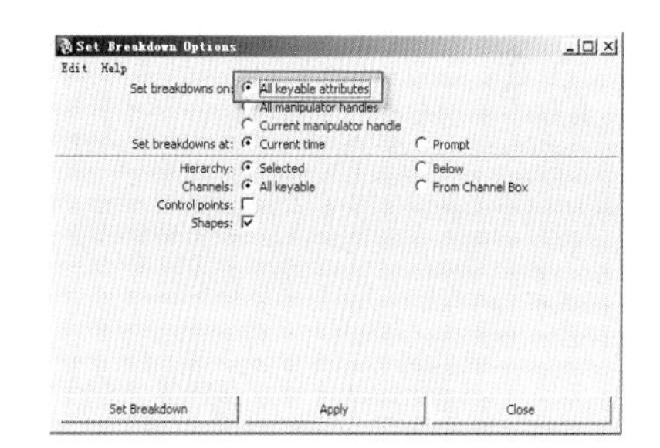

图 4—7

Set Breakdown(设定受控关键帧)的参数设定和Set key(设定关键帧)的Options(选项窗)几乎一致，这里不再讲述。

注意：Set Breakdown(设定受控关键帧)是一种特殊的关键帧，它与临近的关键帧（Keys）在时间上保持一定的比例关系，及时保持相邻的关键帧之间的比例关系，在 Graph Editor(动画图标编辑器)中，调整与Breakdown相邻的Keys，可以只调整动画的时间，而保持属性值不变。如果Breakdown和正常关键帧相似，在Graph Editor中可编辑、移动等具有可编辑的切线。Breakdown在时间滑块上是绿色的标记，而在Graph Editor中是绿点，如图 4—8 所示。

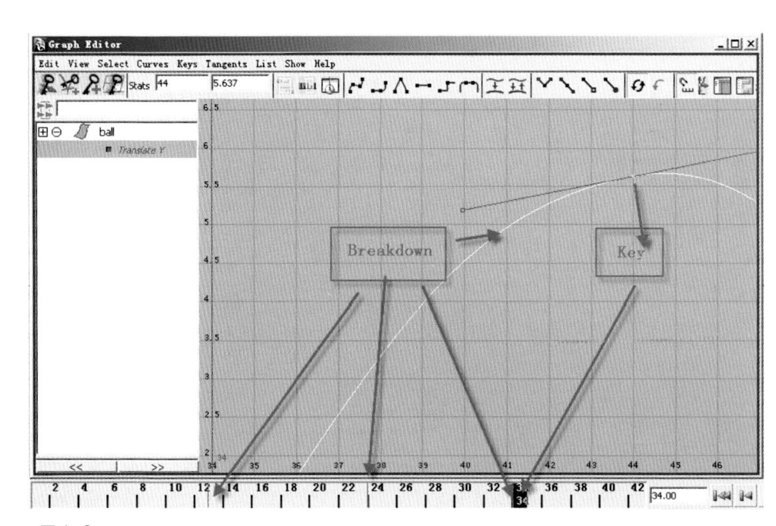

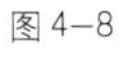
图 4-8

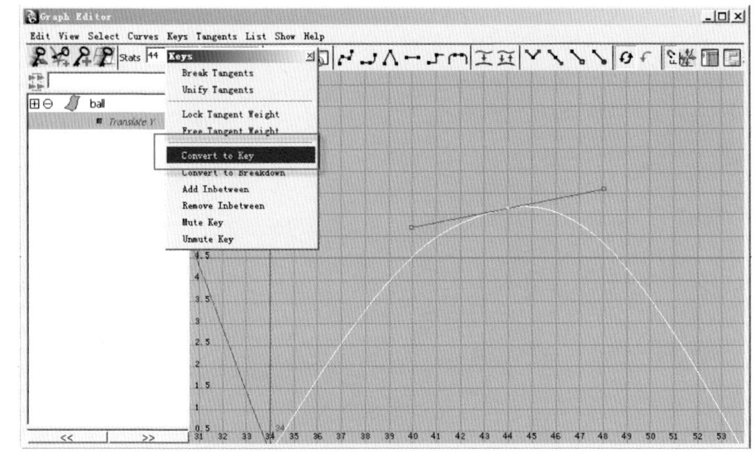

图 4-9

技巧：在Graph Editor中可以把关键帧（Key）转换为受控关键帧（Breakdown）也可以把受控关键帧(Breakdown)转换为关键帧(Key)。

如图4-9所示，选择相应的Key或者Breakdown，在 Graph Editor中执行菜单Keys/Convent TO Breakdown命令菜单Keys/Convent to Key命令即可。

应用场合：如果需要调整相邻的Keys，但只调整动画的时间而保持属性值不变，可以执行菜单Animation(动画)/Set Breakdown(设定受控关键帧)命令，联合使用Breakdown和Key即可。

三、Hold Current Keys(保持当前的关键帧)

菜单：Animation(动画)/ Hold Current Keys(保持当前的关键帧)。

工具架上的图标：

默认的快捷键：无

功能：在当前时间为物体所有已动画属性设置关键帧。

操纵方式：选择要设Key的对象，单击执行。

参数属性：无

应用场合：Hold Current Keys(保持当前的关键帧)经常与Auto Key(自动设定关键帧)联合使用。Maya的Auto Key功能只能为改变数值的属性设定关键帧，而对于没有改变的属性，不会设定关键帧，但这样常常为某些动画制作造成不便。虽然有些属性值不变，但我们仍需要在当前时间为这些属性设Key。此时就可以选择动画对象，使用Hold Current Keys(保持当前的关键帧)命令在属性数值不改变的情况下，为这些属性设Key。

注意：Maya的Auto Key(自动设定关键帧)是时间线右下角的一个Auto Key图标，如图4-10所示。

四.Set Driven Key(设定驱动关键帧)

Set Driven Key(设定驱动关键帧)子菜单如图4-11-a所示。

Set（设定）

菜单：Animtion(动画)/ Set Driven Key(设定驱动关键帧)/Set(设定)

工具架上的图标：

默认的快捷键：无

功能：设定Driven Key(驱动关键帧)。Driven Key的思想是用A物体的甲属性，驱动B物体的乙属性，即改变A的属性，B会随之改变，从而制作动画。而驱动值的大小是建立在设定Key的基础之上，这里的甲、乙属性可以是多个属性。A物体叫做驱动物体（Driver)，B物体叫

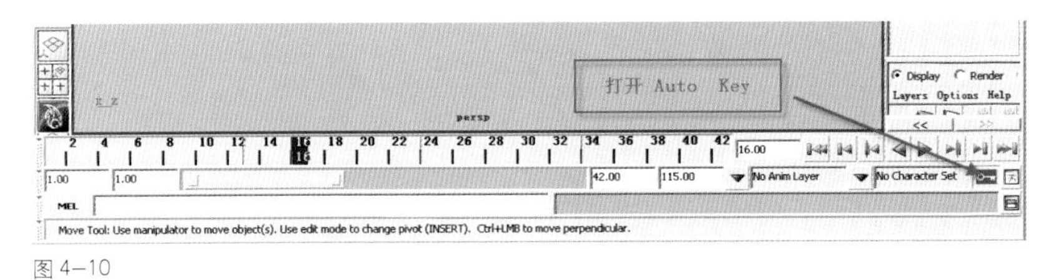

图 4-10

Set Driven Key

Set...

Go to Previous

Go to Next

图 4-11-a

做被驱动物体（Driven）。

操作方式：打开其选项窗，载入驱动物体和被驱动物体，然后调整属性，设 Key。

参数属性：菜单 Animation(动画)/Set Driven Key(设定驱动关键

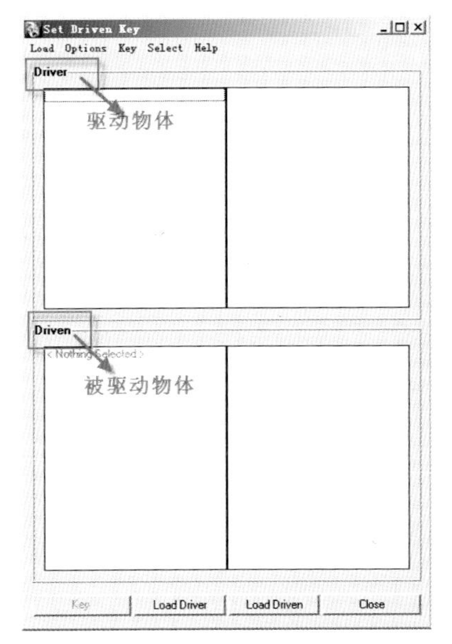

图 4-11-b

帧)/Set(设定)命令的 Opions(选项窗)如图 4-11-b 所示：

Driver(驱动物体)：可用来装卸驱动对象和属性。在视图中选择驱动物体，单击 Load Driver(载入驱动物体)，即可载入驱动对象，在右半栏可选择驱动属性。

Driven(被驱动物体)：可以来装卸被驱动对象和属性，在视图中选择被驱动的物体，单击Load Driven(载入被驱动的物体)即可载入被驱动对象，在右半栏可选择被驱动属性。

Key(设定关键帧)：选择驱动属性和被驱动属性，并设定驱动属性的值和被驱动的值，单击 Key 即可设定一个 Driven Key。为了动画，我们可以设定多个 Driven Key。

注意：Driven Key（驱动关键帧）和时间无关，并且在时间线上没有红色的关键帧标记。

Driven Key 只和设定的属性值相关。

应用场合：需要使用一个属性驱动另一个或几个属性来制作动画时，可以使用Driven Key（驱动关键帧）。我们常常在控制器上自定义属性（Modify/Add Attribute），然后使用自定义属性来驱动其他动画属性，Driven Key（驱动关键帧）制作手指弯曲动画、脚部动画等比较方便，在其他的场合，如一些机器动画、一个物体的动画来触发另一个物体的动画时，使用 Driven Key（驱动关键帧）也很方便。

技巧：可以在Graph Editor(动画图标编辑器)中编辑 Driven Key 的动画曲线。

Go to previous(前一个驱动关键帧)

菜单：Animation(动画)/Set Driven Key(设置驱动关键帧)/Go to Previous(前一个驱动关键帧)

工具架上的图标：GtP

默认的快捷键：无

功能：切换到前一个驱动关键帧状态，来检查 Driven Key 的设定。

操作方式：选择被驱动物体（Driven）单击执行。

参数属性：无

应用场合：需要切换到前一个驱动关键帧状态，来检查 Driven Key 的设定时，可以执行菜单(Animation)(动画)/Set Driven Key(设置驱动关键帧)/Go to Previous(前一个驱动关键帧)命令。连续执行，并配合 Go to Next(下一个驱动关键帧)可以在 Driven Key 间任意切换。

Go to Next(下一个驱动关键帧)

菜单：Animation(动画)/Set Driven Key(设置驱动关键帧)/Go toNext(下一个驱动关键帧)

工具架上的图标：GtN

默认的快捷键：无

功能：切换到下一个驱动关键帧状态，来检查 Driven Key 的设定。

操作方式：选择被驱动物体（Driven）单击执行。

参数属性：无

应用场合：需要切换到后一个

驱动关键帧状态，检查Driven Key的设定时，可以执行菜单(Animation)(动画)/Set Driven Key(设置驱动关键帧)/Go to Nxet(下一个驱动关键帧)命令。连续执行，并配合Go to Previous(前一个驱动关键帧)可以在Driven Key间任意切换。

五、Set Transform Keys（设定变换关键帧）

Set Transform Keys(设定变换关键帧)的子菜单如图4-11-c所示:

Translate(移动)

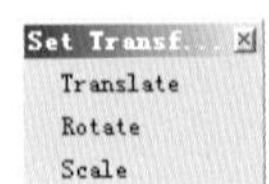

图4-11-c

菜单：Animation(动画)/Set Transform Keys(设定变换关键帧)/Translate(移动)

工具架上的图标：

默认的快捷键：无

功能：为所选对象的移动所选设定关键帧。

操作方式: 选择对象，单击执行。

参数所选：无

注意: 小写e是移动工具的快捷键，而大些E是设定旋转关键帧的快捷键。

应用场合: 执行菜单Animation(动画)/Set Transform Keys(设定变换关键帧)/Translate(移动)命令，可快速设定移动关键帧。

Rotate(旋转)

菜单：Animation(动画)/Set Transform Keys(设定变换关键帧)/Rotate(旋转)。

工具架上图标：

默认的快捷键：E（大写）或者Shift+e(小写)键。

功能：为所选对象的旋转属性设定关键帧。

操作方式：选择对象，单击执行。

参数属性：无

注意：小写w是移动工具的快捷键，而大些W是设定移动关键帧的快捷键。

应用场合: 执行菜单Animation(动画)/Set Transform Keys(设定变换关键帧)/ Rotate(旋转)命令，可快速设定旋转关键帧。

Scale(缩放)

菜单：Animation(动画)/Set Transform Keys(设定变换关键帧)/Scale(缩放)。

工具架上图标：

默认的快捷键：R（大写）或者Shift+r(小写)键。

功能：为所选对象的缩放属性设定关键帧

操作方式：选择对象，单击执行。

参数属性：无

注意: 小写r是移动工具的快捷键，而大些R是设定缩放关键帧的快捷键。

应用场合: 执行菜单Animation(动画)/Set Transform Keys(设定变换关键帧)/ Scale(缩放)命令，可快速设定旋转关键帧。

六、IK/FK Keys(IK/FK关键帧)

IK/FK Keys(IK/FK关键帧)的子菜单如图4-11-d所示

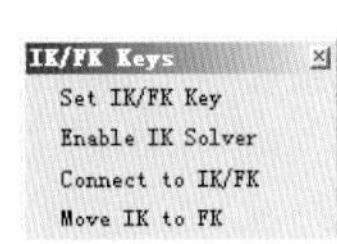

图4-11-d

Set IK/FK Keys(IK/FK关键帧)

菜单: Animation(动画) IK/FK Keys关键帧(IK/FK关键帧) Set IK/FK Keys(设定IK/FK关键帧)

工具架上的图标：

默认快捷键：无

功能：可以为IK手柄和骨骼的所有属性设Key,以创建比较流畅的IK/FK动画。

操作方式：选择IK手柄，单击执行。

参数属性：无

注意: 一般情况下，Maya只对所选的对象设Key。例如，当我们选择IJ手柄时，Maya只对IK手柄的属性设Key，而忽略骨骼，但执行菜单Animation(动画) IK/FK Keys关键帧(IK/FK关键帧) Set IK/FK Keys(设定IK/FK关键帧)命令，MAYA会针对IK手柄的属性和骨骼的属性设Key，使用Set IK/FK Keys(设定IK/FK关键帧)可以得到更加流畅的IK/FK动画。

应用场合：在制作IK/FK动画时，使用Set IK/FK Keys(设定IK/FK关键帧)比Animation(动画) IK/FK Keys关键帧(IK/FK关键帧)可以得到更加流畅的IK/FK动画。尤其在我们混合IK/FK制作动画时，Set IK/FK Keys(设定IK/FK关键帧)更是不可少的。

Enable IK Solver(激活IK解算器)

菜单：Animation(动画) IK/FK Keys关键帧(IK/FK关键帧) Enable IK Solver(激活IK解算器)。

工具架上的图标：

默认是快捷键：无

功能：激活或禁止IK解算器，开启或关闭反向动力学。

操作方式：连续单击，可切换其开关。

参数属性：无

注意：场景中存在手柄时，Maya会自动勾选Enable IK Solver(激活IK解算器)，即使IK手柄有效，关闭Enable IK Solver(激活IK解算器)，则IK手柄失效，此时开设定FK动画。

应用场合：勾选和关闭Enable IK Solver(激活IK解算器)，可以决定场景中使用FK动画还是IK动画，当然，Maya4.5以后的版本中，就可以混合使用FK和IK动画了。

Connect To IK/FK(连接IK/FK)

菜单：Animation(动画) IK/FK Keys关键帧(IK/FK关键帧) Connect To IK/FK(连接IK/FK)。

工具架上的图标：

默认的快捷键：无

功能：为所选的对象添加一个只读的IK混合属性(IK Blend)，该属性与所选IK手柄下的IK Blend关联。

操作方式：首先选择一个对象，然后选择IK手柄，单击执行。

参数属性：无

应用场合：我们常常不直接对IK手柄设定动画，而是制作一个球、方块或一个圆环作为控制器，然后把IK手柄作为控制器的子物体或使用点约束，这样对控制器设定动画、另一方面控制器便于选择而直观(场景中物体较多时，IK手柄不容易被选择)。一方面便于提取需要动画的属性，而Connect To IK/FK(连接IK/FK)一般就是用来在控制器上添加IK Blend属性。

Move IK to FK(从IK移动到FK)

菜单：Animation(动画) IK/FK Keys关键帧(IK/FK关键帧) Move IK to FK(从IK移动到FK)。

工具架上的图标：

默认的快捷键：无

功能：将所选的IK手柄与相应骨骼的中心对齐。

操作方式：选择IK手柄或者使用IK/FK连接对象(Connect to IK/FK)，单击执行。

参数属性：无

应用场合：在设定FK动画时，或者使用IK/FK混合动画，IK Blend小于1时，IK手柄不会随着骨骼移动而移动，这样会发生IK手柄脱离骨骼的情况，而制作IK动画时，我们一般需要IK手柄置于相应骨骼的中心，这时需要使用Move IK to FK(从IK移动到FK)，即可快速将IK手柄与相应骨骼的中心对齐。

第二节 动画辅助功能

一、Create Clip（创建片段）

菜单：Animation(动画)/Create Clip(创建片段)

工具架上的图标：

快捷键：无

功能：为所选动画对象或者角色(Charater)创建动画片段。

操作方法：选择以动画的物体或角色（Character）单击执行。

参数属性：菜单Animation(动画)/ Create Clip(创建片段)命令的Options（选项窗）如图4-12所示。

Name(名称)：设定要创建的动画片段的名字。

Keys（关键帧）：勾选Leave Keys In Timeline(把关键帧保留在时间线上)，可在新建动画片段的同时，保留时间线上的关键帧：否则新建动画片段后，时间线上的关键帧将被删除。

Clip(动画片段)：设定新建动画

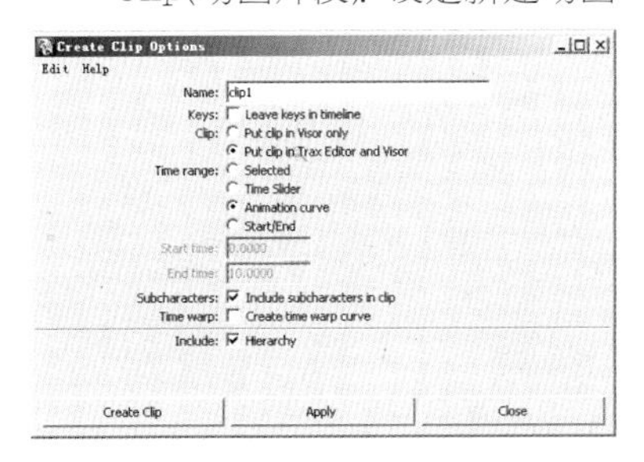

图4-12

片段的位置，有两个选项：Put Clip in Visor Only(只将动画片段放入Visor)和Put Clip In Trax Editor And Visor(将动画片段放入Trax编辑器和Visor)。

Time Range （时间范围）设定新建动画片段的时间范围，可选项包括：

1.Serlected(选择的)

使用时间线上的时间范围，按下Shift键，在时间滑块的时间栏里拖动可选择时间范围。

2.Time Slider(时间滑块)

使用时间线上的开始时间和结束时间之间的范围作为时间范围。

3.Animation Curve(动画曲线)

使用动画曲线的范围作为时间范围。

4.Start(开始)/End(结束)

自定义动画片段的开始、结束时间、可在下面的开始，结束时间。

Subcharacters(子角色)：可设定该动画片段是否包含子角色动画。

Time Warp(时间扭曲)：勾选Create Time Warp Curve(创建时间扭曲曲线），可打开时间扭曲，Maya在创建片段时，还会创建一条Time Warp(时间扭曲)动画曲线，编辑Time Warp(时间扭曲)动画曲线可以实现反转动画顺序，慢进慢出等效果。例如我们制作了离子汇聚动画，使用Time Warp(时间扭曲)可以反转动画顺序，即实现离子扩散动画。

Include(包含)：勾选Hierarchy(层级)所选对象下层的子对象动画也会包含在创建的动画片段中。否则，只创建所选对象的动画片段。

应用场合：创建多个Clip（动画片段)即可在Trax Editor中对动画片段进行非线性编辑了。

技巧：在Trax Editor中也提供了Create Clip（创建片段)的菜单和快捷图标，如图4-13所示。

如图所示4-14所示，给出Create Clip（创建片段）的示例，这是动画片段在Trax编辑器和Visor中显示。

二、Create Pose（创建姿势）

菜单：Animation(动画)/Create Pose(创建姿势)

工具架上的图标：

默认快捷键：无

功能：保存一张角色当前位置的快照作为姿势（pose)，姿势可以是时间栏里面任以时刻时的动作。

操作方式：选择角色(character)，单击执行。

参数属性：菜单Animation(动画)/Crete Pose(创建姿势)命令的

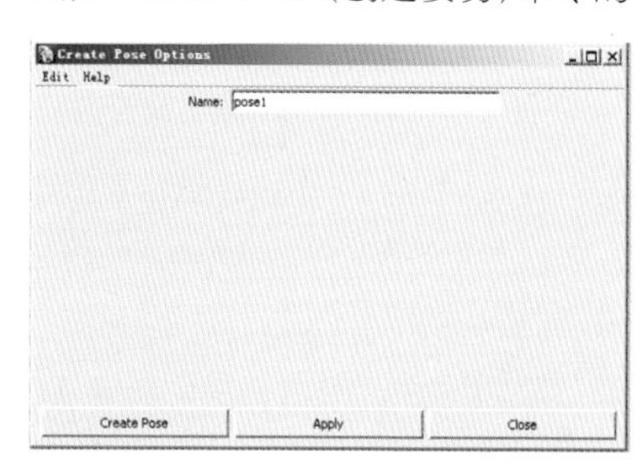

图4-15

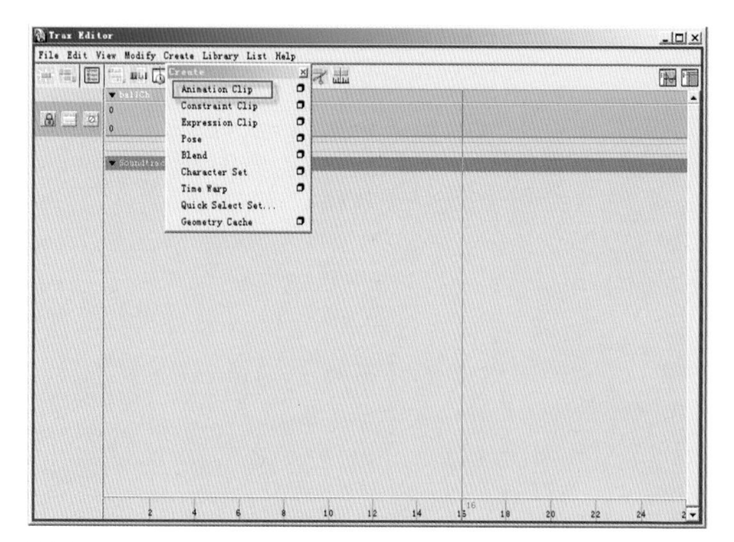

图4-13

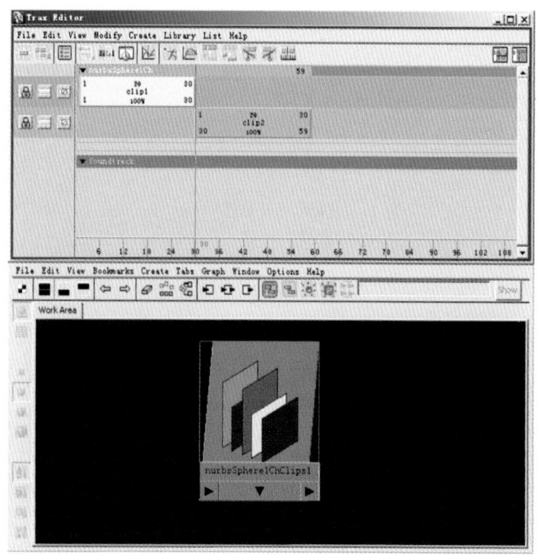

图4-14

Options(选项窗口),如图4-15所示。

Name(名称): 为要创建的Pose命名。

应用场合: 当制作动画时,我们可以使用姿势进行位置的比较。也可以创建角色的姿势，然后使用Blend Shape(混合变形),混合姿势间的动画,如用Pose和Blend Shape(混合变形）制作口型动画等。

技巧：创建的姿势被保存在Visor视图窗中，在Visor视图中，用鼠标右键单击Pose,选择AppyPose,如图4-16所示：可在当前时间显示Pose,而舍弃实际的动作，要使角色回到实际的动画位置,需要重新播放动画，或单击时间栏里面的一个帧。

三、Ghost Selected(重影所选对象)

菜单: Animation(动画)/Ghost Selected(重影所选对象)

工具架上的图标：

默认的快捷键：无

功能: 为了预览动画效果,为动画物体创建Ghost(重影)。

操作方法：选择已设定动画的物体，单击执行。

参数属性：菜单Animation(动画)/Ghost Selected(重影所选对象)命令的Options(选项窗口)，如图4-17所示：Type of ghosing(重影类型)。

1.Global Preferences(全局参数)

使用全局参数,菜单: Wiondow Settings/Preferences命令,在Display下的Animation中可以设定Ghost的参数。如图4-18所示。

2.Custom Frames(自定义要Ghost的帧)

选择该项，可激活Frames to Display(要重影显示的帧)。在Frames to Display(要重影显示的帧)后面的文本框填写Ghost的帧的序号。在帧与帧之间用逗号隔开。可以同时Ghost多个帧。

3.Custom Frame Steps(自定义Ghost帧步幅)

可设定要Ghost的帧的数量个间隔。

4.Custom Key Steps(自定义Ghost关键帧步幅)

可设定要Ghost的关键帧的数量和间隔。

5.Keyframes(关键帧)

设定要Ghost的关键帧的范围。

Frames To Display(要重影显示的帧)；设定要Ghost的帧的序号，在帧与帧之间用逗号隔开，可以同时Ghost多和帧，只有在Type Of Ghosting(重影类型)选择Custom Frames时，才可激活该项。

Steps Before Current Frame(当前帧之间的步数)：设定当前帧之前Ghost的步数,该参数越大,Ghost的帧数就越多，只有在Type Of Ghosting(重影类型)选择Custom Frame Steps或Custom Key Steps时才可激活该项。

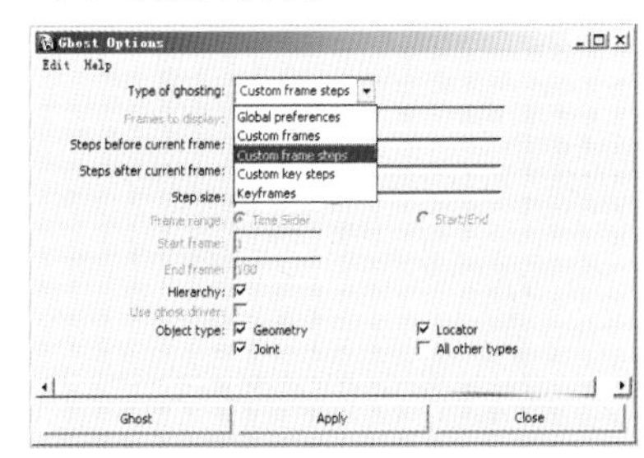

图4-17

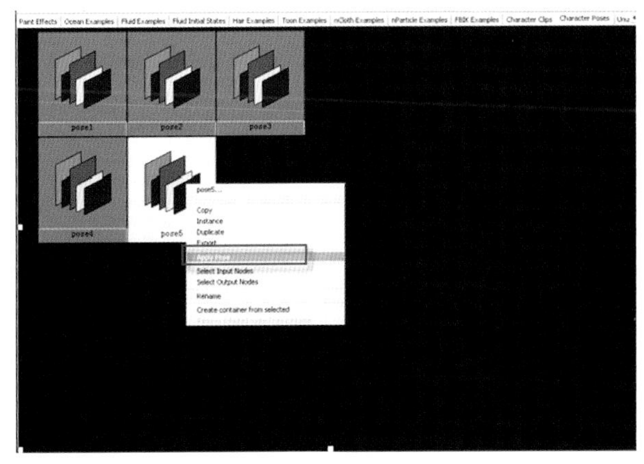

图4-16

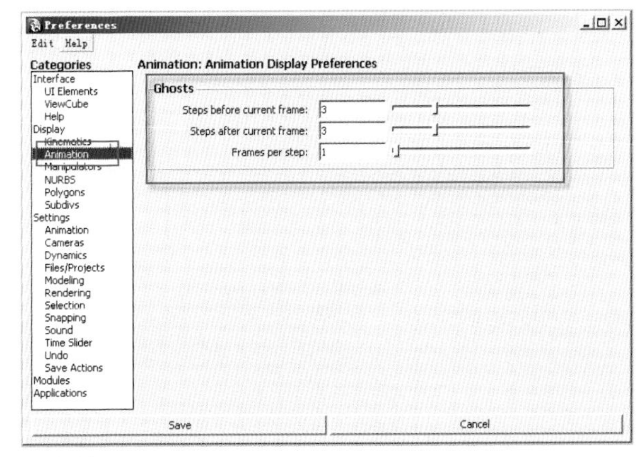

图4-18

Steps After Curreent Frame (当前帧之后的步数)：设定当前帧之后Ghost 的步数。该参数越大，Ghost的帧数越多，只有在Type Of Ghosting(重影类型)选择 Custom Frame Steps或Custom Key Steps时才可激活该项。

Step Size(步长)：设定每个Ghost的步长，或者说是间隔。这里是以帧为基本单位。可设定两个Ghost间隔的帧数，只有在Type Of Ghosting(重影类型)选择 Custom Frame Steps或Custom Key Steps时才可激活该项。

Time Range（时间范围）：设定Ghost的时间范围，只有在Type of ghosting(重影类型)选择Keyframes时才可激活该项。

6.Time Slider（时间滑块）

使用时间线上的开始和结束时间之间的范围作为Ghost范围。

7.Start(开始)/End(结束)

自定义Ghost的开始，结束时间，可在下面的Start time(开始时间)和End Time(结束时间)中输入精确的帧数来设定Ghost的开始，结束时间。

Hierarchy(层级)：勾选该项，所选对象下层在子对象动画也会被Ghost。否则只Ghost所选对象。

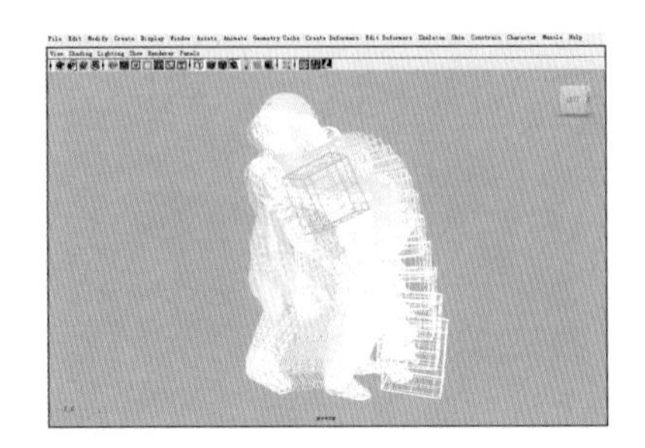

图4-19

Use Ghost Driver（使用重影驱动，勾选该项，可以Ghost使用了驱动关键帧（Driven Key）的物体，先选择Driver，再选择Driven，单击执行 Animation(动画)/Ghost Selected(重影所选对象)，即可 Ghost 被驱动物体。

4 ject Type（物体类型）

① Geometry(几何体)：只Ghost所选动画对象的几何体。

② Locator（定位器）只Ghost所选动画对象的定位器。

③ Joint(骨骼)：只Ghost所选动画对象的骨骼。

④ AllOther Types(所有其他类型)：Ghost所选动画对象的上述3种类型外的物体。

应用场合：要预览所选物体的动画效果，可以执行菜单Animation（动画）/Ghost Selected(重影对象)命令。

示例：如图4-19所示，给出一个Ghost Selected(重影所选对象)的示例。

四、Unghost Selected（消除所选对象的重影）

菜单：Animation(动画)/Unghected(消除所选对象的重影)

工具架上的图标：

默认的快捷键：无

功能：Ghost过的对象有许多重影，Unghost Selected（消除所选对象的重影）可消除这些重影，只留下原始动画物体。

操作方式：选择Ghost过的对象，单击执行。

参数设置：菜单 Animation(动画)/Unghost Selected(消除所选对象的重影)命令的Options(选项窗)，如图4-20所示。

Hierarchy(层级)：勾选该项，所选对象下层的子对象的Ghost也会被消除。否则，只消除所选对象的Ghost.

应用场合：我们使用Ghost只是为了预览动画效果，预览效果之后，一般要删除这些Ghost，便于后面的操作，消除所选物体的Ghost可以使用 Unghost Selected（消除所选对象的重影）。

五、Unghost All（消除所有重影）

菜单：Animation（动画）/UnghostAll（消除所有重影）

工具架上的图标：

默认快捷键：无

功能：消除场景里面的所有重影，只留下原始动画物体

操作方式：单击执行

应用场合：我们使用Ghost只是为了预览动画效果，预览之后，一般要删除这些Ghost，便于后面的操作，单击菜单 Animation(动画)/Unghost All(消除所有重影)命令，即可消除场景中所有的重影。

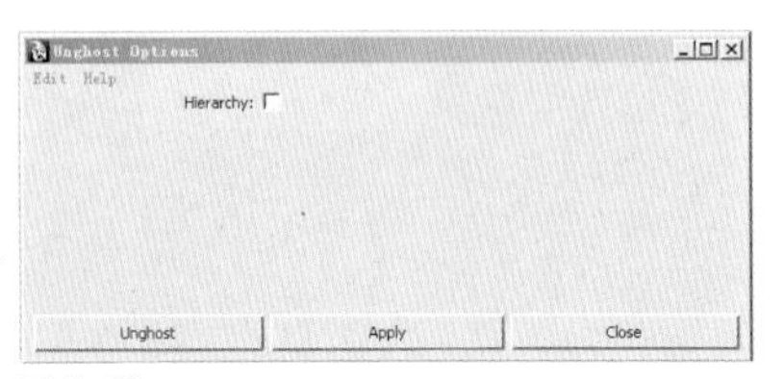

图4-20

第三节 ///// 动画高级辅助功能

一、Create Motion Trail（创建运动轨迹）

菜单：Animation(动画)/ Create Motion Trail(创建运动轨迹)，

工具架上的图标：

默认的快捷键：无

功能：创建动画对象的运动轨迹。

操作方式：选择已设定动画的对象，单击执行。

参数属性：菜单：Animation(动画) Create Motion Trail(创建运动轨迹)/Options（选项窗口）如图4-21所示。

Time range(时间范围)

① Start（开始)/End(结束)

自定义创建运动轨迹的开始、结束时间，可在下面的Sart time(开始时间)和End time(结束时间)中输入精确的帧数来设定运动轨迹的开始、结束时间。

② Time Slider(时间滑块)

使用时间上的开始时间和结束时间之间的范围作为运动轨迹点的范围。

Increment(递增)：设定相邻轨迹点的间隔。这里是以帧为基本单位，可设定两个相邻轨迹点间隔的帧数。

Update(更新)

① On Demand（命令更新）：在执行Animation(动画)/Update Motion Trail(更新运动轨迹)/Snapshot(动画快照)时，Maya才会更新运动轨迹。

② Fast（Update Only When Keyframes Chabge)快速（当关键帧改变时更新）：Maya会立刻更新运动路径。

③ Slow(Always Update)慢（总是更新）对动画对象做任何调节，Maya都会更新运动路径。这种方式的更新比较耗费资源，会比较慢。

Draw Style（绘制样式)：设定运动轨迹的样式，包括：Line(线)、Locator(定位器)和Point(点)。在后面示例中，笔者会给出示例。

Frames(帧)：设定运动轨迹上是否显示帧数。

应用场合：需要查看动画对象的运动轨迹时，可以执行菜单：Animation(动画)/Create Motion Trail(创建运动轨迹)。使用Create Motion Treil（创建运动轨迹)，我们可以得到运动轨迹曲线或者一些轨迹点，这便于我们进行路径跟随动画或捕捉位置等。

示例：如图4-22，4-23所示：给Create Motion Trail(创建运动轨迹)的示例。

二、Create Animation Snapshot（创建动画快照）

菜单：Animation（动画）Create Animation Snapshot(创建动画快照)

工具架上图标：

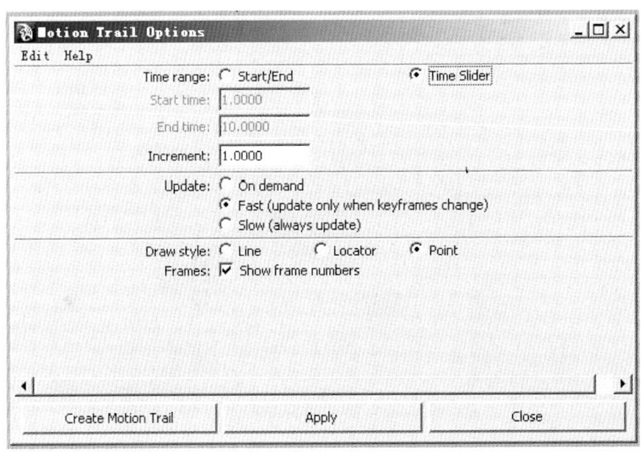

图4-21

图4-22

默认的快捷键：无

功能：根据动画，在不同的时间点复制动画对象，得到动画的物体序列。类似Ghost(重影)，但得到的是实际的物体，可以在Outliner中选择和变换。

操作方式：选择已经设定的动画物体，单击执行。

参数属性：菜单：Animation(动画)/Create Animation Snapshot(创建动画快照)/Outliner(选项窗)，如图：4–24所示。

Time range(时间范围)

①Start (开始)/End(结束)：自定义创建运动轨迹的开始，结束时间，可在下面Sart time(开始时间)和End Time(结束时间)中输入精确的帧数来设定动画快照的开始，结束时间。

②Time Slider(时间滑块)使用时间上的开始时间和结束时间之间的范围作为动画快照的范围。

Increment(递增)：设定相邻动画快照的间隔。这里是以帧为基本单位，可设定两个相邻动画快照的帧数。该参数越小，动画快照得到的物体越多。

Update(更新)

①On Demand (命令更新)：在执行Animation(动画)/Update Motion Trail(更新运动轨迹)/Snapshot(动画快照)时，Maya才会更新动画快照。

②Fast (update only When keyframes chabge)：快速（当关键帧改变时更新）：Maya会立刻更新动画快照。

③Slow(Always Update)：慢（总是更新）对动画对象做任何调节，Maya多会更新动画快照。这种方式的更新比较耗费资源，会比较慢。

注意：动画快照对于使用动力学和反向运动学动画的物体无效。

应用场合：Maya并没有提供按照某一特定路径复制物体的命令，但使用菜单Animation (动画) Create Animation Snapshot(创建动画快照)命令可以得到路径复制的效果，所以我们也使用Create Animation Snapshot(创建动画快照)作为建模的一种手段，这种意味着动画中的任意一个形态，都可以通过动画快照被复制出来，作为模型。

示例：如图4–25所示，Create Animation Snapshot(创建动画快照)的示例。

三、Update Motion Trail (更新运动轨迹)/Snapshot(动画快照)

菜单：Animation (动画)/Update Motion Trail(更新运动轨迹)/Snapshot(动画快照)

工具架上图标：

默认的快捷键：无

功能：更新运动轨迹/动画快照

操作方式：选择要更新运动轨迹或者动画快照的对象，单击执行。

应用场合：当调整物体动画之后。需要更新其运动轨迹或者动画快照。可以执行菜单Animation(动画) Update Motion Trail(更新运动轨迹) Snapshot(动画快照)命令，但在创建运动轨迹或者动画快照时，Update (更新) 下有三个选项：On Demand Fast (Upate only when keyframes change)、Slow(Always Update)，选择后两项时，Maya自动

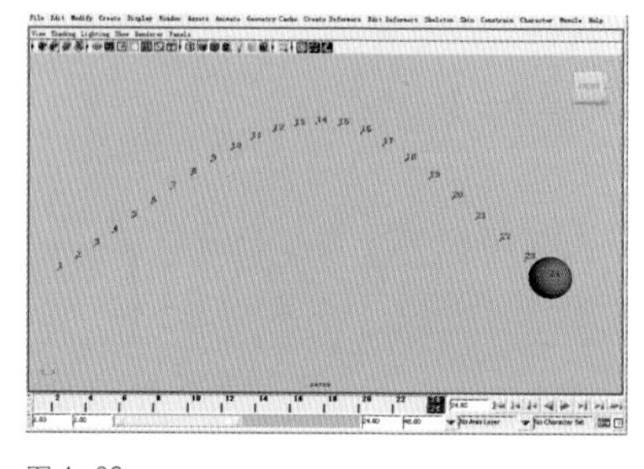

图4–23

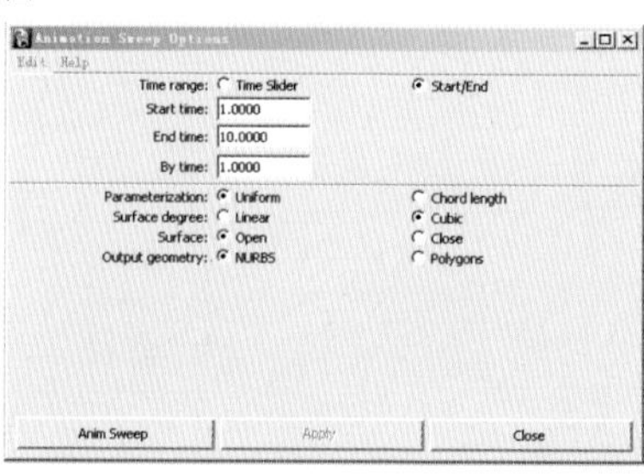

图4–24

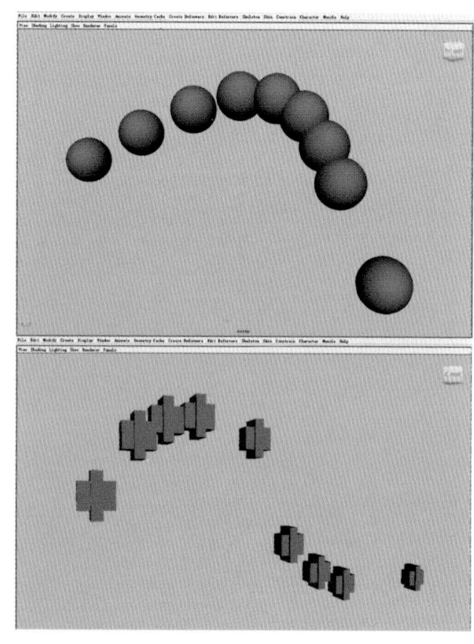

图4–25

更新运动轨迹或者动画快照。选择On Demand时，只有在执行菜单Animation(动画)Updzte Motion Trail(更新运动轨迹)//Snapshot(动画快照)命令时，Maya才会更新运动轨迹或者动画快照。

四、Create Aninmated Sweep(创建动画扫描)

菜单：Animation(动画)/Create Animation Sweep(创建动画扫描)

工具架上的图标：

默认快捷键：无

功能：对一个曲线实施动画快照，然后进行Loft(放样)得到曲面。

操作方法：选择已经设定动画的曲线，单击执行。

参数属性：菜单Animation(动画)/Create Animated Sweep(创建动画扫描)/是Options(选项窗口)如

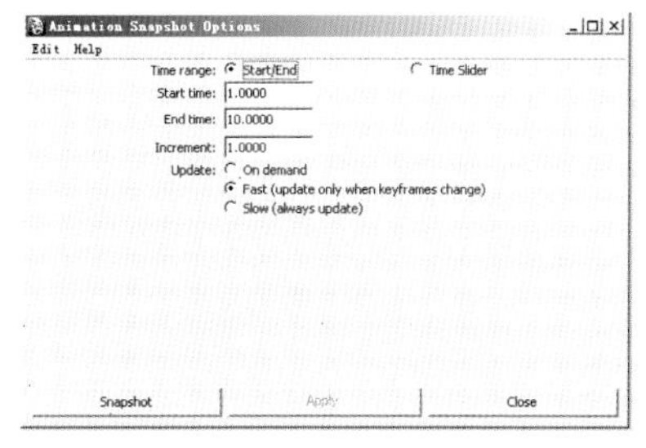

图4-26

图4-26所示。

Time range(时间范围)

①Start(开始)/End(结束)：自定义动画扫描的开始、结束时间，可在下面的Start Time(开始时间)和End Time(结束时间)中输入精确的帧数来设定动画扫描的开始，结束时间。

②Time Slider(时间滑块)使用时间上的开始时间和结束时间之间的范围作为动画扫描的时间范围。

By Time(时间频率)：设定相邻动画扫描的间隔。这里是以帧为基本度量单位，可设定两个相邻动画扫掠所间隔的帧数。该参数越小，动画扫描得到的曲线越多。

Parameterization(参数化方法)：设定放样成曲线参数方式，有两个选项：Unifom(统一)和Chord Lengh(弦长)。

Surface(曲面)：可设定放样生成曲面对度数。有两个选项：Linear(线性)和Cubic(立方的)。其中Cubic(立方的)曲面较为平滑，也是Maya默认的选项。

Surface(曲面)可设定放样得到的曲面是打开：(Open)还是闭合的(Close)

Output Geometry(输出几何体)：设定放样生成曲面的几何体的类型，可选项包括Nurbs和Polygons

应用场合：我们常常使用Create Animated Sweep(创建动画扫掠)作为建模的一种手段，对动画曲线动作快照，得到多条曲线，然后对这些曲线放样，得到曲面。传统建模手段很麻烦得到某些效果，使用Create Animated Sweep(创建动画扫掠)则可以瞬间完成。

示例：如图4-27所示为Create Animation Sweep(创建动画扫描)的实例。为了清楚地看到，隐藏了曲面，使大家看到的动画曲面的快照，实际上Maya会自动对曲线动画快照，然后自动Loft成面。

[复习参考题]

◎ 加强练习设置关键帧的方法及驱动关键帧动画的应用。

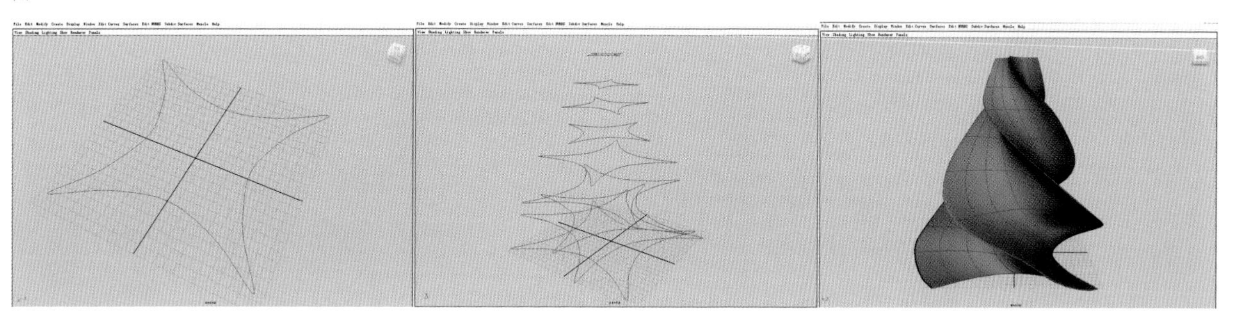

图4-27

第五章 力、重量感与夸张变形

本章重点

掌握重量感受的表现。

学习目标

了解力与运动的关系。

建议学时

8学时。

第五章　力、重量感与夸张变形

第一节 ///// 动画的力学原理

自然界所有的物体都有它自身的重量、结构和不同程度的柔韧性。所以，当物体受到力的作用时，不同的物体都会有符合它自己特有的反应。这种反应是位置与时间的组合——时空转换，这就是动画的基础。

牛顿第一定律：一个物体，如果不受到任何力的作用，它将保持静止状态或匀速直线运动状态。

我们知道任何物体要运动，都必须有个力的推动，动画也一样。一个物体（角色）之所以动了，是因为有个力对其产生了作用；一个人做了一个动作，是因为他动作的那一部分肌体用力了。所以我们在做人物（物体）动作或运动时，必须先了解力的来源以及力的大小。知道了力的来源就能够把握人物的动作方向（或物体运动的方向），了解了力度的大小，就能够把握住动作的速度。

我们知道有力才有运动，有运动就有速度，在持续力的作用下速度才会变化，所以力决定了速度。

自然界的物体都不是突然高速运动的，它们都有一个在力的作用下产生的一个加速过程——加速运动。只是这个加速过程时间长短不一而已。同样的，任何一个运动中的物体，都不会突然静止不动，它必定会在某种阻力的不断作用下，渐渐减速，最终停止——减速运动。

一切变速运动的物体都遵循着：静止—加速—减速—静止的规律。例如：我们在地上推出一个铁球，在我们开始推球时，我们将有一个用力的过程，这个过程就是球体加速的过程。当手离开球的那一瞬间开始，作用于球体的主动力消失了，球体由于惯性而向前运动。这时作用在球体上的力只有地面对球体的摩擦力（阻止球体向前运动的力），这个摩擦力将使得球体向前滚动的速度越来越慢，最终停止。又如，我们做一个挥手动作，开始我们要用力将手摆出去，这个把手挥出的用力过程，将使得手处于一个加速的状态。当手出去后，我们又要把手在我们想要的位置上停下，这时我们将开始用力使手静止，这个用力使手停下的过程，将使得手处于一个减速的状态。就算是子弹，它的运动过程也是这样的。弹壳里的火药爆炸（爆炸也会有一个由小到大过程，即使是瞬间）使子弹加速，空气的阻力将使得子弹的惯性运动越来越慢，最后子弹静止。

那么我们怎么去表现一个物体的加速减速度运动呢？（见第六章第一节：物体的加减速度运动）

第二节 ///// 物体的重量感

一个物体之所以有重量，是因为地球引力对其产生了作用。

那么，我们怎样通过视觉去判断一个物体的轻重？这就是我们所说的重量感的问题。也就是说，这件物品看起来是轻的还是重的。我们知道，移动越重的东西就越费力，所以当我们看见一个人费劲地并且慢慢地推进着一个箱子时；一个人脚步蹒跚的背着一个袋子时，我们就能判断出箱子和袋子很重。一个球掉地上，把地板给砸坏了，那么我们会判断这个球体应该不是气球（如图5–1）。通过以上事例，我们得出以下结论：在动画中，要表现一个物体的重量，可以通过人物的肢体语言来体现。当人物肢体处于放松状态时，我

图5–1　选自 Cartaon Animstion

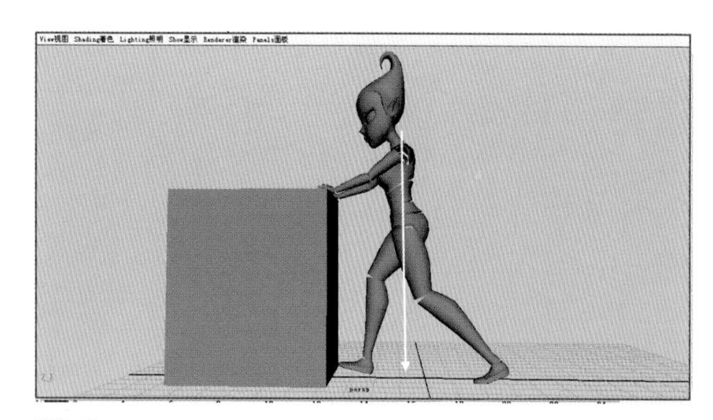

图 5–2

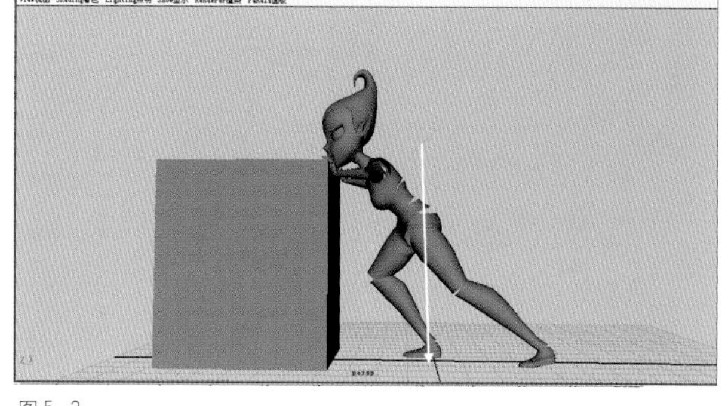

图 5–3

们可以判断出这一物体是轻的，反之，当人物肢体处于紧绷状态的时候，我们则判断出物体是重的。如图5–1 所示。

箱子较轻：推动时，人物的动作较为轻松，走路的姿势也比较正常。如图5–2所示（箭头为人物的重心）。

箱子较重：推动时，人物的动作紧张，重心前倾厉害，背部成“弓”形，双手肘部弯曲厉害，胸部和头部贴近箱子。走路的姿势也极为不正常。如图 5–3 所示。

同样，从动作的快慢的角度来看：运动一个较重的物体比运动一个较轻的物体所用的时间要多。推动一个轻箱子，跨一步用 15 帧。而推着一个重箱子，跨一步要用30帧。通过不同的移动速度也能表现物体的重量。

下面是两个不同的球体下落的动画。当下落高度相同，运动速度相同，落在相同的物体上时，不同质量的球体下落后其结果有着很大的区别的。沉重的铁球落在地板上会将地板砸烂，而较轻的皮球落在地板上则会弹起，地板毫无损伤。

从这个例子我们可以得出一个结论：一个物体的重量感，可以通过他作用于其他物体时，被作用物体的状态来体现。

下面我们再用两种不同质量的球体下落撞击一块木桌面后，桌面产生的不同结果为例来说明这一问题。

质量大的球体下落撞击桌面后，桌面破裂，如图 5–4 所示（箭头表示球体运动的路径和方向）。

质量小的球体下落撞击桌面后，球体被桌面反弹，如图 5–5、图 5–6 所示。

球体以一定的速度掉落，将地板砸烂——物体重

如图 5–5 所示：

同样一个球体以相同的速度从相同的高度落下，砸在同一地板上，球体被桌面弹起——球体轻。

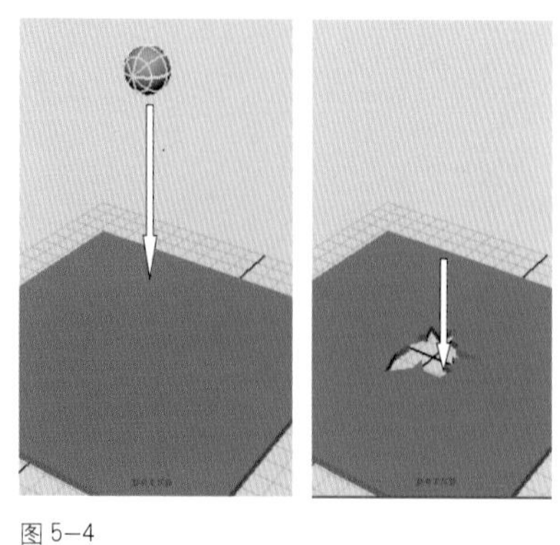

图 5–4

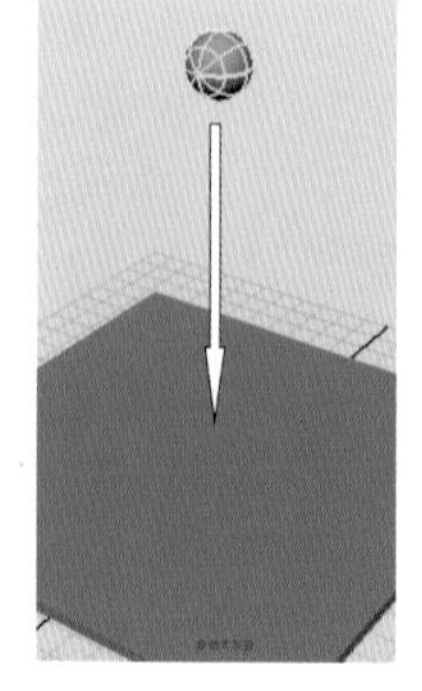

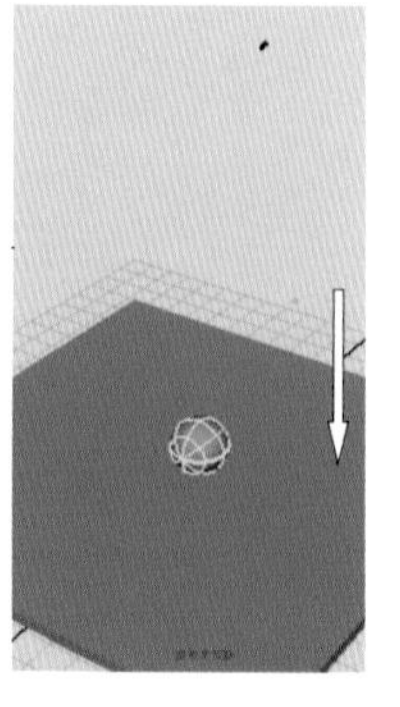

图 5–5

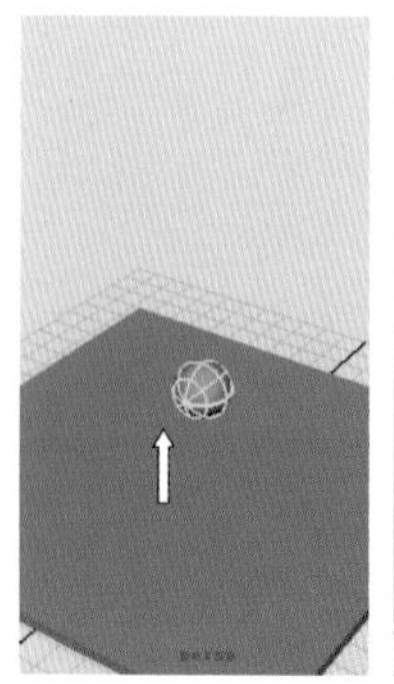

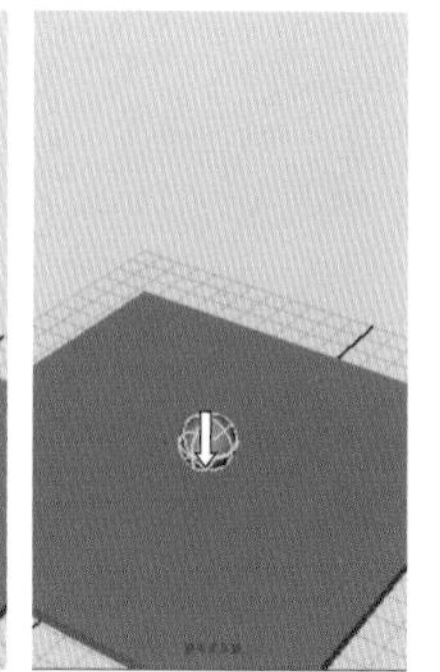

图 5–6

第三节 ///// 动画中的夸张变形

一、学习变形的目的

了解不同物质有着不同的质地，不同的柔韧性。

二、学习变形的意义

对不同物质的动作节奏表现更为准确。

三、概念

动画中所谓的变形，指的是物体或者人物在力的作用下的拉长或压扁。

四、变形的作用

通过形体的变化(体积不变，只是形体的变化)，可以表现出物体的质感、弹性和动作的力度。

五、分类

1.物体的变形

是指物体体积不变，只是形体拉长或压扁的变化。

2.人物的变形分两种

卡通人物的变形与写实人物的变形

(1)卡通人物的变形：可以进行形体的变形，比如：手臂的拉长、身体的压扁等。

在动画片中我们常见到这样的情景，在奔跑的过程中，通过身体的拉长来表现奔跑的速度；制作走路时运用身体的伸缩来表现走路的弹性；一个人摔跤，身体撞击地面时身体的压扁（图5-7）；一个跳跃的人，当他脚离地和脚刚触地的那一瞬间身体拉长（图5-8）。

(2)写实人物的变形：主要是指肢体的伸缩（写实人物肢体的拉伸和压扁的变形相对卡通人物的变形要小的多，所以这里将肢体的伸张看做是变形中的拉长，而收缩则看做是压扁）。我们知道动画中的变形是指物体或者人物在力的作用下的拉长或压扁，但是真人是不能进行形体的过分夸张变化，我们不能将一个真人的身体过分拉长，也不能将其身体过分压扁，那么我们怎么才能表现这种拉长和压扁呢？当一个人直立时，身体是处于相对拉长的状态；当一个人处于蜷缩状态时，身体则处于相对压扁状态（这种肢体的伸与缩可以用于表现动作的弹性）。例如，一个冲拳动作，为了表现他冲拳的力度，我们会先将手臂弯曲（缩），然后再挥拳出去（伸）。又如，原地跳跃运动。一个人想跳得更远，则会先屈膝弯腰下蹲(压缩)，然后身体伸展跳起（在人离地的一瞬间身体是舒展伸直的——伸）。当我们将肢体的伸缩看成是变形中的拉长和压扁时，我们在做动作的过程中，将会把舒展的肢体最大限度地伸展，同样的道理，在做收缩肢体的动作时，也将最大限度地把肢体收缩。在动画过程中，我们常见到这样的问题：一个动作没有力度。其原因在于，该伸展的肢体动作不够舒展，该收缩的动作不够收缩——没有将上面我们提到的变形理论运用进去。

图5-7 选自 Cartaon Animstion

图5-8 选自 Cartaon Animstion

第四节 ///// 动作的夸张

前面说的是物体本身的夸张变形，这里我们将讲述动画中动作的夸张。

动作的夸张是指：将生活中的动作，以超越极限（动作超越肢体的极限——打断关节）的动作幅度形式表现出来。

动作的夸张的作用：使动作更有力度、更具表现力和感染力。

例如，为了表现一个球体（人物）运动的速度感，我们会将球体（人体）在运动中的变形（拉长）进行夸张。打高尔夫球时，为了表现用力击球，我们将击球后人物的肢体扭麻花（用力过度，夸张动作的惯性）。为了使吃惊动作更具感染力，我们将人物吃惊动作夸张超越肢体极限，甚至头发都竖起，眼球突出。

如图 5-9、图 5-10 所示。

日常生活中的动作与动画中动作的对照图，如图 5-11 所示：

从日常生活中的动作与动画中动作的对照中可以看出，动画中的动作运用了夸张的变形手法，从而使得动作更为有力。

图5-9　选自Cartaon Animstion

图 5-11　选自 Cartaon Animstion

图 5-10　选自 Cartaon Animstion

[复习参考题]

◎　制作铅球、篮球和气球的弹跳动画。

◎　要求：正确运动变形理论，表现物体的质量感及弹性。

第六章　动作途径、动态线、肢体的相对运动

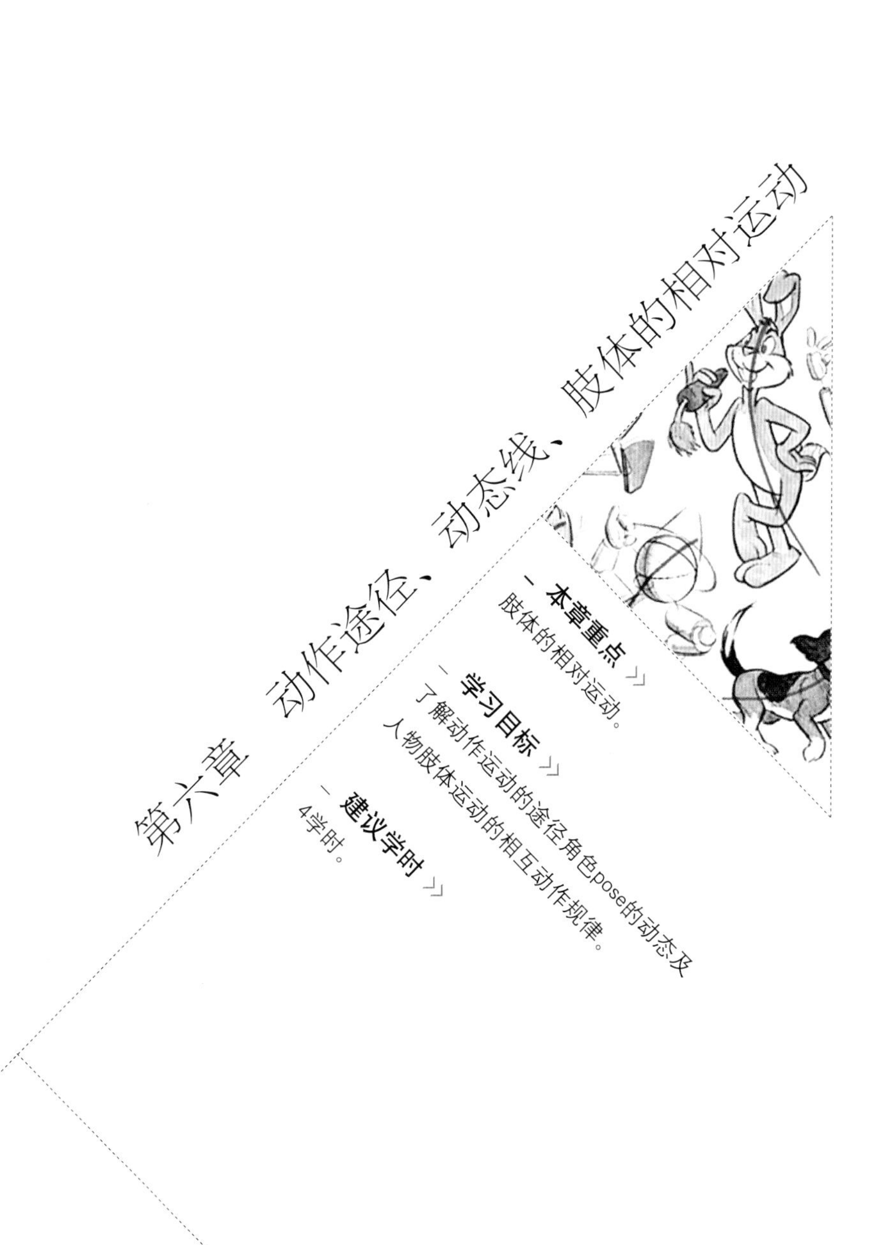

本章重点 》

肢体的相对运动。

学习目标 》

了解动作运动的途径角色pose的动态及人物肢体运动的相互动作规律。

建议学时 》

4学时。

第六章　动作途径、动态线、肢体的相对运动

第一节 ///// 动作的途径

这里我们讲述的是动作的两大要素——时间和空间。

任何动作都是时空的转换，也就是物体的动作是经过时间的转移和空间的位移产生的。换而言之，动作必须具备两大元素——空间（途径）和时间（关于时间的把握，我们将在“动作的节奏”里面讲述）。

物体产生位移就必然有其运动的路经——途径。同样的起点终点，经过的途径不同，将产生的动作也不一样。如图6–1所示。

图6–1中A为起始位置，B为结束位置。数字是彩色的线为物体运动的途径，箭头为运动方向。

在基本的走路和跑步中，我们头部的上下起伏呈现的一条波浪形曲线就是人物运动的途径，如图6–2所示。同样，手部和脚步的运动也具有其运动的途径。

图6–3中，人物的手是以肩为圆心，手臂为半径进行的向左边抬手的动作。

而图6–4中，人物的手是先抬起再挥向左。

图中人物手的动作都是由A点运动到B点，由于运动路径的不同，而产生出了两个完全不同的动作（绿色线为途径）——一个是抬手动作，一个是挥手动作。

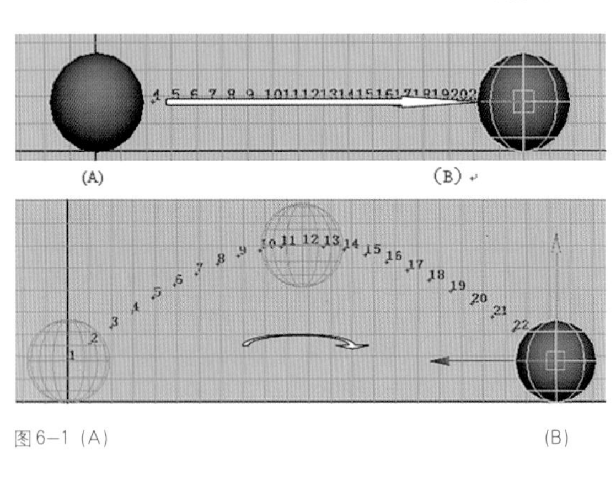

图6–1 (A)　　(B)

图6–3

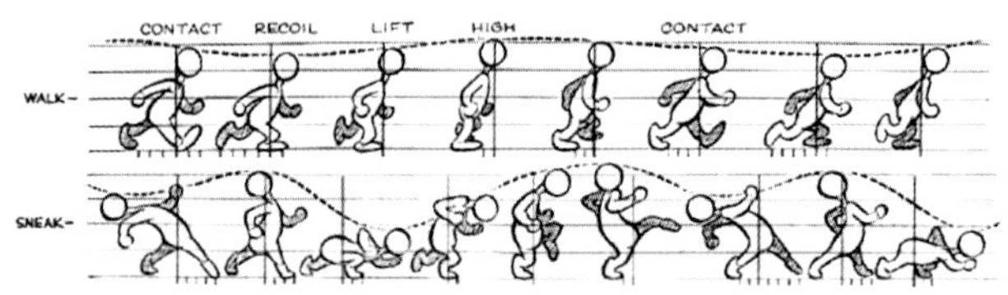

图6–2a

6–2 b选自 Cartoon Animaton

图6–4

第二节 ///// 动态线

动态线：每一个动作姿势(pose)都可以用一根贯穿其全身的主线来表现，这条主线就是这一pose的动态线。我们已经了解了动作途径，它是动作沿着发生的途径。而动态线，则是运动体本身或人物的结构所依从的线，如图6-5a所示。

如图6-5b：图中绿色虚线就是相应pose的动态线。

我们常常看见的，海草、尾巴的动画中。每一根海草或尾巴，都是当前pose的动态线。如图6-6所示。

当我们做一个跳跃的动作时，会有如图6-7中所示的关键pose，如图所示。

绿色虚线为每一pose的运动线。如图6-8所示。

图6-5a

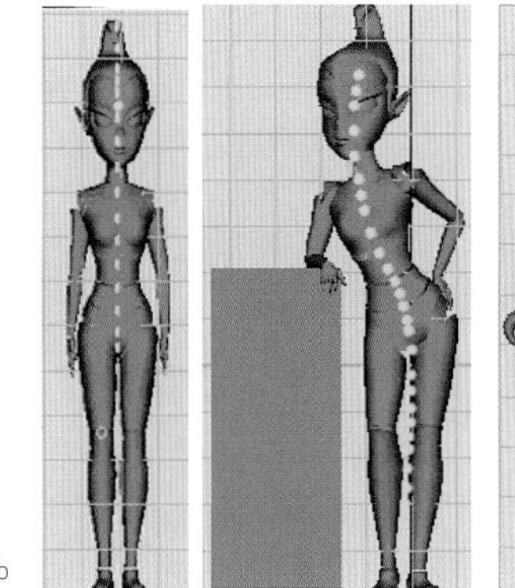

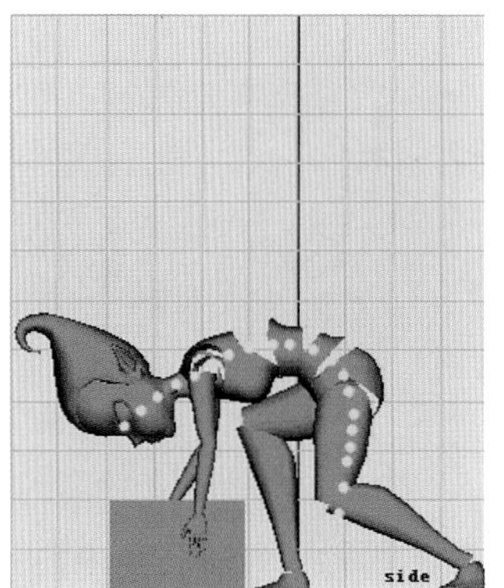

图6-5b

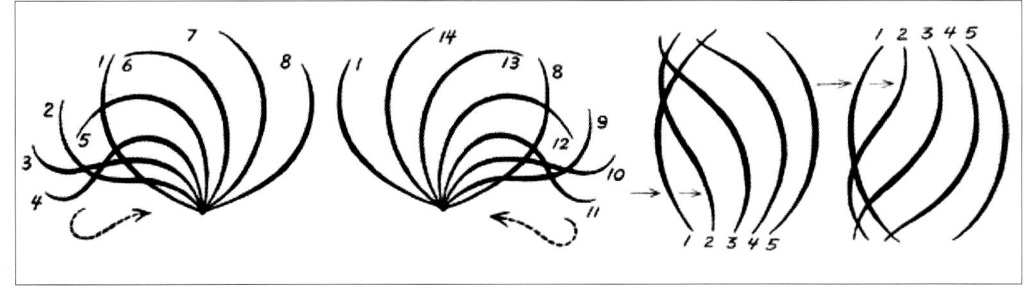

图6-6
选自 Cartoon Animaton

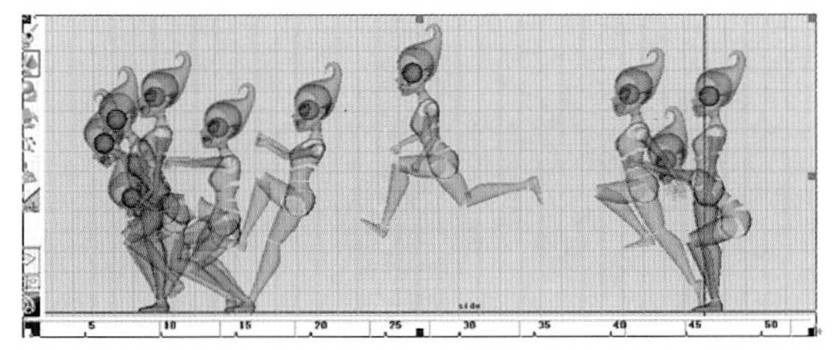

图6-7

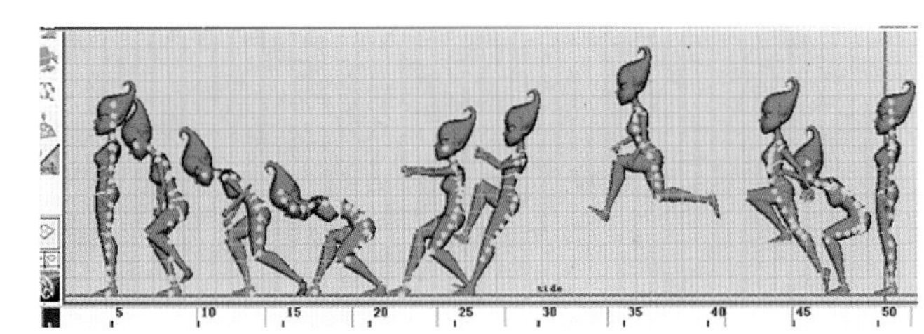

图6-8

从上面例子我们可以得出一个结论：一系列的动作是由相应的一系列动态线组成的，它是由“C”到“S”到反写的“C”到“S”再到“C”的过程。“C”和反写的“C”通常为原画帧，“S”为小原画。如图6-9和图6-10所示：

一个姿势(pose)正确的动态线将使pose具有很强的表现力，它能使姿势(pose)很有动势和力度，使人们看见一个单帧的pose就可以想象出其他动作。而一个错误的动态线将毁了一个动作。动作是由pose(动作姿势)＋动作节奏组成。一个好的动作必须具备有表现力的pose，而一个好的pose必须有正确的动态线。从视觉上来讲。当我们的人物在远处活动时，我们很难看清楚人物的细节动作。我们所见到的只是人物的剪影动作，这个剪影就是动态线。也就是说，我们看清楚的只是人物动态线在运动。如图6-11所示。

图6-9　选自 Cartoon Animaton

图6-10　选自 Cartoon Animaton

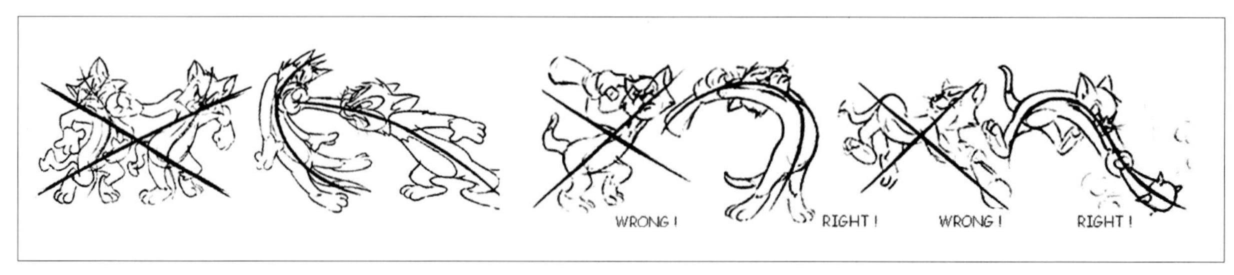

图6-11 选自 Cartoon Animaton

第三节 ///// 运动中肢体的相对运动规律

人除了用语言和面部表情来表达情感和意愿外，肢体语言是另一个重要的情感意愿表达途径。

人的肢体是相关联的，所以各肢体的运动也是相互联系的——牵一毛发而动全身。当我们做某一肢体动作时，与之相关联的其他肢体一动不动，这样我们的动作将是僵硬的，无趣的（像木偶或机械）。那么我们做动作时，各肢体之间又是如何配合的呢？它又有什么样的规律可循呢？这一点对于动画制作者而言十分重要。

初学者在进行动作表演和制作时，其肢体动作表现得十分僵硬。当表演一个伸手动作时，他们总是简单地将手部抬起伸出（只有手部动作）。

下面我们以一个人物伸手动作为例来讲解。

一个伸手动作通常需要有三个pose来完成：pose1手自然下垂状态，pose2抬手状态，pose3最终状态。

初学者往往是这样做的：如图6-12（pose1）直接只伸手至图6-13。

图6-12至图6-13这种伸手动作给人僵硬的感觉，因为人物只有抬起的手部动作，而全身其他部位一点动作也没有，仿佛这只手与身体其他部位是分离的。在动作过程中，制作者只想到伸手的动作，而忽略了伸手过程中与之相关联的肩部和胸部的动作以及另一只手部的相应动作。如图6－12至图6－14（pose2）所示。

图6-12（pose1）至图6-14（pose2）——右手肩部抬起并向前，右手臂抬起，胸腔向前弯曲，左手向外略张开。

图6-14（pose2）至图6-15（pose3）——右肩继续向前，右手向前伸，胸腔向后并向右旋转，左手向后抬。

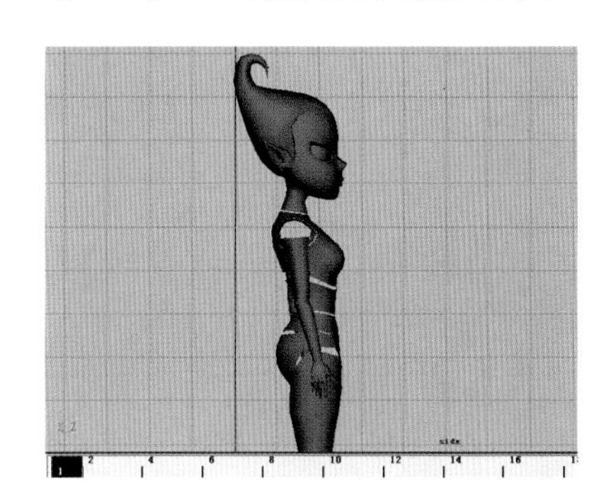
图6-12

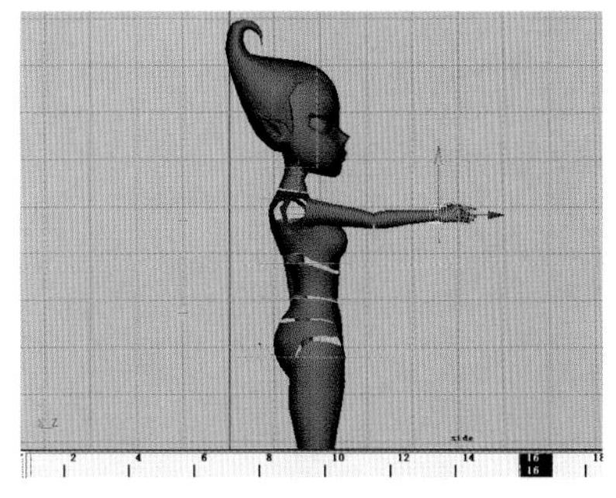
图6-13

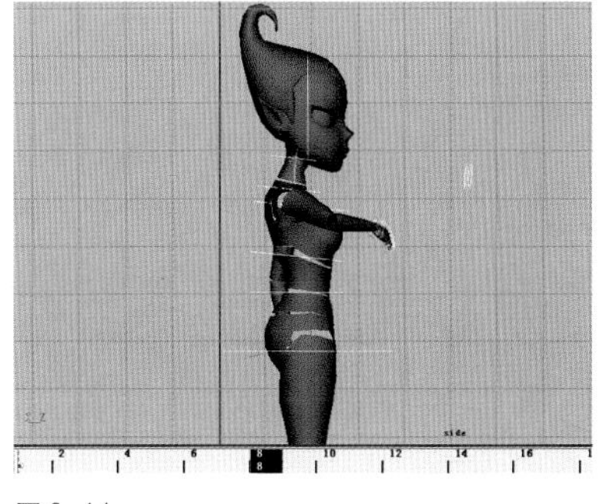
图6-14

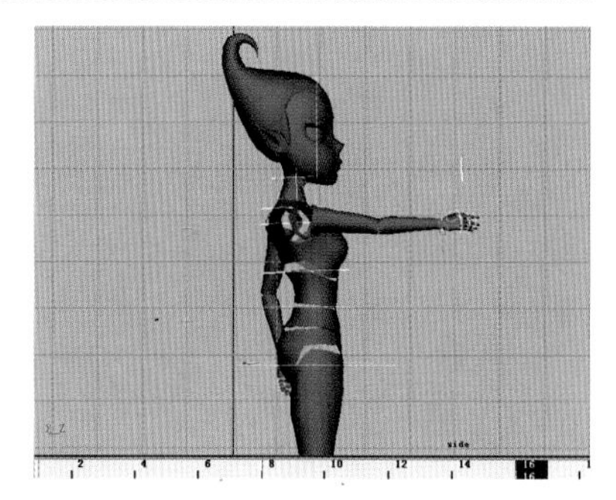
图6-15

从上述例子我们不难发现一个规律：手向上抬起时身体向前倾，手向前伸时身体向后倾——肢体与肢体之间以及肢体动作与身体动作正好相反（相对运动）。又如，我们做向上抬腿动作时，躯干自然会有一个向下弯曲的动作；当我们向后踢腿时，躯干会有一个后曲的动作；当我们快速向右边转头时，胸部则有一个小的向左转的动作；当我们左右挥动手臂时，躯干则会做向右和向左倾斜的动作。

下面的一系列例子也能说明这一规律：如下图6-16至6-22所示。

投球手的双手一张一合：图6-16。

马走路时，头部与前脚的动作配合：图6-17。

手部动作与头部动作的配合：图6-18。

面部表情动作的一张一合：图6-19。

大吃一惊时四肢和躯干的动作配合：图6-20。

用力踢腿时，四肢间的关系以

图 6–20　选自 Cartoon Animaton

图 6–16　选自 Cartoon Animaton

图 6–17　选自 Cartoon Animaton

图 6–18　选自 Cartoon Animaton

图 6–19　选自 Cartoon Animaton

图 6–21　选自 Cartoon Animaton

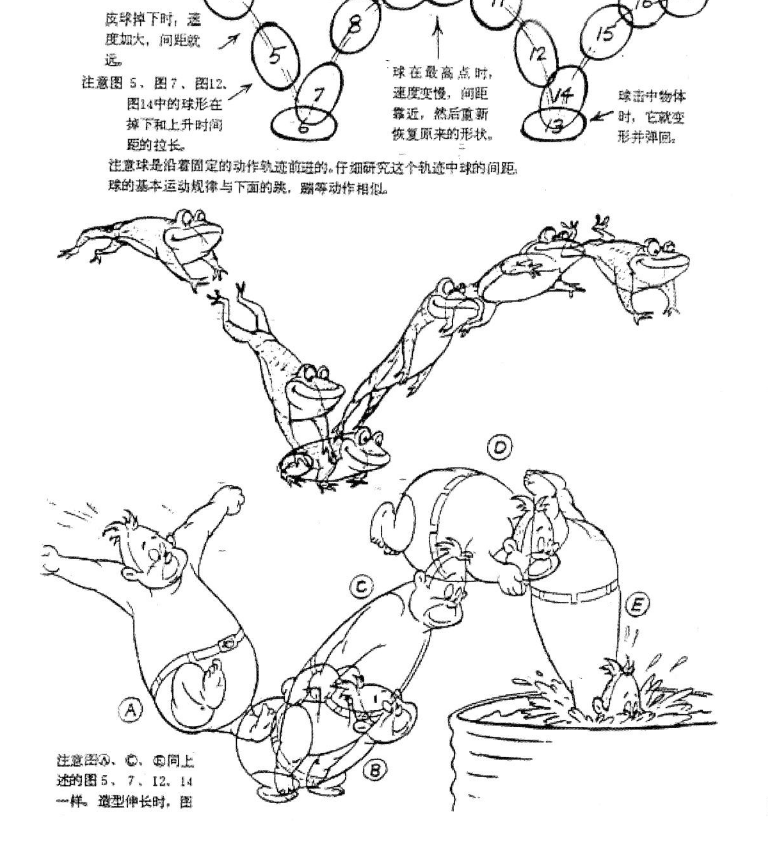

及四肢与躯干间的运动关系；走路时胸部和胯部的动作关系如图 6–21。

跳跃时，四肢躯干间的动作关系如图 6–22。

综合所上述我们得出了一个肢体间以及肢体与身体间的动作规律——相对动作规律。

相对动作将使动作更有力度，使动作更为舒展。

[复习参考题]

◎ 用小女巫模型制作一套动作。

◎ 运用本章所学标出每一关键pose的动态线；标出头部及手部的运动途径；动作中必须包含肢体的相对动作。

图 6–22　选自 Cartoon Animaton

第七章 曲线运动规律、弹性运动、惯性运动

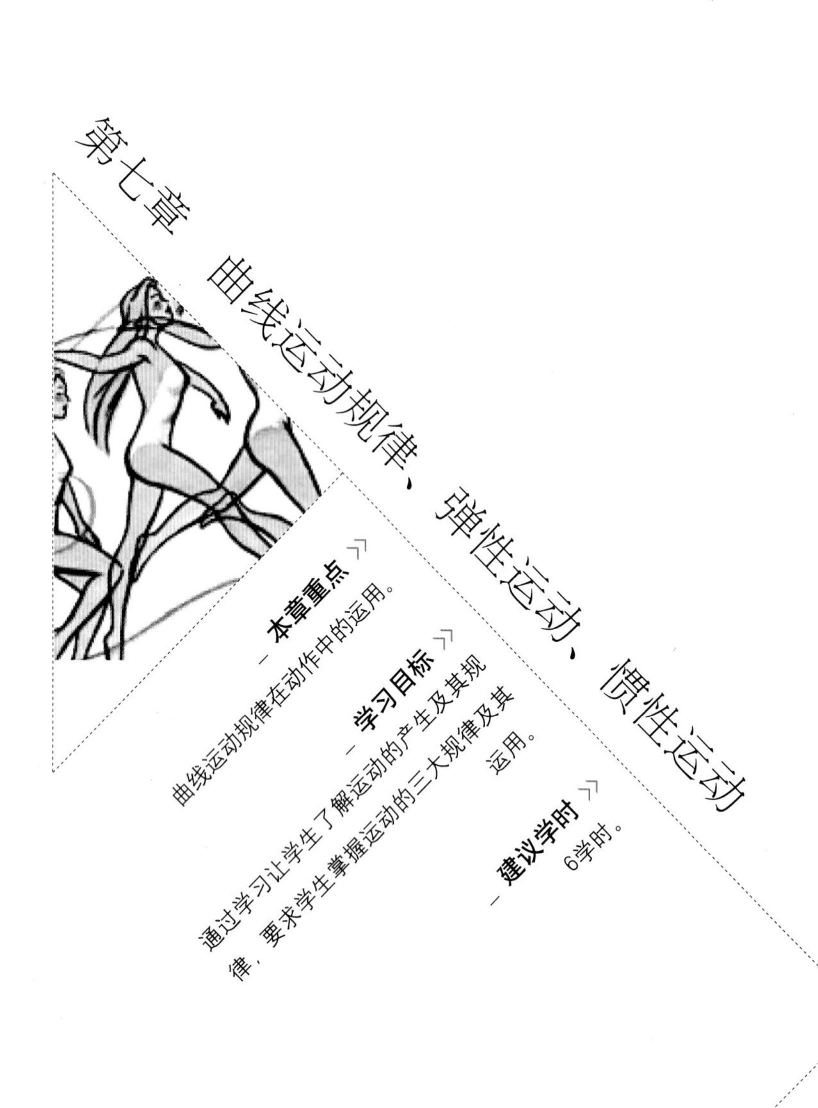

本章重点

曲线运动规律在动作中的运用。

学习目标

通过学习让学生了解运动的产生及其规律，要求学生掌握运动的三大规律及其运用。

建议学时

6学时。

第七章 曲线运动规律、弹性运动、惯性运动

第一节 ///// 曲线运动规律

一、曲线运动的概念

曲线运动：指的是运动中力的传递。

前面我们讲述了力、物体的重量感、夸张变形、动作的运动途径，下面我们将讲述如何制作动画，也就是说运动是遵循什么样的规律来动作的。

自然界中不存在直线运动，物体都是围绕某一点，以弧线或曲线的形式在运动。

地球围绕太阳转，月球围绕地球转。风吹树枝在晃动，树枝在树干上摇动，树叶在树枝上飘动。气球在天空中飘浮及球体的弹跳等，这些物体都是在围绕着某一物体在做曲线运动。一个人用直尺在黑板上画一条直线。相对地球而言，这条直线也是一条围绕地球中心转一圈中的一小段弧线。

人体的动作也是如此。人的每一个部位的动作，都是以人体的某一关节为中心在做曲线运动。头部动作是以颈为中心项而动，手臂是以肩为中心在动，弯腰动作是以胯部为中心在动。走跑时腿是以胯部为中心在运动。

在基本的走路和跑步中，我们头部的上下起伏就呈现出一条波浪形曲线。手的肘关节、手腕、手指都在画一条曲线，脚部也一样。人的头发，衣服以及手中拿着的物品，都将会随着走路、跑步或跳跃的动作做曲线运动。如图7−1、图7−2和图7−3所示。

三条色线，分别是人物头部、右手、右脚的运动线。从中我们会发现，它们都是走“S”线。

红旗飘动 、头发甩动、彩带飘动、衣袖摆动、海草飘动、尾巴及长耳的甩动、柳树枝的摆动等等都是在做曲线运动。如图 7−4 所示。

通过前面事例我们可以看出，所有物体的动作都是遵循着一种沿着曲线在运动的规律——曲线运动规律。

7−1 走 路（选自 Cartoon Animaton）

7−2 跑 步（选自 Cartoon Animaton）

图 7−3 跳 跃（选自 Cartoon Animaton）

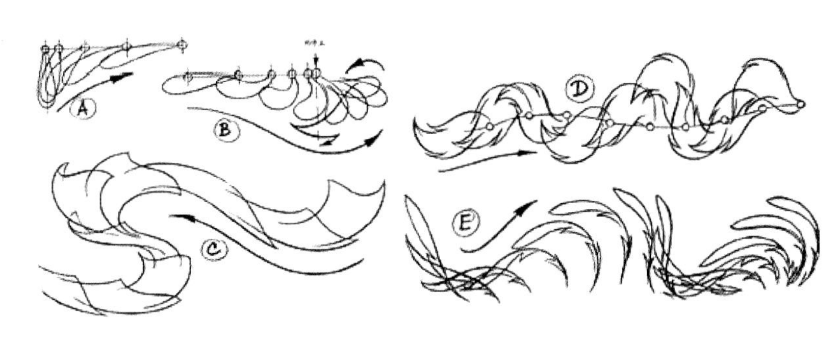

图7−4（选自 Cartoon Animaton）

那么我们如何来制作一个遵循曲线运动规律的动作呢。

例如：我们制作(一只猫吃饱没事干）摆动尾巴的动画。

尾巴的运动是由尾巴的根部发起的，当臀部摆动时，尾巴根部随着臀部的动作开始动，尾巴根部的动作(力)通过尾巴的骨节一直传递到尾巴的梢部，这种动作（力）的传递产生了尾巴的运动 。如图7-5所示：

制作过程：甩尾巴的动作是由尾巴根部开始最后到尾巴梢部（如图 7-6～图 7-15)。

（箭头为力的方向及力的传递）

整个尾巴受到尾巴自身的动力和地心引力的作用，使其产生“S”形的曲线运动。受力的部位向上(或向下)运动，未受力的部位则受牵扯和地心引力而跟随着运动。其运动轨迹是：后受力的部位沿着先受力的部位所进过的轨迹＋地心引力＋运动惯性而产生的后坠轨迹。换而言之，尾巴的每一部位都是沿着前一帧经过的路径运动着。如图 7-16 所示。

运动中的跟随物（如头发、衣摆、项链、长耳朵、尾巴），其运动路径几乎和主体物是一样的轨迹(由于地心引力和惯性运动，其轨迹会有所偏差)。(如图 7-16 所示) 图中虚线为松鼠的运动轨迹，箭头为尾巴路径偏差方向。

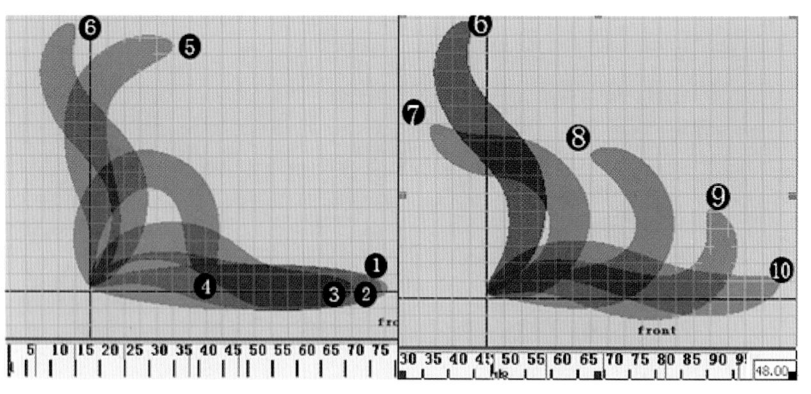

图 7-5

图 7-6 尾椎发力

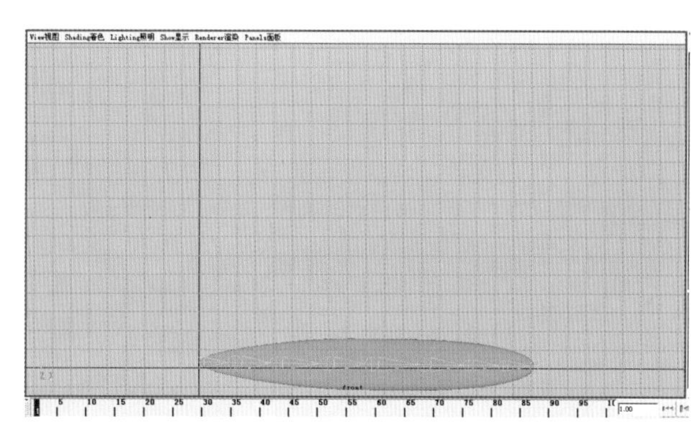
图 7-7 力传到尾巴第二节

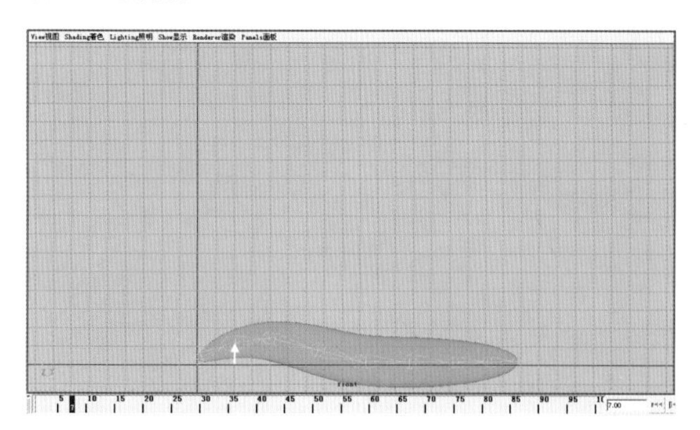
图 7-8 力传到尾巴第四节

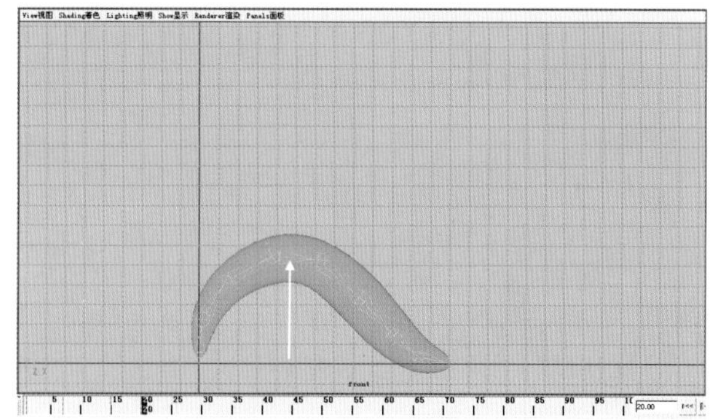
图 7-9 力传到尾巴第三节

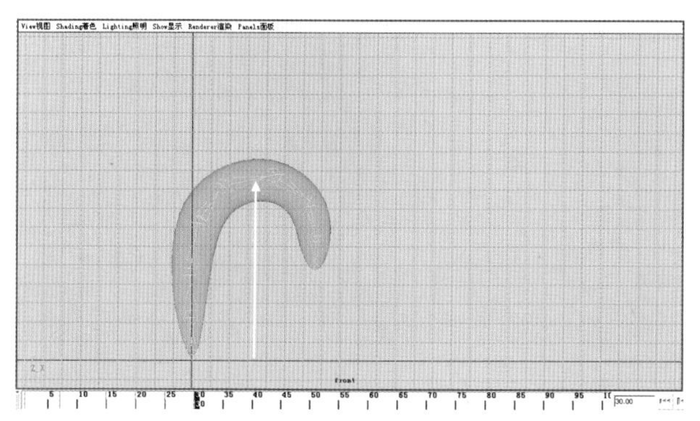

图 7–10　力传到尾巴第六节

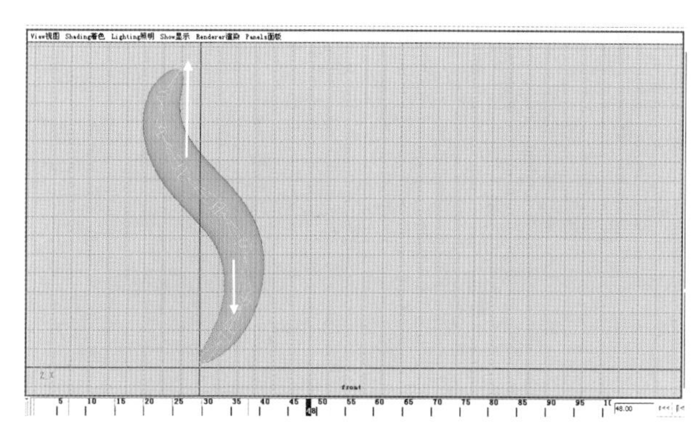

图 7–11　力传到尾巴第八节，尾巴向下的力开始。

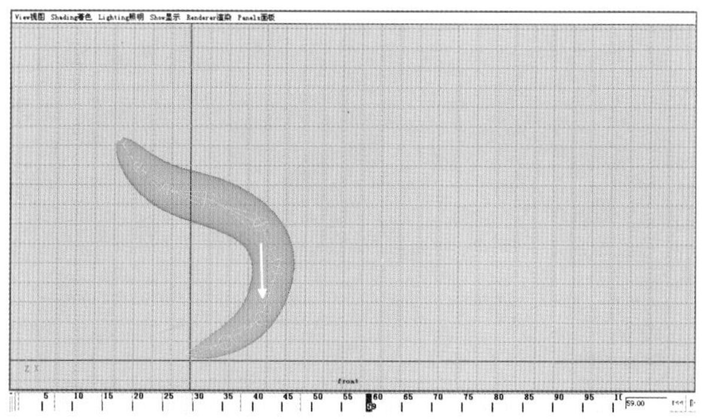

图 7–12　向下的力传到第二节

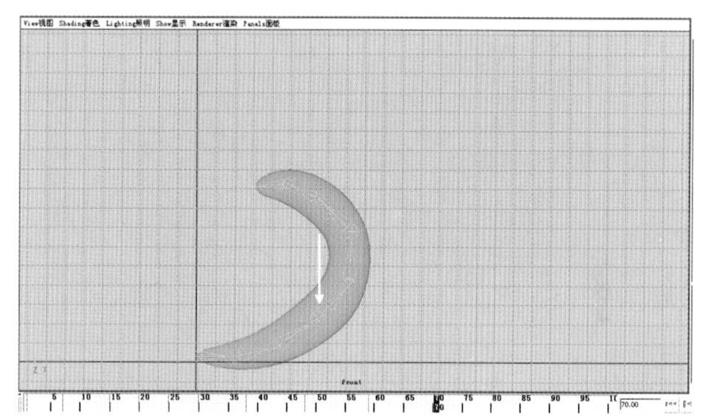

图 7–13　向下的力传到第三节（第二次向上的力开始）

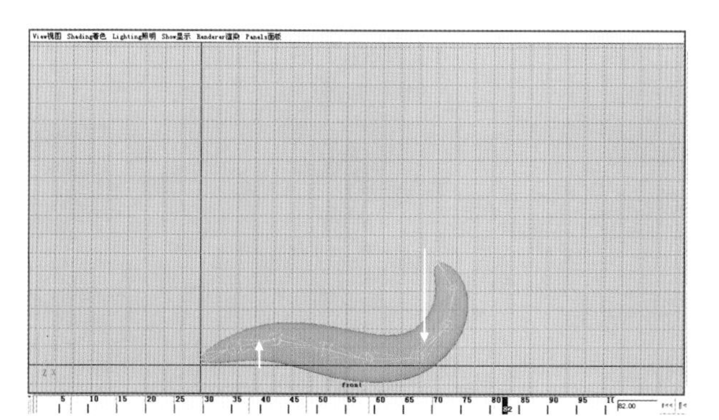

图 7–14　向下的力传到第四节

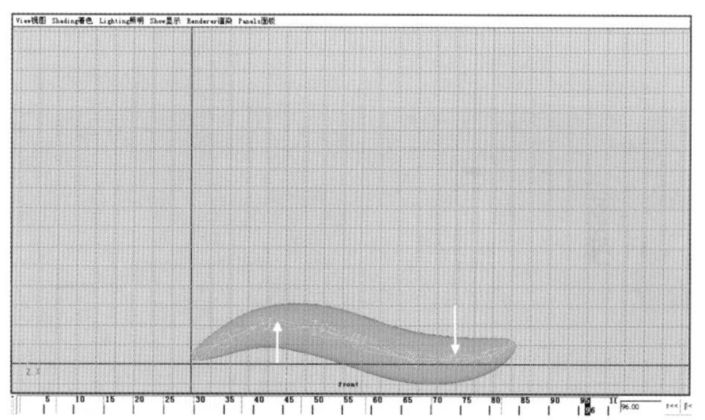

图 7–15　向下的力传到第六节

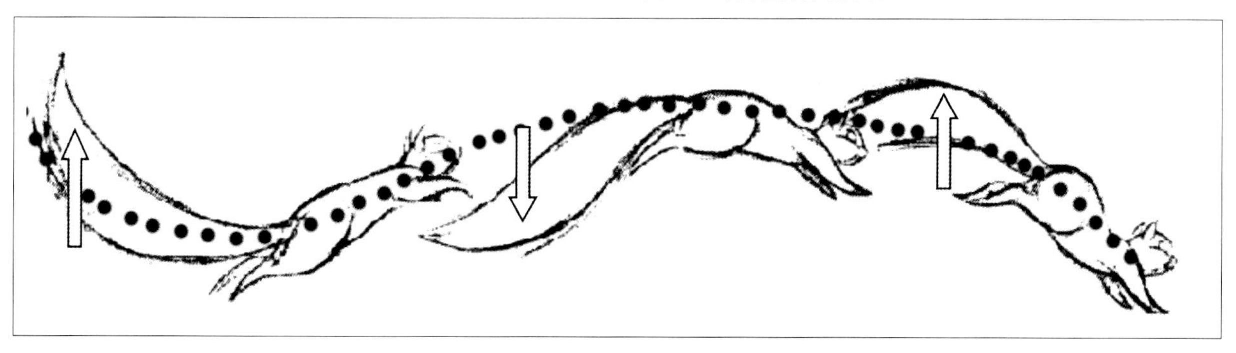

图 7–16

行走奔跑或跳跃动作中的尾巴动作也是如此，如图 7—17 所示。

鸟的翅膀动作遵循着曲线运动规律，如图 7—18 所示。

二、曲线运动规律在人物动作中的运用

曲线运动规律在人物动作中的运用，是本章的重点，也是难点。

我们知道，自然界一切运动都是在力的作用下，遵循着曲线运动的一种规律。从另一角度来说，曲线运动规律就是哪里先动，这一运动先后排列的规律。从而使运动更具节奏感。

例如：我们制作一个起立的动作。

动作分解：关键原画为弯腰和直立。

其中直立又分为：直腿抬臀一直腰一挺胸一抬头。

第一个 pose 为放松坐着的姿势，如图 7—19 所示。

第二个是弯腰的 pose（为起立的预备动作），如图 7—20 所示。

第三个 pose：腿部用力将身体支起，躯干部位以胯部为圆心逆时针方向旋转，如图 7—21 所示。

第四个 pose：腿部直立，腰部开始直起；胸部及头部保持上移 pose 状态。如图图 7—22 所示。

第五个 pose：腿部直立，腰部直起；胸部及头部立起。如图 7—23 所示。

图 7—17　选自《动画的时间掌握》

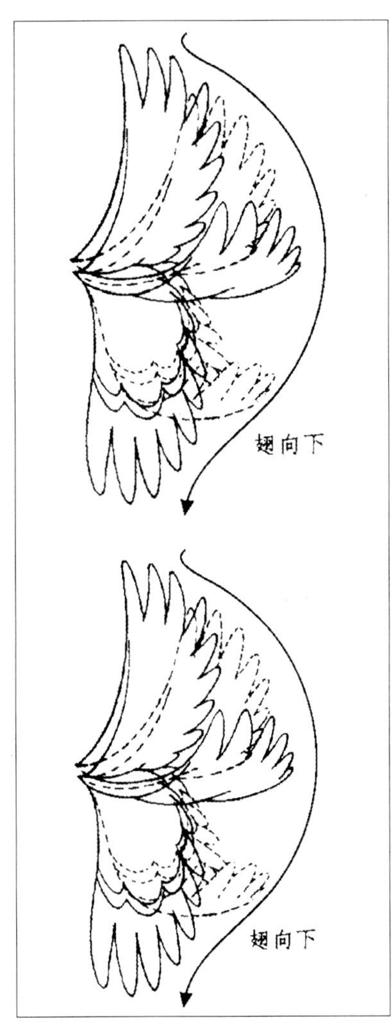

图 7–18 选自《动画的时间掌握》

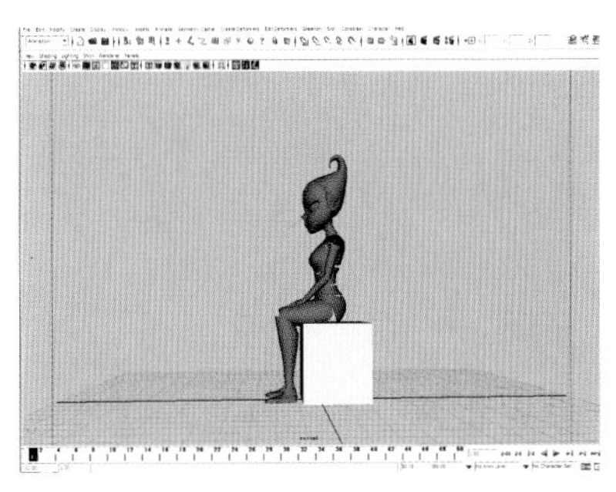
图 7–19

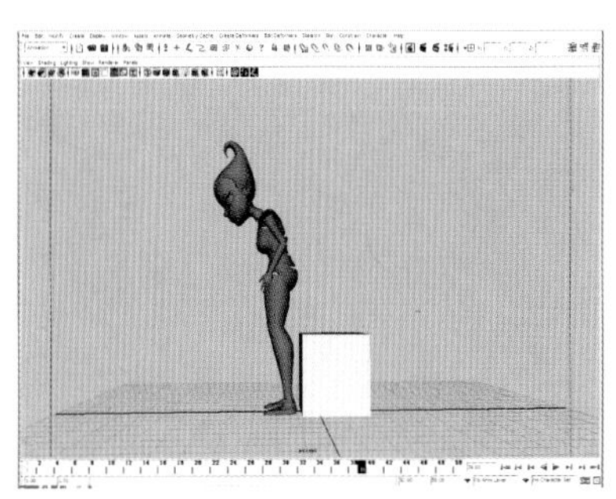
图 7–22

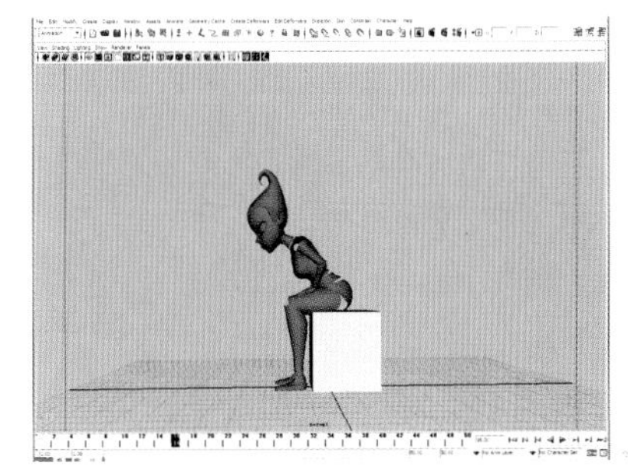
图 7–20

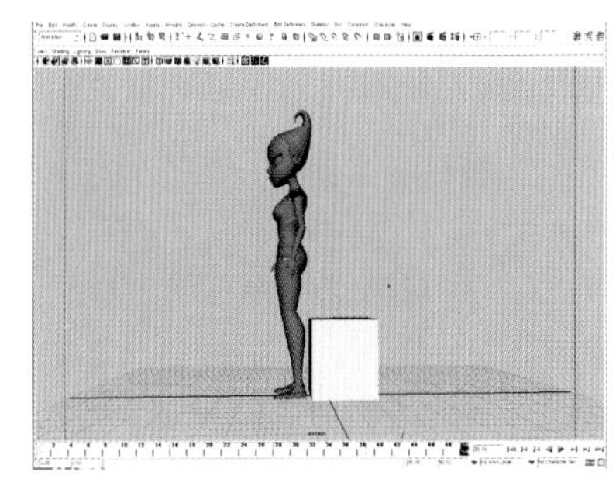
图 7–23

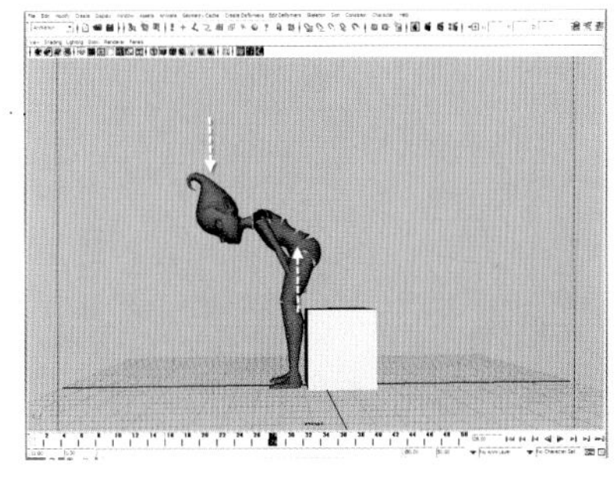
图 7–21

第二节 ///// 弹性运动

弹性运动：指的是由于运动变形（力）而产生的运动。

物体在受到力的作用时，它的形态和体积会发生形体变化。发生形变时，物体会产生弹力，形变消失时，弹力也会消失。

比如说，当一个有弹性的球体被压扁时，压扁的球体就会有一个使自身还原的力——弹力。又如拉弓，将一张弓拉开，弓弯曲、弓弦拉紧，这一形变产生了弹力。

如图 7–24 及图 7–25 所示。球体触地前和离地前的一瞬间拉长，球体落地后的压扁。人行走或跳跃时腿部肌肉的收缩或扩张使肢体产生收缩或伸展动作（脚下像装有弹簧）。

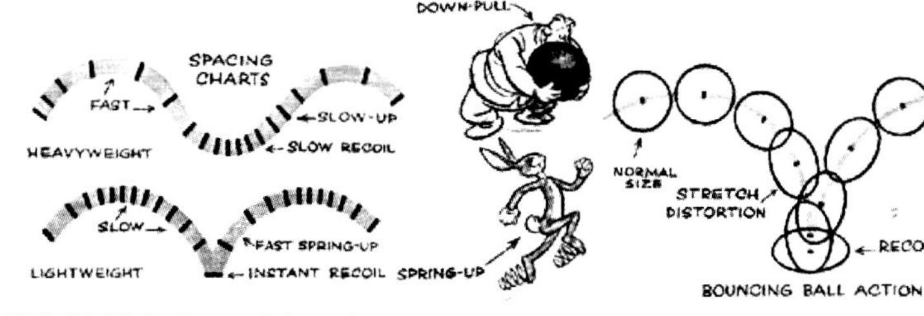

图 7–24（选自 Cartoon Animaton）

钢片弯曲后的来回反弹动作；人摔倒触地前的拉伸以及落地后的压扁动作，如图 7–26。

跷跷板的动作，如图 7–27。

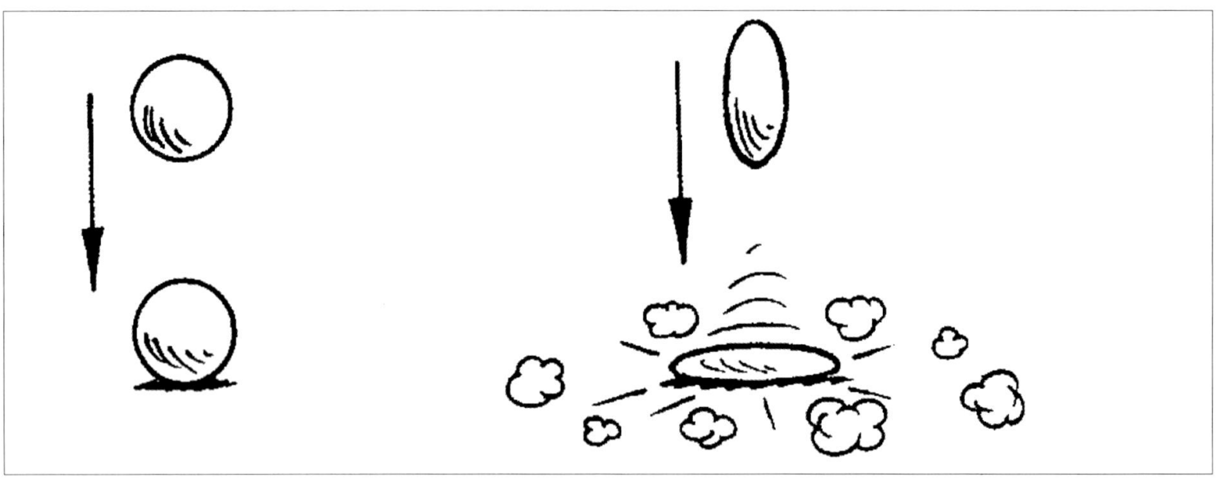

图 7–25

图 7–26

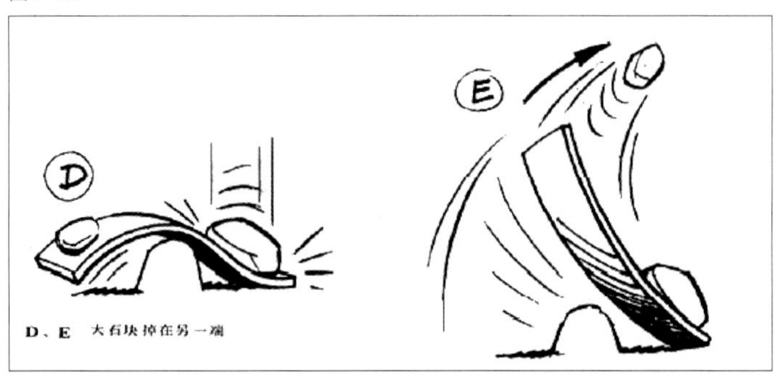

图 7–27《动画的时间掌握》

第三节 ///// 惯性运动

惯性运动：指的是运动状态的惯性。

惯性——习惯性动作：保持前面动作状态。

世界上任何物体都具有惯性，静止的物体的惯性是不动的，运动中的物体的惯性是运动的。要改变一种惯性就必须有一个力对其产生作用。让静止的物体改变静止状态，让运动中的物体静止，都需要有力对其作用。

物体在力的作用下产生运动，当作用力消失时，运动中的物体不会马上停止而是继续运动，这种在作用力消失后的运动就叫做惯性运动。

那么惯性运动在动画中又有哪些方面的表现呢？

例如：我们用手推地上的铅球，当手用力推静止的球时，球体的运动是由于手的作用力而产生运动；当手离开球体后，球体继续向前滚动，这时球体是由于运动的惯性而继续向前运动的。汽车刹车时，车轮停止转动时，车身还有一个向前的运动。当一个奔跑中的人要停止时，他不会立刻静止，而是要向前再跨几步才能停住。当我们快速抬手时，我们的手会由于抬手的惯性而超出所要抬的高度，然后再返回。这一切阻止惯性运动的动作我们称之为动作的缓冲。

第四节 ///// 曲线运动中的弹性运动和惯性运动

这里我们所说的“曲线运动中的弹性运动和惯性运动”，是指曲线运动的某一环节看做是“弹性运动”或者“惯性运动”这样使我们能够更好地理解三大运动规律。我们举一个跳跃的例子来说明。

以跳跃为例，讲解曲线运动中的弹性运动和惯性运动。

人物的下蹲曲体且重心后移（跳跃的预备）——物体的压缩变形

人物腾空前身体的舒展动作——物体的拉伸变形。

人物在空中最高点的曲体——物体的压缩变形。

脚刚触地时，人体的伸展动作——物体的拉伸变形

脚踏地后，人物的曲体动作物体的压缩变形。

人物快速起身直立动作——物体的拉伸变形。

人物放松动作——可看做为不变形的压缩。

上述例子中，人物离地后的腾空到落地为惯性运功（人物落地下坠的动作时由于地心引力产生的而非惯性运动）。

[复习参考题]

◎ 制作一个甩东西的动作。

◎ 正确运用曲线运动规律进行动画制作。

第八章 动作的预备与缓冲

本章重点

预备、缓冲的运用。

学习目标

学习动作的两个重要组成部分——预备、缓冲的运用。

建议学时

6学时。

第八章　动作的预备与缓冲

第一节 ///// 概念

每一个动作都分为三个部分作：动作的预备、动作过程和动作的缓冲。

1.预备动作

在动画角色做出预备动作时，观众能够以此推测出其随后即将发生的行为。

预备动作是照顾要动作的前奏，它能清楚地表达动作的力度。预期性是角色动作设计的核心，动画师通过长期的观察、揣摩人类的情绪、动作和各种行为方式，总结归纳动作的预期性规律。

规则："欲左先右，欲前先后"

2.缓冲动作

一个动作的结束，对力的解卸即刹车——极限pose到结束pose之间的动作。

一、预备与缓冲动作的作用及其特点

1.预备与缓冲动作的作用

（1）从力度的角度——预备动作是一个动作的开始即积蓄力量的，缓冲动作是一个动作的结束即动作的收尾卸力。

（2）从视觉的角度——预备动作可以提醒观众注意下一个动作要开始了，缓冲动作可以提醒观众注意这一个动作结束了。预备缓冲还可以使动作更为流畅柔顺，使动作更有节奏感。

2.预备与缓冲的特点

①基于预备与缓冲动作的作用，所有预备与缓冲动作，在整个动作中的速度是相对慢些，其占整个动作的时间也多些。

②主体动作越快力、越大，预备缓冲就越慢，用的时间就越多。主体动作越慢、力度越小，预备缓冲用的时间就越少。

③动作方向：欲前先后，欲上先下，欲张先缩（这一规则对某些动作是不适宜的，比如说转头。后面我们会专门讲解转头的预备缓冲）。

二、预备与缓冲的表现形式

预备缓冲有主要有两种表现形式：一是用预备动作和缓冲动作来表现。另一种是用动作的慢起和慢停来表现（比较慢的动作就可以用这种方法来表现，如：比较慢的抬手动作，比较慢的转头动作）。有些动作也可以看做是一个预备动作，比如说：一个人全身不动（眼睛都不眨），长时间盯着一个物体看，当他眨眼后快速转头后缓冲。这里这个转头前的眨眼，我们也可以看做是转头的预备动作（人长时间不眨眼给观众的感觉是没有生机，当他做眨眼的动作时，自然会引起观众注意：他动了，他想干什么？）。还有一种预备，我把它称为"情绪的预备"。一个人在生闷气，突然爆发。"人生闷气"就是爆发动作的情绪的预备。所谓的"铆足了劲"也许就是指这个。

第二节 ///// 动作的预备和缓冲与弹性运动惯性运动

前面我们讲述了动作的预备缓冲以及弹性惯性运动的概念及运用，现在我们谈谈它们之间的关系，使我们更好地理解掌握预备、缓冲、弹性运动、惯性运动的运用。

前面我们谈到了动作的三个阶段：预备、动作过程、缓冲。

一、预备缓冲与弹性运动

预备动作是动作前的一个蓄力过程，弹性运动是由于物体在力的作用下变形而产生的运动。两者之间有着某种相似点。

二、缓冲与惯性运动

前面我们说过，由于惯性，动作的极限往往会超出动作要停止的位置，这时我们就必须再加一个动作使其返回到我们要到达的位置，这个动作就是缓冲动作。

第三节 ///// 预备、缓冲的实际运用

我们日常生活中的动作中的预备和缓冲无处不在。一个人蹲下要预备和缓冲，站立也要有。一个人做抬手动作、踢腿动作、抬头、低头、转头、摇头都有预备缓冲动作。甚至眨眼都有预备和缓冲。一个拿东西的动作、推重物的动作、挥拳击打的动作，其预备缓冲动作更为明显和重要。汽车启动和停车都有预备与缓冲。汽车启动、加速、减速、停车。这是一个很直接的解说预备缓冲的例子。

下面我们用实例来对预备和缓冲的运用进行讲解

例如：一个人面向左侧，转头向右边看，再快速转向左看，最后回看正面。

我们这里介绍三种常用的转头方法的运用：向前预备、向后预备和缓起预备

动作分析：pose1头部向左、向下、向前并右转1/3（右转的预备），头部向右（极限pose），头部回移放松停格（缓冲）。头部向上后移并转头3/4（左转的预备），向左移并转头1/4（极限pose），后移放松定格。慢起右转，缓停至面向正面。

制作过程：第一步，我们用向前预备来制作向右看的转头。第二步，用向后预备的方法制作想做转头。第三步，用慢起的方法转向正面。

第一步，向前预备来制作向右看的转头。

①在第一帧处，点选大纲里的 ⊞ rw_character ，按键盘S键设置关键帧pose1（或按住shift键选择胸部控制器、头部控制器、眼部控制器、按键盘s键设置关键帧pose1），如图8-1所示。

②在第32帧处，选择胸部控制器 backA_ctl 的X轴向右旋转，选择头部控制器 的X轴向右旋转，选择眼睛控制器，按键盘S键设置关键帧pose3。如图8-2所示。

③在第10帧处，选择胸部控制器的旋转Y轴向前旋转，选择头部控制器的选择旋转Z轴向左旋转，选择眼睛控制器的移动Z轴向右移动（人物的动作都是眼睛先动），按键盘S键设置关键帧pose2。如图8-3所示。

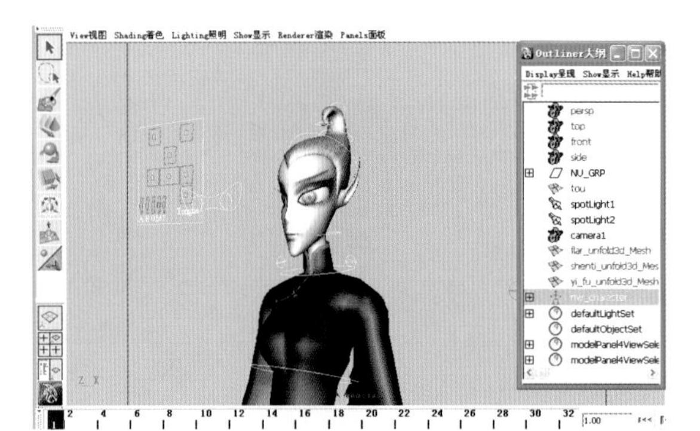

图8-1

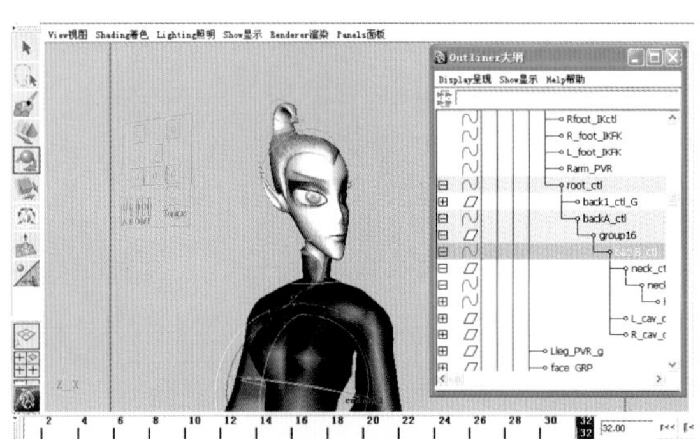

图8-2

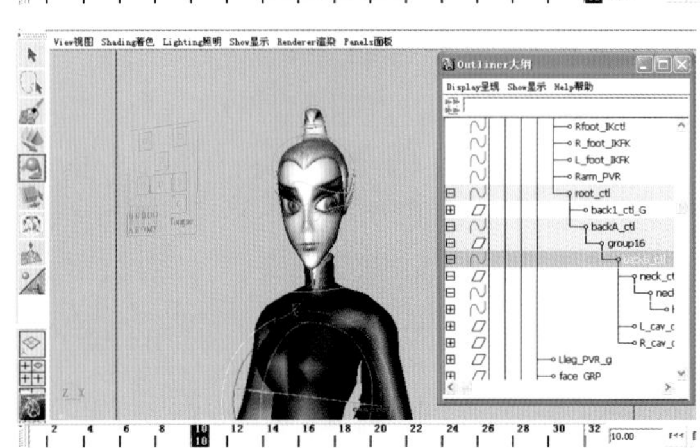

图8-3

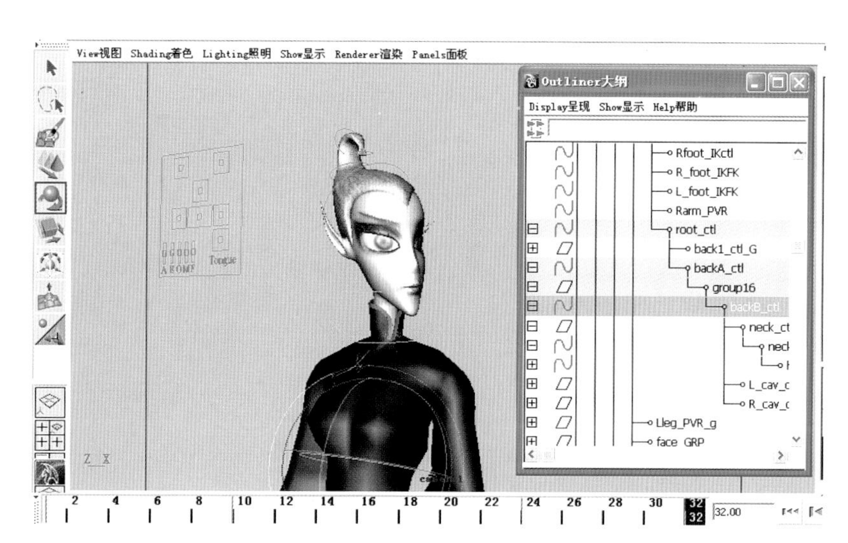

图 8-4

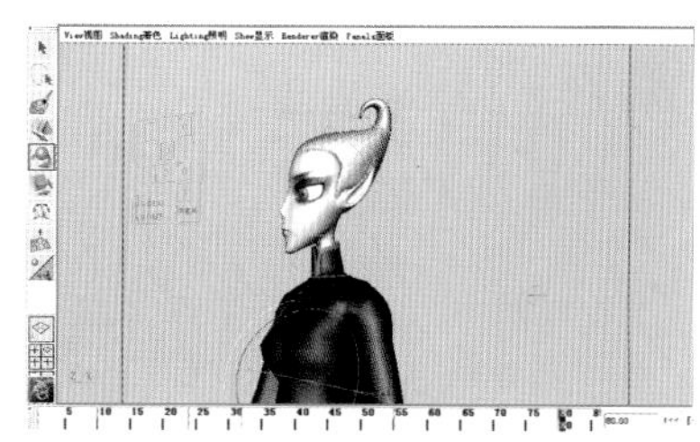

图 8-5

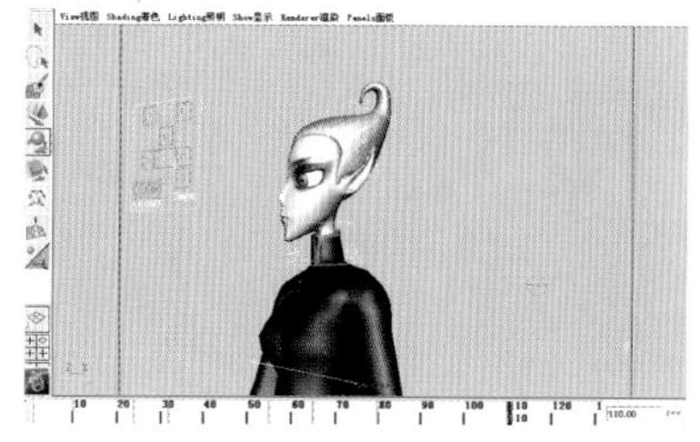

图 8-7

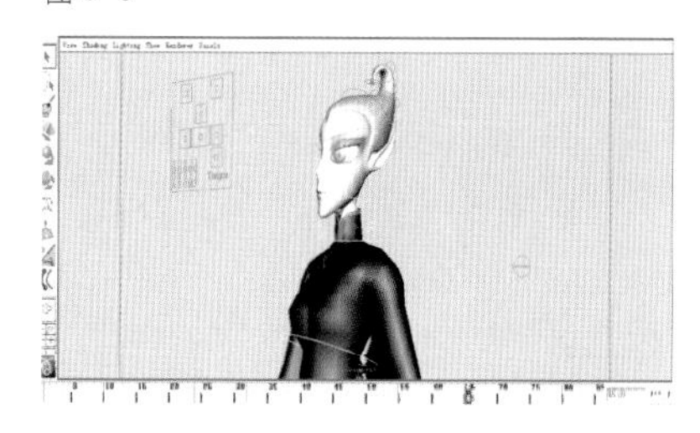

图 8-6

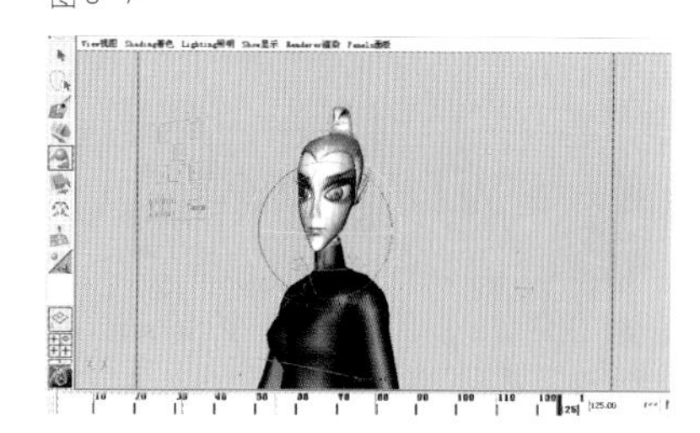

图 8-8

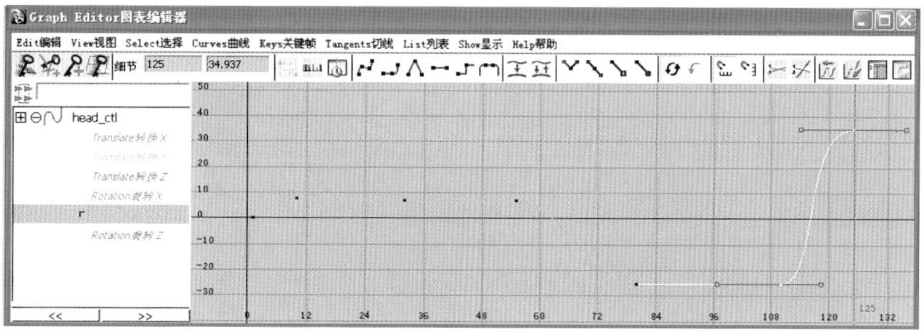

图 8-9

④选择第32帧，选择胸部控制器并将其复制到第24帧，形成pose4。如图8-4所示。

⑤在第55帧处，按住键盘Shift键选择胸部控制器，头部控制器，眼部控制器，按键盘S键设置关键帧pose5。

第二步，用向后预备的方法制作想做转头。

⑥在第80帧处，选择胸部控制器X轴向左旋转，选择头部控制器向左旋转，按键盘S键设置关键帧pose6。如图8-5所示。

⑦在第65帧处，选择胸部控制器X轴向左旋转至接近pose6的旋转度并旋转Y轴向后旋转，按键盘S键设置关键帧pose7，如图8-6所示：

⑧在第110帧处，按键盘S键设置关键帧pose8。如图8-7所示：

⑨在第125帧处，选择头部控制器的Y轴向左旋转，眼部控制器，按键盘S键设置关键帧pose9。如图8-8所示。

⑩点选头部控制器，选择命令Window/Animation Editors/Graph Editor打开曲线编辑器。调节头部旋转Y轴的曲线（改变第100帧到第125帧的动作速度），将其运动速度改成加减速度。如图8-9所示。

例二：一个人从高处跳下，然后站立，再起步走。

动作分析：下蹲（跳起的预备）——脚刚触地——下蹲（落地的缓冲）——胸腔、头部继续向下，臀部往上运动（起立的预备），快速直起身体（极限动作），放松身体（缓冲），身体重心转移到右脚并抬起左脚（走的预备）迈步走。

制作过程：

①在第一帧处，按键盘S键设置关键帧pose1，如图8-10所示。

②在第10帧处，选择躯干控制器的移动Y轴向下移动及旋转X轴向顺时针方向转动，分别选择腰部和胸部控制器旋转使人物腰部弯曲，

分别选择左右手上移，选择头部控制器旋转轴X轴逆时针方向旋转，按键盘S键设置关键帧pose2，如图8-11所示。

③在第14帧处，选择躯干控制器前移上移并逆时针旋转，选择腰部和胸部控制器逆时针旋转，选择头部控制器顺时针旋转，选择左脚上移前移，选择右脚顺时针方向旋转，分别选择左右手旋转并下移后移，

选择整体移动控制器上移，按键盘S键设置关键帧pose3，如图8-12所示。

④选择第1帧，将其复制到第24帧；选择第24帧，选择整体移动控制器前移下移。如图8-13所示。

选择第24帧，选择整体移动控制器逆时针旋转，选择躯干控制器顺时针旋转，分别选择腰部和胸部控制器顺时针旋转，选择头部控制器顺时针旋转，选择右脚上移，分别选择左右手旋转并上移，按键盘S键设置关键帧pose5，如图8-14所示。

⑤选择第19帧，将姿势做成如图8-15所示：这样有有了pose4。

⑥选择第28帧，选择左脚控制

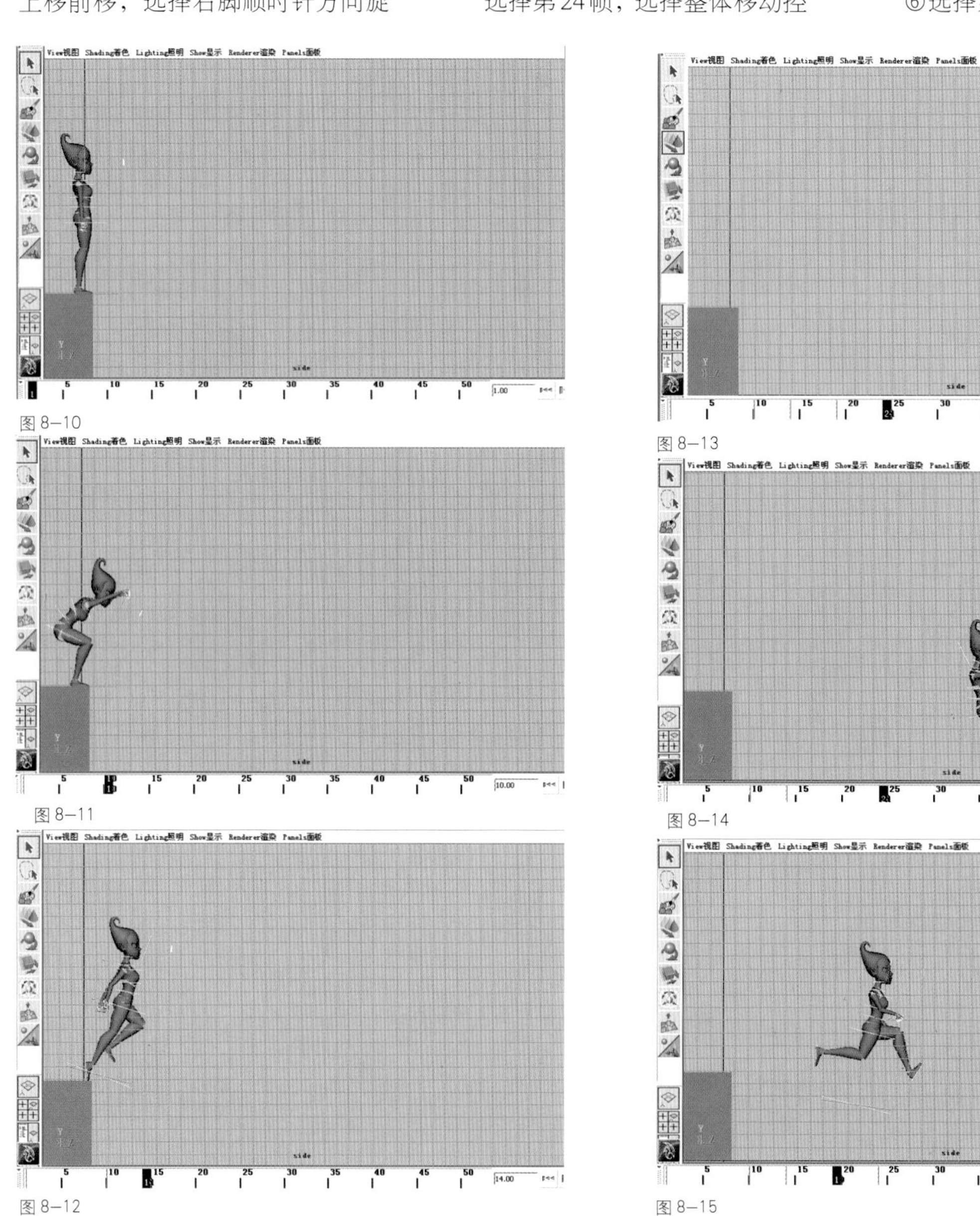

图8-10

图8-11

图8-12

图8-13

图8-14

图8-15

器顺时针方向旋转至脚踏平地面，按住键盘Shift键选择躯干和右脚控制器前移下移，选择右脚前移下移至脚后跟触地，分别选择左右手肘部控制器上移，按键盘S键设置关键帧pose6（这里可以在第25帧处设一个左脚踏平地面的关键帧。选择第25帧，选择左脚控制器将其旋转至脚面平踏地面。这样做的好处在于：产生脚踏地有声的感觉），如图8-16所示。

⑦选择第34帧，选择右脚控制器逆时针旋转至脚踏平地面，选择躯干控制器下移并顺时针旋转，分别选择腰部、胸部控制器顺时针旋转，分别选择左右手部控制器上移，分别选择左右手肘部控制器下移，选择头部控制器逆时针旋转，按键盘S键设置关键帧pose7（这里可以在第29帧将右脚踏平地面）。如图8-17所示。

⑧在第44帧处，选择躯干控制器上移，分别选择躯干、腰部、胸部控制器逆时针旋转，选择头部控制器顺时针旋转，分别选择左右手上移肘部也上移，选择左脚将脚后跟上旋，按键盘S键设置关键帧pose8，如图8-18所示。

⑨在第45帧处，选择躯干控制器上移前移并逆时针旋转，选择头部控制器顺时针旋转，选择左脚上移前移，分别选择左右手后移下移，按键盘S键设置关键帧pose9，如图8-19所示。

⑩将第1帧的所有设置复制到第50帧。在第50帧处，选择整体移动控制器将人物移动至左脚掌与pose9的左脚掌相重叠，分别选择腰部、胸部的控制器向逆时针方向旋转，选择头部控制器向顺时针方向旋转，分别选择左右手部控制器向身体两侧移动并上移后移，选择左脚控制器向前移动并旋转使左脚掌与地面踏平，按键盘S键设置关键帧pose10，如图8-20所示。

⑪在第58帧处，分别选择整体、腰部、胸部、头部的控制器将它们的移动轴和旋转轴的所有属性数据归"0"，分别选择左右手的控制器将其内移前移下移，按键盘S键设置关键帧pose11，如图8-21所示。

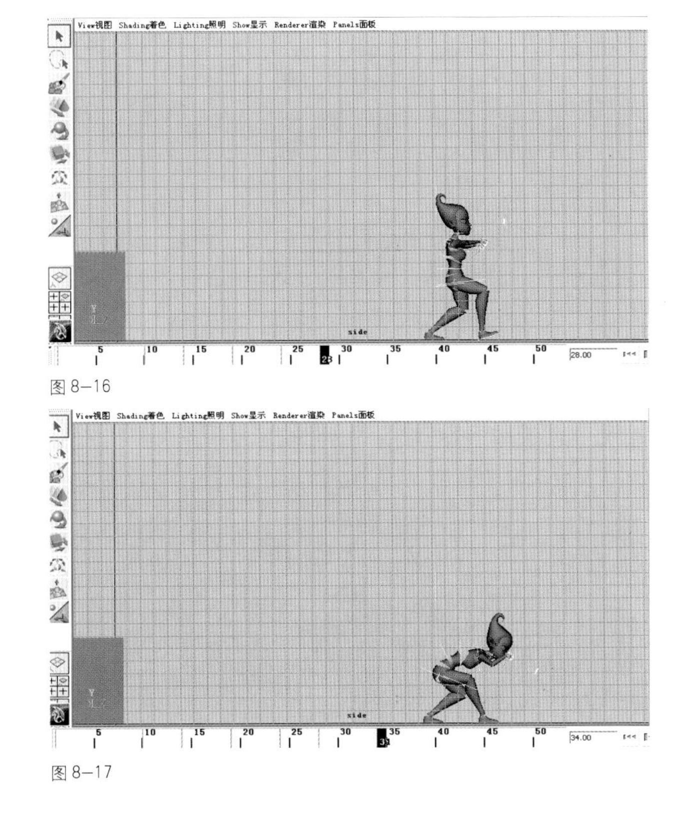

图8-16

图8-17

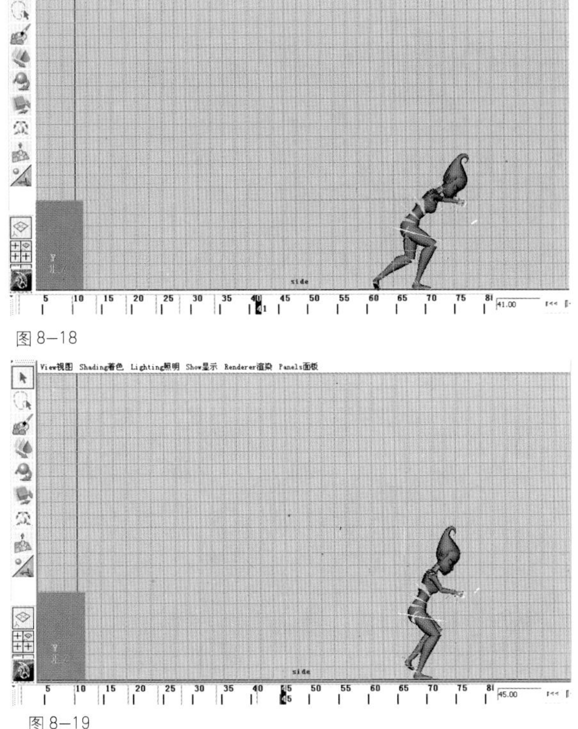

图8-18

图8-19

⑫ 在第 58 帧处，分别选择左右手将其从第 58 帧移动到第 68 帧处。如图 8-22 所示。

⑬ 在第 78 帧处，选择躯干控制器向左手方向移动并向顺时针方向旋转，选择胸部控制器向顺时针方向旋转，选择右脚上移，选择左手控制器向外向前移，选择右手控制器向外向后移，按键盘S键设置关键帧 pose12，如图 8-23 所示。

⑭ 在第 84 帧处，选择躯干控制器向右手方向、向前移动、向逆时针方向旋转，选择腰部的控制器向逆时针方向旋转，选择胸部的控制器向左旋转，选择胯部的控制器向右旋转，选择右脚前移至脚后跟触地，选择左手控制器向前移，选择右手控制器向后移，按键盘S键设置关键帧 pose13，如图 8-24 所示。

以上例子中，pose1 至 pozse2 为起跳的预备动作；pose5 至 pose7 为落地的缓冲动作和直立的预备动作；pose10 至 pose11 是直起身的缓冲动作。

连续动作中的预备缓冲：前一动作的缓冲是后一动作的预备。

比如：走路和跑步动作，这两个动作属于连续循环的动作。它们的第一个关键 pose 到第二个关键 pose 的动作，就是前一步的缓冲也是下一步的预备动作；一个跳动的球，它落地后的压扁，是落地动作的缓冲也是落地后弹起的预备动作；一个高举起手并挥掌击出的动作，他举手后的缓冲和挥出手的预备式同一个动作。

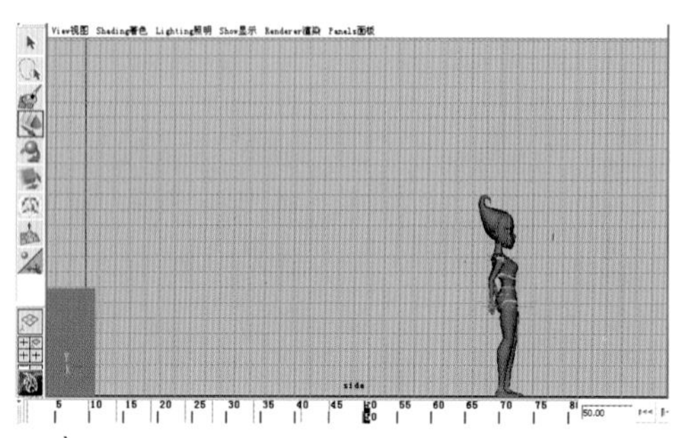

图 8-20

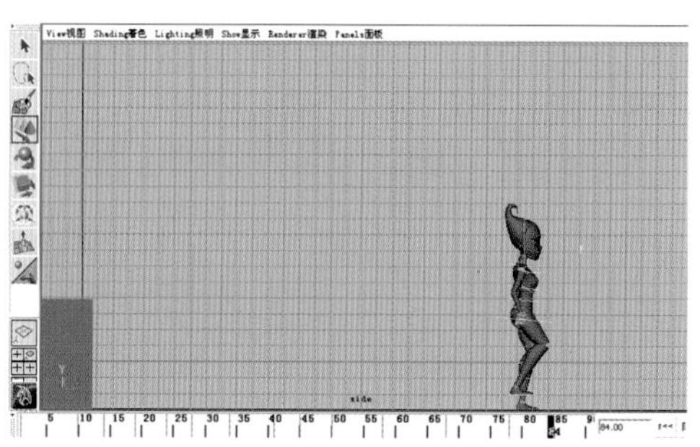

图 8-23

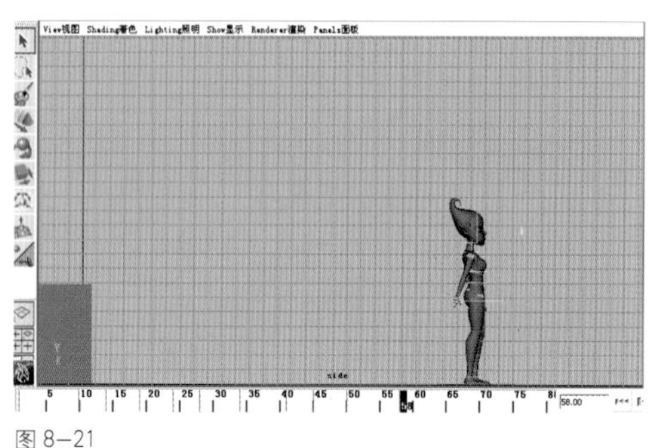

图 8-21

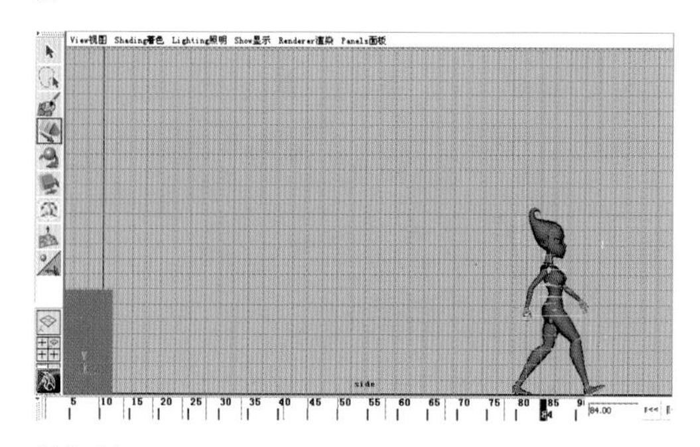

图 8-24

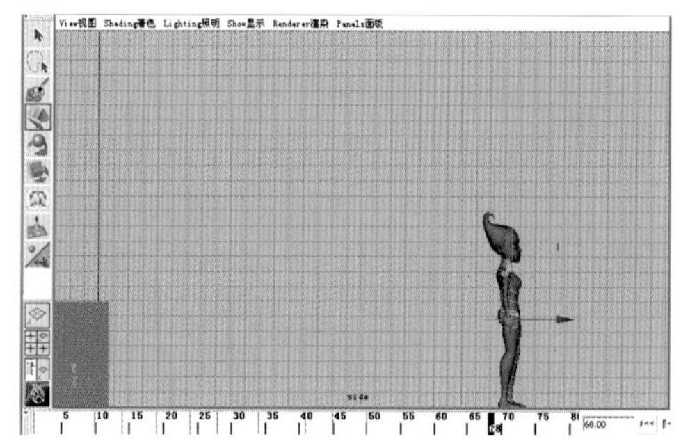

图 8-22

[复习参考题]

◎ 找出走路和跑步动作中的预备与缓冲。

◎ 一个人搬起一个重箱子，将他放在面前的凳子上。

◎ 关键 pose 分析准确，动作流畅有节奏感。

第九章　动画角色的走与跑

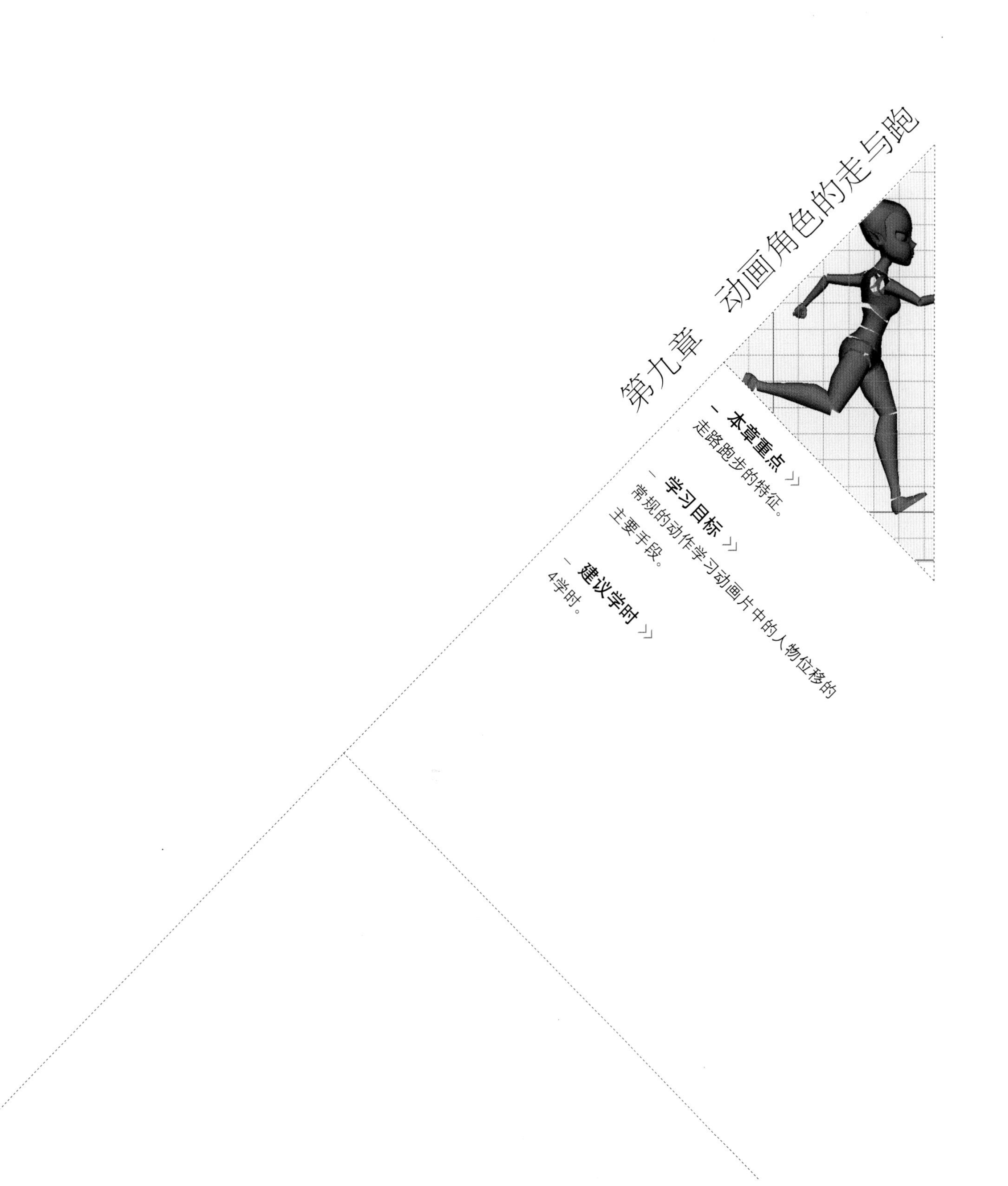

本章重点 >>

走路跑步的特征。

学习目标 >>

常规的动作学习动画片中的人物位移的主要手段。

建议学时 >>

4学时。

第九章　动画角色的走与跑

第一节 ///// 两足人物的走

一 、人物走路的基本特点

1.人物走路动作，左右脚交替上前，双脚着地时迈开时，头略低；一脚垂直于地面，一脚抬起时，头略高；脚与地面成弧线运动，这条线与人物走路的姿势神态、情绪都有很大的关系。

日式走法：中间高，两头低。美式走法：低平高。

2.基本走路循环25桢（一个完整的步子），如图9—1所示。

3.走路动作的表现风格

日式走法和欧美式走法（迪斯尼）

①日式走法（中间高，两头低）

日式走法有三个关键帧（原画）pose1、pose4、pose6其中pose4为身体最高关键帧

②欧美式走法（低平高）

迪斯尼的走路六个关键帧（原画）：

Pose2为走路中身体最低，pose 4为走路中身体最高。

欧美式的走路的方法比日式走路更具有弹性。

二 、不同类型人物的走路的特点（不同性别、年龄、情绪）

1.常规走和特殊走的对比，了解更多走路方法。

2.头部位置分为仰、俯、侧、斜四种

仰头代表高傲，俯头代表天真，侧头代表清纯，斜头代表可爱；男生仰头表示傲慢、俯头愚痴、侧头狡诈、斜头阴险。

三、各种走路类型的介绍

普通走、跃步、昂手阔步、蹑手蹑脚（偷偷摸摸）。

蹦蹦跳跳（兴高采烈）、垂头丧气沉重的，如图9—2所示。

儿童走路由于重心不稳，走路时体晃动较大，老人和病人体弱身虚，步伐相对较小，节奏较慢（每一步所用的时间较多）。

相对男性而言，女人走路由于胯部大，所以行走时胯部扭动的弧度较大。女人为了保持惯有的矜持，所以走路时其身体上下移动的弧度较小。

四、走路的制作过程

（一）原地循环走路

现在要讲的是有别于上面所述的另外一种走路的方法，经过多年欧美影片的制作验证，这种方法简单有效。

我们讲述的走路用5个pose，如

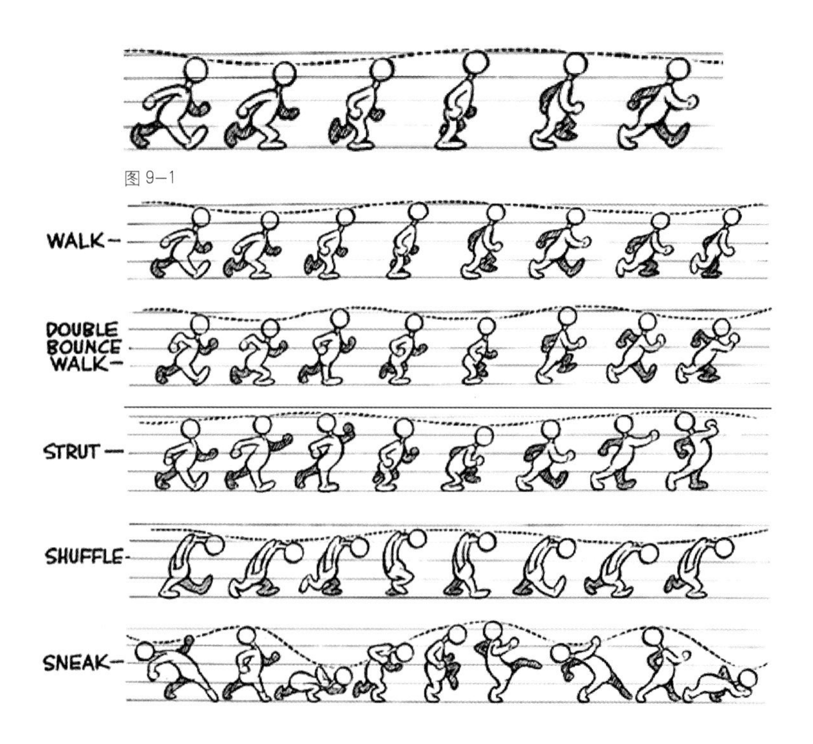

图9—1

图9—2

下图 9–3 所示。

下图 9–4 为小女巫各部位控制器说明。

1．选择人物整体移动控制器，旋转 X 轴，将人物整体稍微前顷，(这时头部也将向下，我们必须选择头部控制器，将头部抬起至目光注视前方某一点)，

如图 9–5 所示。

2．选择时间滑块第1帧，选择右脚的控制器将腿上移前移并旋转(前脚的脚根着地)，选择左脚的控制器上移后移并旋转(后脚的前脚掌着地)。选择左手的控制器将左手上移前移并旋转，选择右手的控制器上移后移并旋转，选择胸腔控制器的旋转轴向顺时针旋转，选择胯部控制器的旋转轴向逆时针旋转，选择头部控制器的旋转轴向逆时针旋转，选择大纲 Outliner（图 9–6）里的：里面的

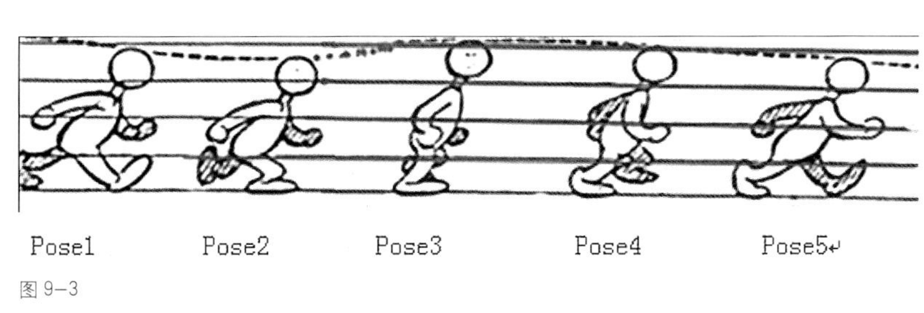

图 9–3

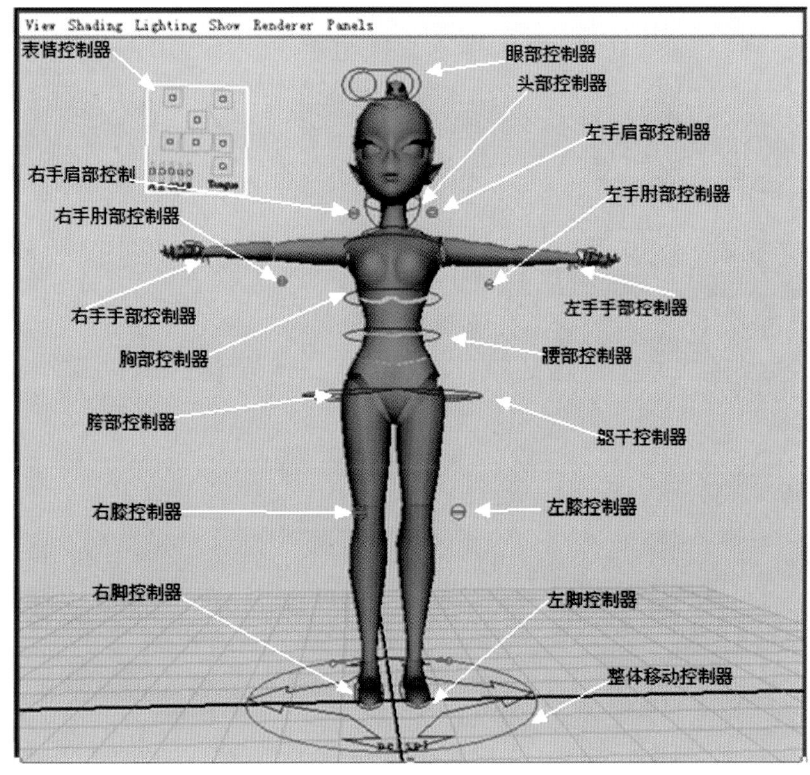

图 9–4

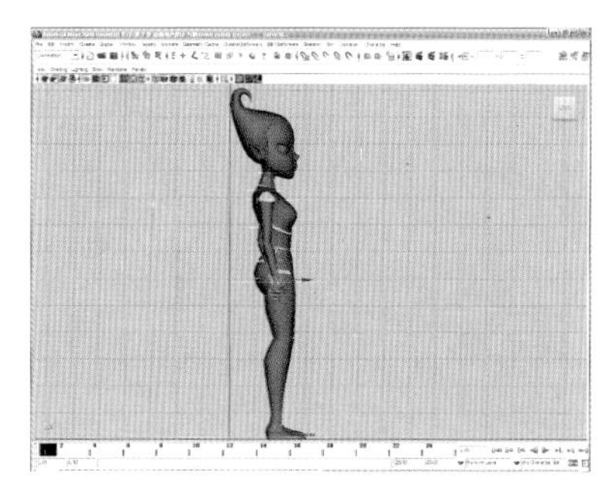
图 9–5

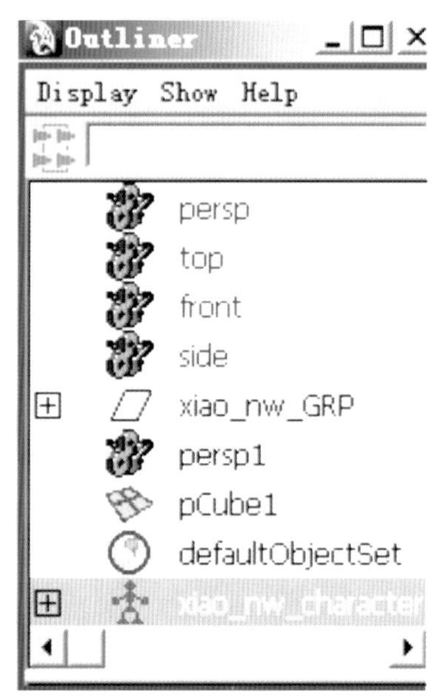

图 9–6

按住 S 键设置关键帧(pose1)。

我们用反拷贝的方法制作 pose5：先选择第 13 帧，选择 按键盘S键，将13帧设为pose5。如图9–7所示。

这样我们就有了一个和 pose1 完全相同的关键帧（pose5）。接下来，我们将 pose5 修改成与 pose1 相反的动作。具体制作如下：

①选择胯部控制器，将界面右侧通道栏中旋转 X 轴的数值改为负值。如图 9–8 所示：

②选择胸腔控制器，将界面右侧通道栏中旋转 X 轴的数值改为负

值。

③选择头部控制器，将界面右侧通道栏中旋转Y轴的数值改为负值。

④在时间滑块第13帧处，选择左脚控制器，按住键盘Ctrl+C键，复制左脚的数据，选择右脚的控制器按住键盘Ctrl+V键—粘贴（将左脚的数据复制给右脚）。

⑤在时间滑块第1帧处，选择右脚控制器按住键盘Ctrl+C键，复制右脚的数据，在13帧处，选择左脚的控制器按住键盘Ctrl+V键—粘贴。（将pose1右脚的数据粘贴给pose5的左脚）。这样我们就得到同手同脚的动作。如图9-9所示。

⑥将在时间滑块第13帧处，选择左手控制器按住键盘Ctrl+C键，复制左手的数据，选择右手的控制器按住键盘Ctrl+V键—粘贴（将左手的数据复制给右手）。

选择右手控制器，在界面右侧通道栏中旋转的X轴的数值改为负值，如图9-10所示。

再在界面右侧通道栏中旋转的Y和Z轴的数值分别改为负值，如图9-11所示：

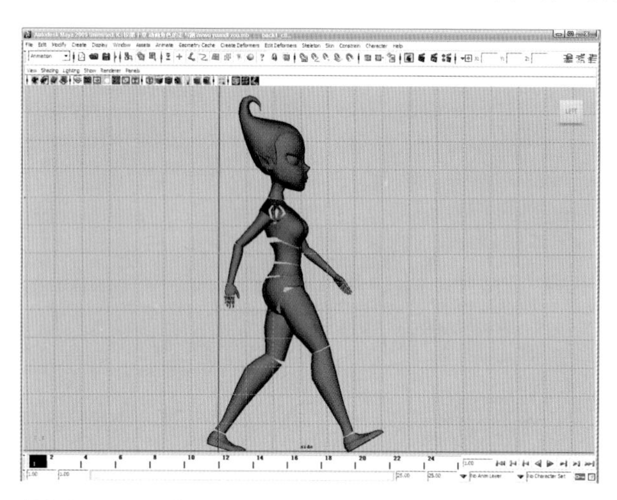

图9-7

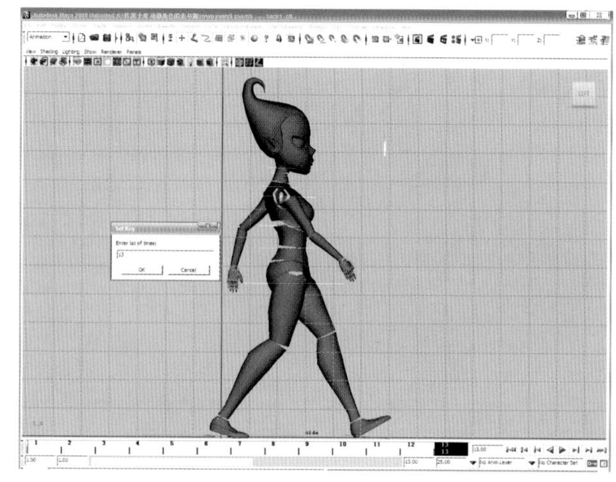

图9-8

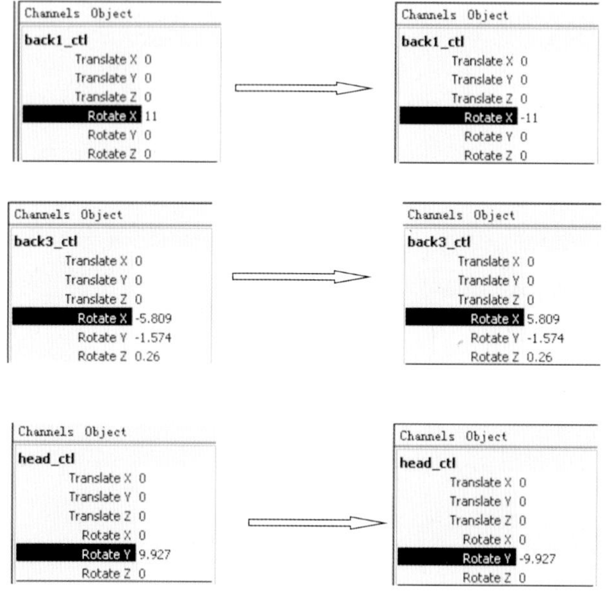

图9-9

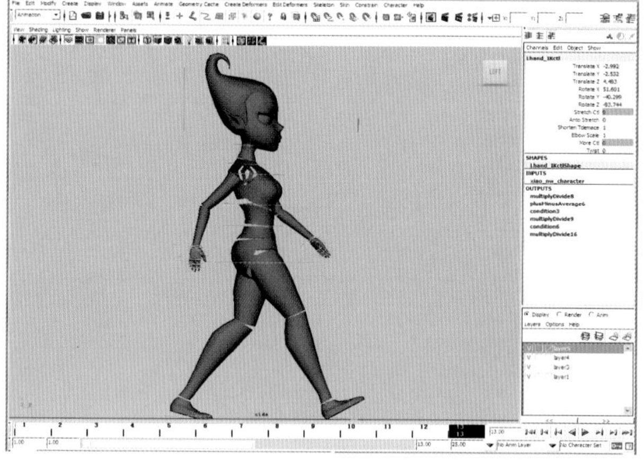

图9-10

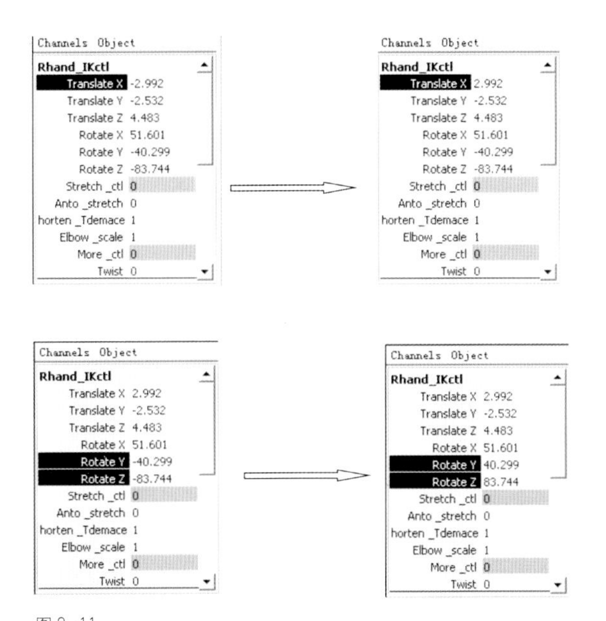

图 9—11

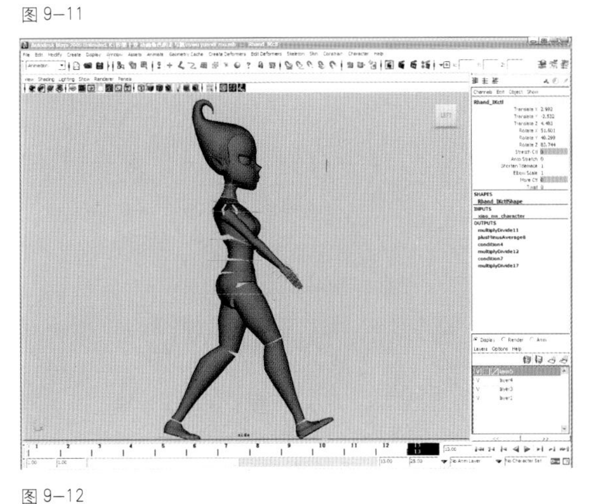

图 9—12

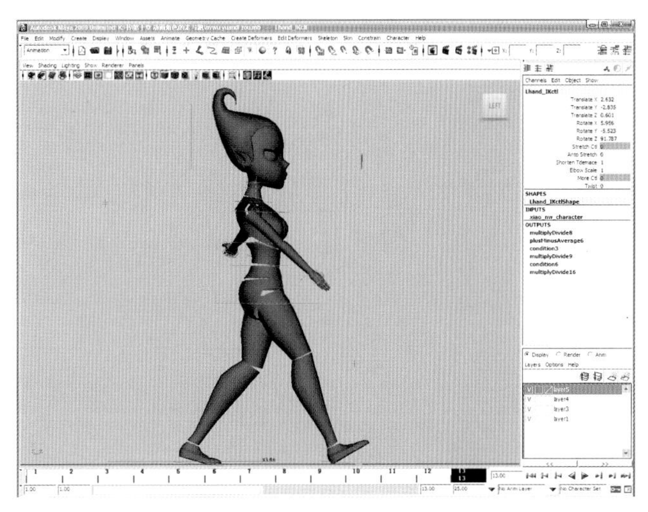

图 9—13

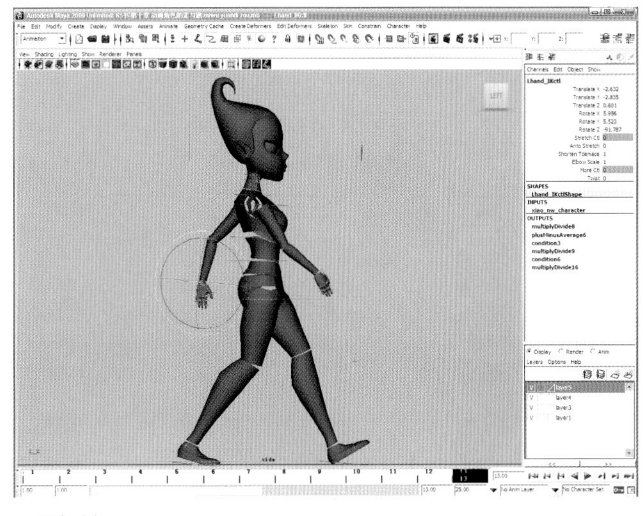

图 9—14

那么此时我们得到的是如下的pose，如图 9—12 所示。

⑦在时间滑块第1帧处，选择右手控制器按住键盘Ctrl+C键，复制右手的数据，在13帧处，选择左手的控制器按住键盘 Ctrl+V 键一粘贴。(将 pose1 右手的数据粘贴给pose5 的左手)。如图 9—13 所示。

然后，按照步骤⑥中讲述的方法把第 13 帧的右手，在通道栏中将其数据进行相对应的改动。这样我们就得出了pose5，如图9—14所示。

3.选择时间滑块的第七帧

①选择右脚的控器，将移动 Y 轴的数据归零。

②选择人物整体移动的控制器，将人物整体上移至右脚底踏平于地面。

③选择左脚旋转并上移，分别选择左右手旋转并下移。如图9—15所示。

④我们按住键盘shift键，同时选择双手，双肩以及上身控制器的移动 x轴将人物的重心转移至右脚，如图 9—16 所示。

⑤左脚和手部动作如 pose3.如图 9—17 所示。

4.①选择时间滑块的第3帧，选择右脚控制器，将右脚的旋转 X 轴数据归零，选择身体移动控制器，将身体下移至右脚脚底触地。

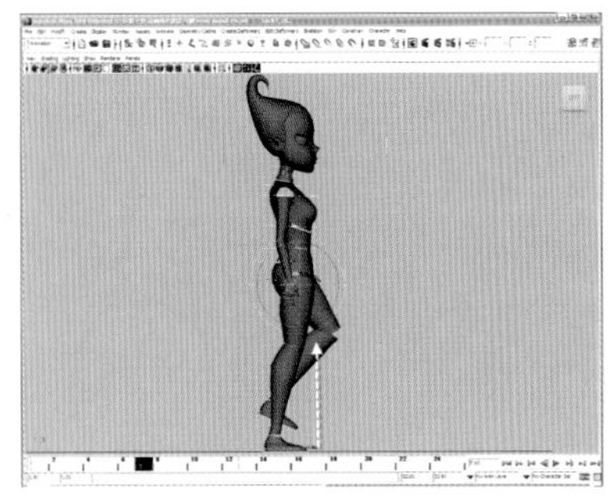

图 9-15

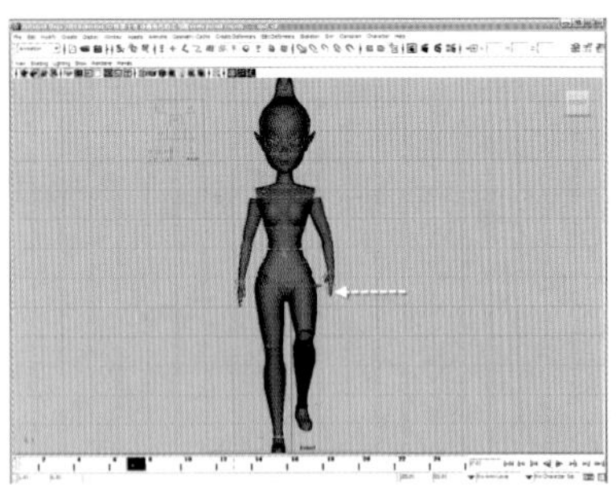

图 9-16

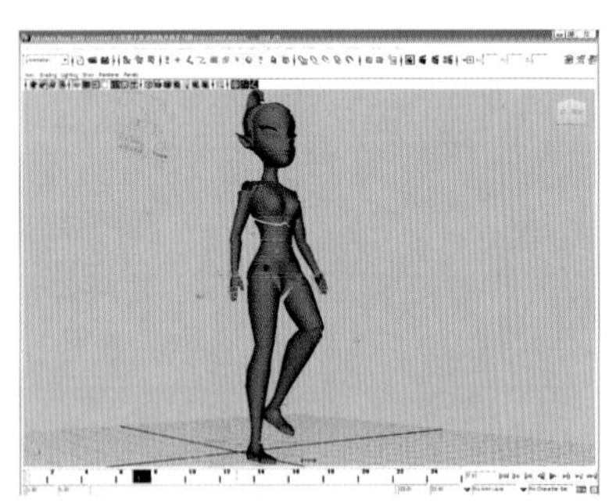

图 9-17

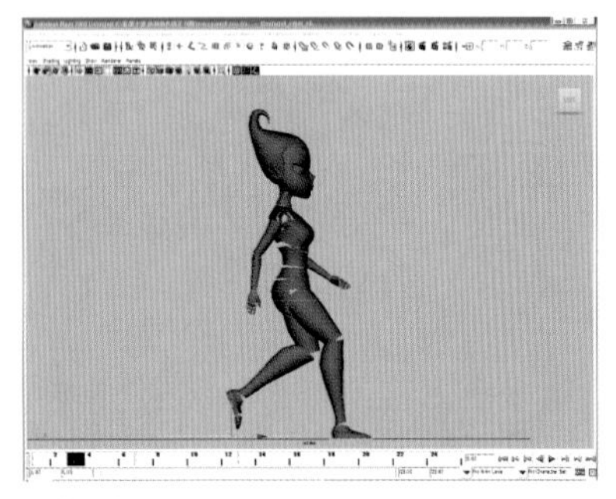

图 9-18

②选择左脚控制器，将左脚掌向后旋转一定角度，并且上移至脚尖离地。如图 9-18 所示。

5.选择时间滑块第10帧，选择

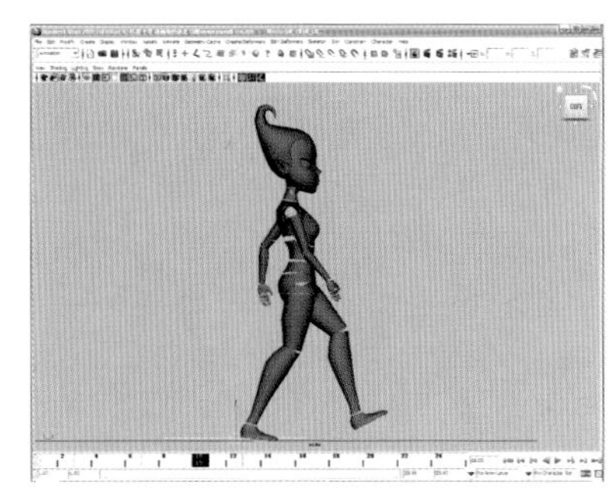

图 9-19

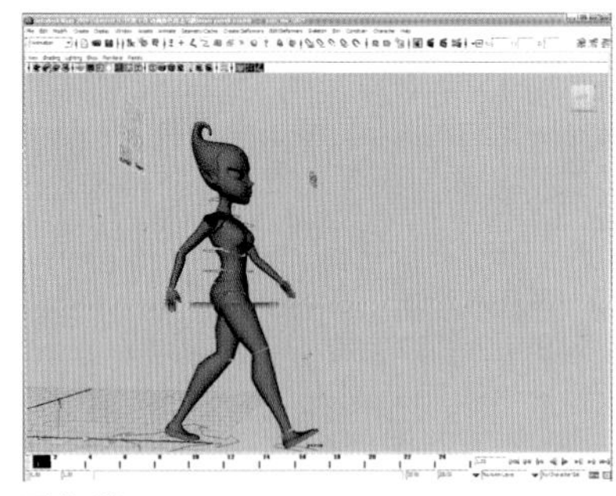

图 9-20

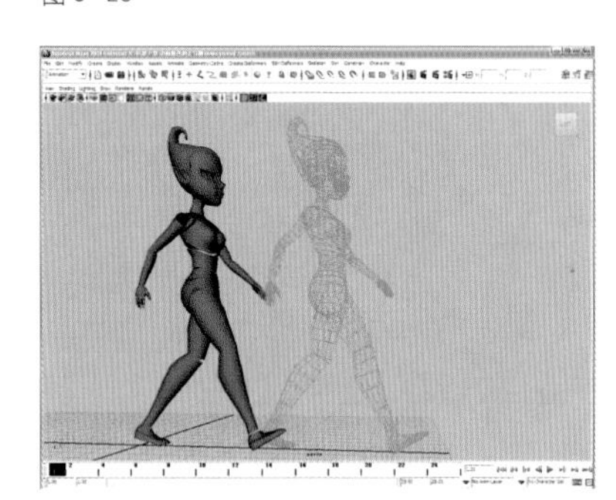

图 9-21

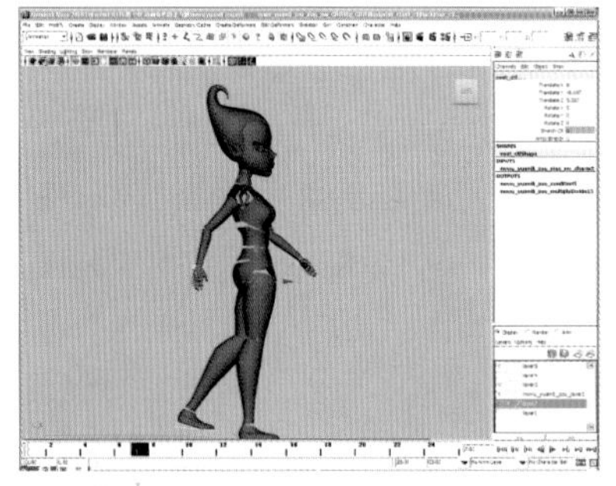

图 9-22

左脚控制器，将左脚向上或向下移动（根据人物情绪而定，情绪高时向上移，情绪低时向下移）如图9-19 所示。

（二）直接走法

由第一个关键pose开始往前移动到最后一个 pose

1.在第1帧做好pose1（制作方法和原地走相同），如图9-20所示。

2.选择人物皮肤按键盘Ctrl+D键，复制出人物整体皮肤。选择复制出的皮肤向前平移至后脚对准原始人物的前脚。如图 9-21 所示。

（复制出来的人物是用来对位的）

3.在时间滑块第7帧处，选择右脚控制器。将右脚旋转使脚掌与地面踏平，按住键盘shift键选择左右手控制器、左脚控制器、躯干整体移动控制器向前向上移动至右脚垂直于地面身体略微前倾并且向右脚方向移动至人物重心处于右脚，再选择左脚控制器，旋转并向上向前移动，将头部控制器旋转轴数据归“0”。将胸部、胯部控制器旋转轴数据归“0”。选择右手控制器，旋转前移下移，选择左手控制器，旋转后移下移，将左右肩部控制器数据归“0”。将左右手肘部部控制器移动“Z”轴数据归“0”。按键盘s键设关键帧 pose2。按住键盘 Shift 键选择左右手控制器、左脚控制器、躯干整体移动控制器向前向上移动至右脚垂直于地面身体略微前倾。如图 9-22 所示。按住键盘shift键选择左右手控制器、左脚控制器、躯干整体移动控制器向右脚方向移动至人物重心处于右脚。如图 9-23 所示。

这样我们就得到了pose3，如图9-24 所示。

4.将第7帧右脚复制到第3帧，在时间滑块第3帧处，选择躯干控制

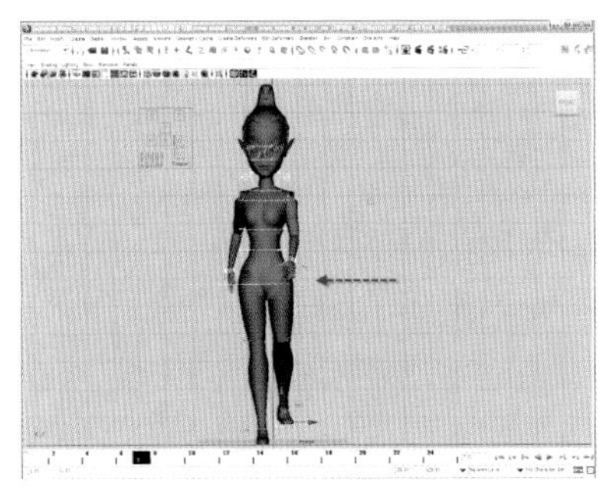

图 9-23

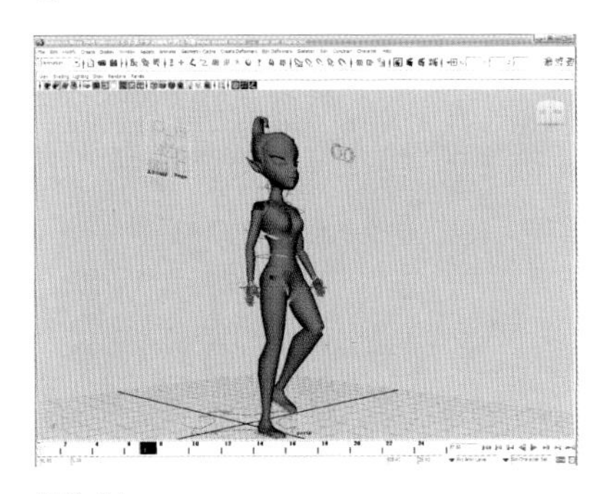

图 9-24

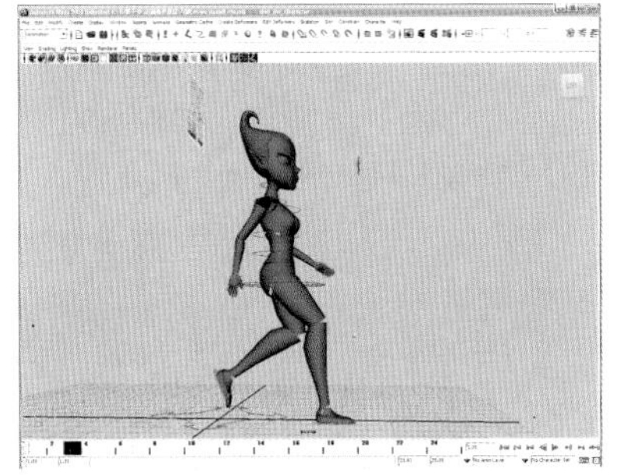

图 9-25

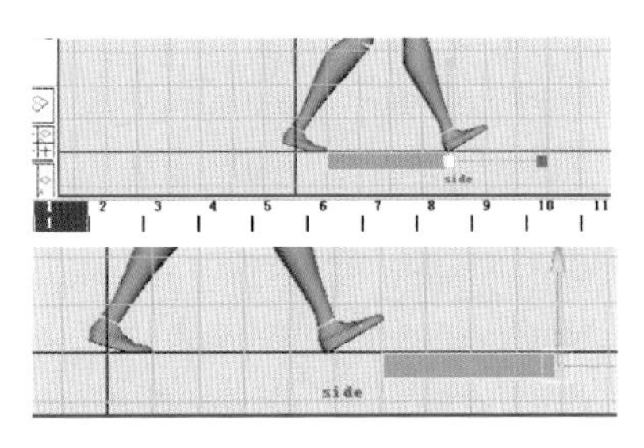

图 9-26

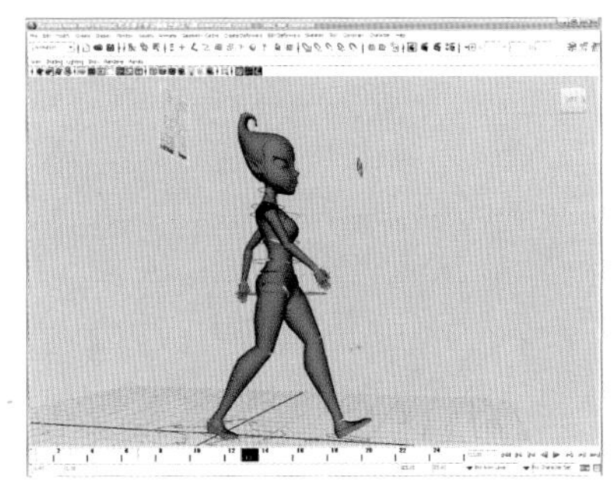

图 9-27

器向下向前移，选择左手控制器旋转且向后移动，选择右手控制器旋转且向下向前移动，按键盘S键设关键帧 pose2，如图 9-25。

5.在侧视图里，创建一个模块并缩放至两脚跨度一样的长度，如图 9-26 所示。

在 pose1 处创建模块并缩放前移模块至pose1 前脚尖位置（这个模块是用来测量脚步的宽度的）。

6. 在时间滑块第3帧处，选择左右手控制器、左脚控制器、躯干控制器前移并调整左脚姿势至左脚后跟与对位模块前端对齐，选择右脚并调整姿势，将手部、胸部、胯部、头部调整到相应的姿势位置，按键盘S键设关键帧pose4。如图9-27所示。

以上是直接走法的半步走路的制作，用相同的方法可以制作出另外半步。

制作走路时的注意事项：

①头部不要乱转，也不要上下点头（目光要注视前方某一点）。

②制作身体最高的关键帧时，要将身体的重心放在着地的一只脚上

③手掌转折时（第3帧），手掌要靠近第1帧手的位置。

④胯部的转动方向和脚前迈动的方向一致，胸部的转动方向和向前摆动的手的方向一致。

第二节 ///// 人物的跑

一、人物跑步的基本特点

人在跑步时的手脚交替和走路时基本是一致的，人的跑步是走路的“升级”，只是运动的幅度更加激烈。跑步的基本规律有以下特点，如图 9-28 所示。

1.身体重心前倾。

人在正常跑步时，身体重心比走路时更向前倾斜，步子要迈地大，快跑时身体前倾更明显。

2.两手自然握拳，手臂略成弯曲状前后摆动，抬地要高些，甩地用力些，快跑时手臂向前伸直

3.腿的弯曲幅度要大，每步蹬出去的弹力要强，每步要向前蹬出步伐幅度也较大，脚一离开地面就要迅速弯曲起来向前运动，快跑时跨度更大，膝关节屈曲的角度大于走路动作。

4.跑步中，有腾空的画面出现，而且身躯前进的波浪式运动曲线要比走路时更大。

5.脚底曲线是波形，脚在身后变化距离小在身前变化距离大。

人在做飞奔快跑时，脚跟是不着地面的，基本上是靠脚尖来支撑蹬出，尽量让脚板贴地，能减少脚底

图 9-28

与地面的接触，增加脚尖弹跃的力量，来获得更快的速度。飞奔时身体前倾斜度更大，以减少阻力，同时两手摆动要高，要有力，和双腿快速交替配合，争取高速，这种跑步步伐体力消耗大，只宜做短跑。

人在慢跑时，较快跑对比，各方面的动作幅度要小很多，倾斜度也要小很多。前面我们具体分析了跑步的基本规律，下面我们来讲述如何制作一套正常的跑步运动的动画。

二、跑步的制作方法

首先我们先做出图 9-28 中的第 1 个，第 5 个（即最后一个），第 3 个，第 2 个，第 4 个姿势（最后一个就是第1个姿势，只是手脚各方面动作相反而已，因为我们做的是首尾相接的循环奔跑动画）。

1.我们将上图中人物走路的第一个原画 pose1 在时间滑块第一帧做好。在第一帧处，双手自然摆开，胸腔和肩部略向右边旋转（手臂摆动方向）如下图pose1 显示，选择人物整体移动控制器，旋转 X 轴将身体向前旋转，将重心稍微向下并向前倾（胸腔和肩部向左旋转），选择手的控制器把双手前后摆开并抬高，然后选择手的旋转控制器，将手腕的动作摆成略微向下（把胳膊和腿脚方向调成相反，这样身体才能平衡有力）。选择右脚底控制器把脚的位置抬高并往后，选择右脚的旋转控制器，把脚腕往后旋转，选择左脚的控制器把脚腕旋转向上（**注意**：前面这只脚是绷直的而不是弯曲的），如图 9-29 所示。

2.将第1帧复制于第9帧用反拷贝的方法将人物姿势改成 pose5。（反拷贝到方法走路中已经讲述），这样就形成了 pose5，如图 9-30 所示。

3.选择时间滑块的第5帧，选择左脚的控制器，将左脚着地，（角色左脚用力蹬地），右脚用力迈出去的姿势，选择左脚的旋转控制器，不做移动，只以脚底为轴心来旋转，再选择右脚的移动控制器，向前移动并旋转，如图 pose3 所示。（整个身体是呈前倾，挺直向前的，左脚是蹦直的，脚尖触底，脚跟抬起）。制作这一关键帧时，要将身体的重心放在着地的一只脚上。如图 9-31 所示。

4.选择时间滑块的第3帧，先选择左脚的控制器，将旋转轴的数值归零，再选择身体控制器将身体下移至脚底踏平地面，然后选择右脚的控制器，往后移动，选择右脚，将右脚掌向后旋转一定角度，并且上移至脚尖离地。如图 10-32 所示。

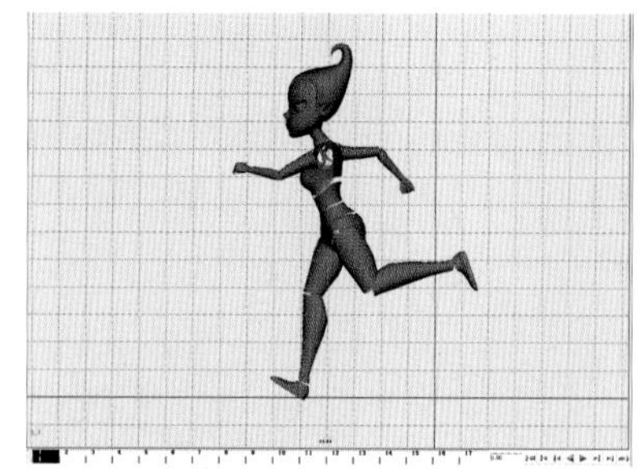

图 9-29

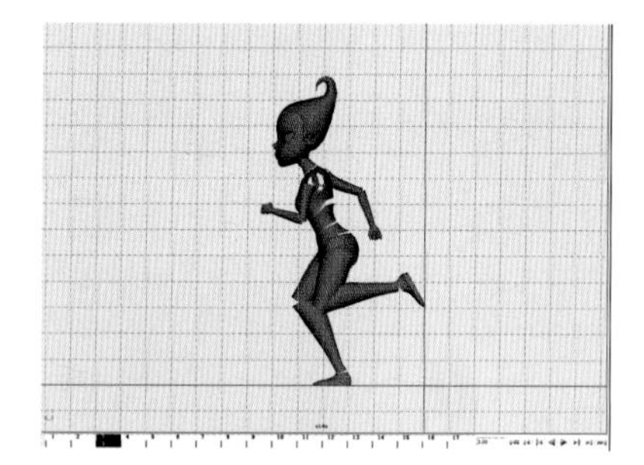

图 9-30

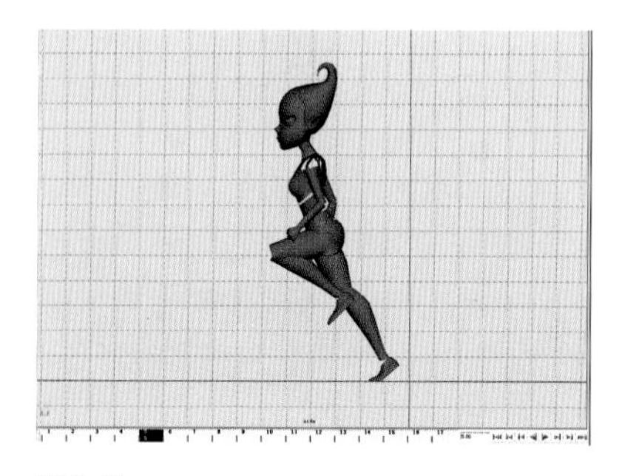

图 9-31

5.在时间滑块第7帧，选择人物整体移动控制器，将身体略微上移，手脚舒展张开一点，把右脚向前略微挪动，如图9–33所示。

6.基本跑步循环17帧（一个完整的步子），我们做的前5个pose只是跑步的半步，所以我们继续做后面的动作，用反拷贝的方法（反拷贝在走路的制作过程中已经提到过）将pose1的动作反拷贝到第19帧，即第9个，如图9–34所示。

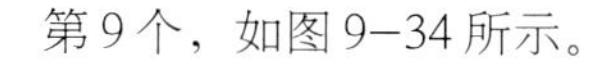

7.我们继续做下一个动作，将pose3的动作反拷贝到第13帧，即第7个pose，如图9–35所示。

8.同样的方法将第三帧的pose2反拷贝到第11帧，即第6个pose。

9.最后将第7帧的动作反拷贝到第15帧，即第8个pose，如图9–36所示。

通过上面的9个步骤，我们可以看到一套原地循环跑步的动画。

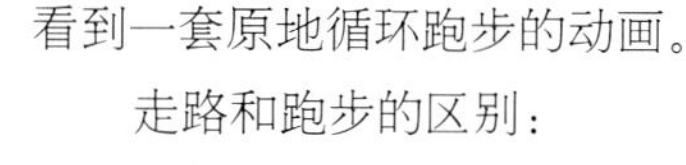

走路和跑步的区别：

1.倾斜度，跑步的倾斜度大于走路

2.跑步身体起伏明显大于走路。走路和跑步的第二个关键原画，都是动作中身体最低的一个pose。这个关键原画作用在于：它是走路或跑步动作的预备或缓冲(即前一步的缓冲动作也是后一步的预备动作)。

3.走路有双脚着地的关键帧步，跑步没有。跑步有双脚同时离地的关键帧。

4.一个走路动作，是因为pose2的后腿用力往后蹬，所以身体才能往前进行，同样的跑步是因为pose2触地点脚往后蹬，才产生身体向前运动。

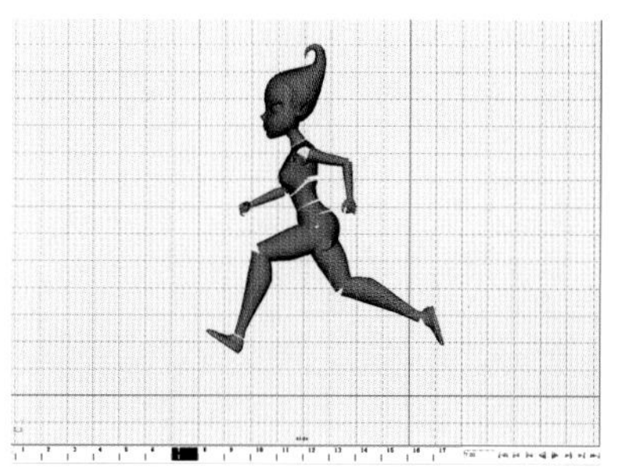

图 9–32

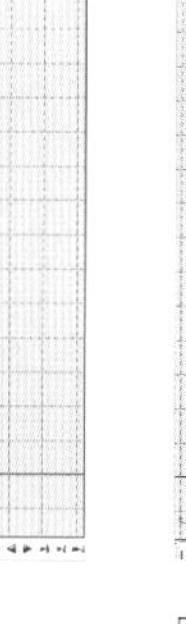

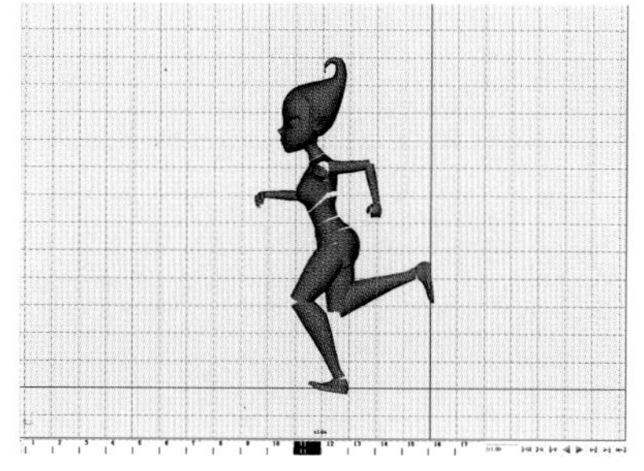

图 9–34

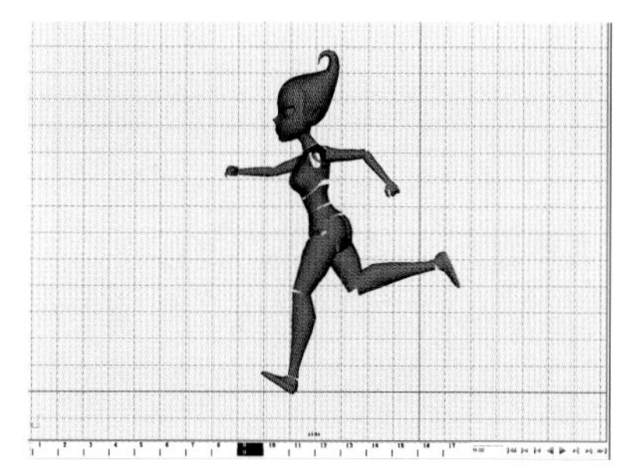

图 9–33

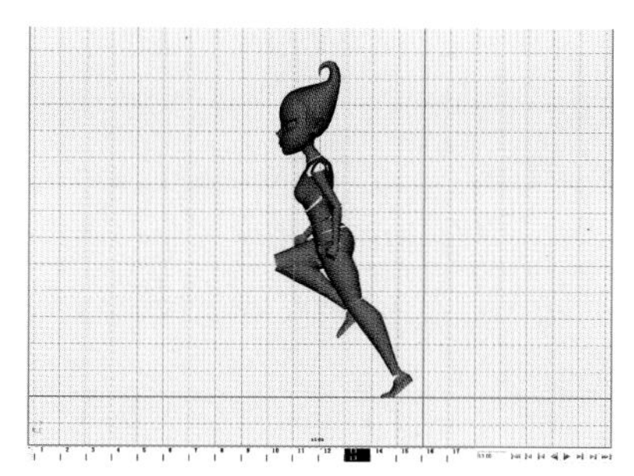

图 9–35

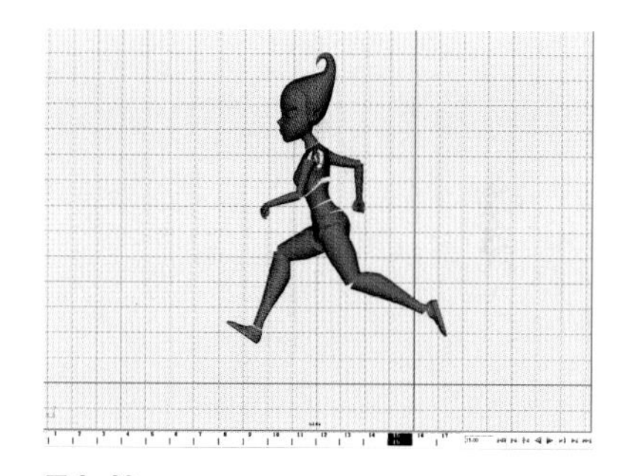

图 9–36

第三节 ///// 跳跃

一、人跳跃的基本规律

1.由身体屈缩、蹬腿、腾空、着地，还原等过程。人在起跳前身体的弯曲，表示动作的准备和力量的积蓄，接着，一股爆发力单腿或双腿蹬起，使整个身体腾空向前；越过障碍之后，双腿先后或同时落地，由于自身的重量和调整身体的平衡，必然产生动作的缓冲，随即恢复原状。如图9–37所示。

2.在跳跃的过程中，呈弧形抛物线运动。

运动线呈弧形抛物线状态。这一弧形运动的幅度，是根据用力的大小和障碍物的高低产生不同的差别。

在制作两足人物跳跃动画之前，要观察和分析跳跃的资料片，如果没有资料片，可以自己跳跃感受一下。

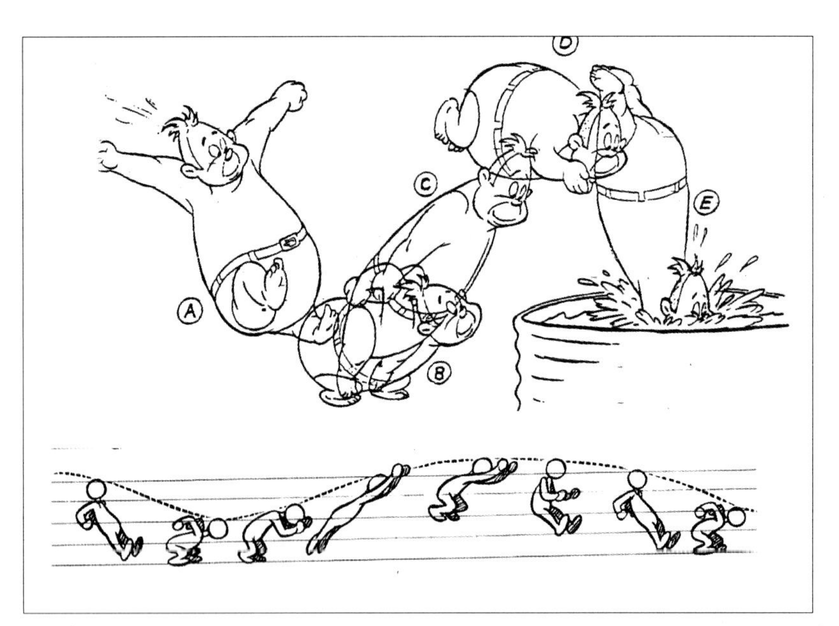

图 9-37

二、制作跳跃的关键姿势

要想制作出跳跃的关键姿势，就要先对跳跃进行动作分解，跳跃动画的主要姿势由放松，准备姿势、压缩姿势、压缩保持姿势、展开姿势、最高姿势、接触姿势、接触保持姿势、缓冲保持姿势、缓冲姿势、舒展姿势组成。所以我们先把这些关键姿势做出来，在进行细致刻画。

跳跃的预备动作很重要。做得要尽量充分。

第四节 ///// 四足动物的走路和跑步

一、四足动物的走路的特征

1.四条腿单侧两分、两合，左右交替成一个完步，脚向后再抬起。单侧的两只脚落地有一个先后的时间差。如图 9–38 所示。

2.前腿抬起时，腕关节向后弯曲；后腿抬起时踝关节朝前弯曲。

3.四腿动物在走路时，它的头不会像人在走路时那样，头的运动轨迹不是波浪形状的，而是以肩胛骨为杠杆，始终保持着头的高度大致不变，这是因为当一侧的前脚刚一接触地面，同侧的后脚马上离开地面保持着身体的平衡。

4.四足动物走路时由于腿关节的屈伸运动，身体稍有高低起伏。从俯视的角度看，肩部和臀部线成交替向前的状态，身体也随之扭动。这种躯干的驱的躯动是由前肢与后肢不同步地跨步形成的。如图 9–39 所示：

以上是狗走路的四肢运动规律。他行走的方式依照对角环线法，即左前、右后、右前、左右依次交替的循环步法。一般慢走每一个完步大约一秒半的时间，也可以慢些或快些，视规定的情景而定。慢走的动作，腿向前运动时不宜抬的过高，如果快走，可以提高些。

前肢和后腿运动时的关节屈曲方向是相反的，前肢根部向前弯。

走路时头部动作要配合，前足跨出时头点下，前足着地时头抬起。

通过对四足动物腿部的结构与人的腿部结构的对比，我们可以发现：

四足动物的走路可以理解为前脚走路和后脚走路的结合。

前脚像人的两只脚一样交替行走，其运动规律和人的行走规律是一样的。

后脚的行走也一样遵循两足人物行走的规律。

前脚和后脚的关系：

我们可以理解为后脚催前脚，也就是说当后脚往前踏地的一瞬间，前脚赶紧抬起（否则后脚会踩到前脚跟）。如图 10–40 所示。

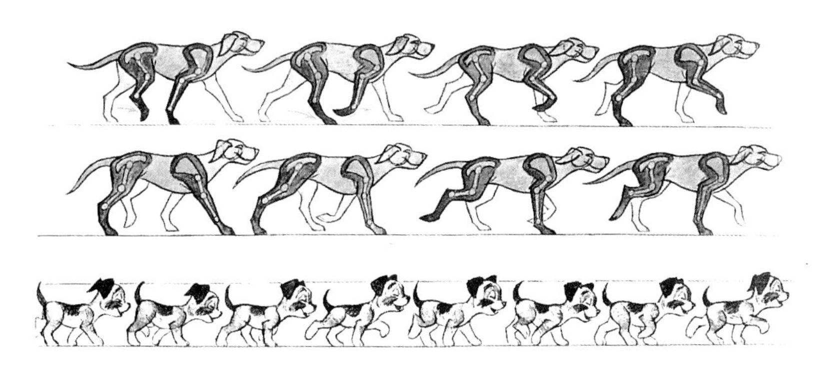

图 9-38

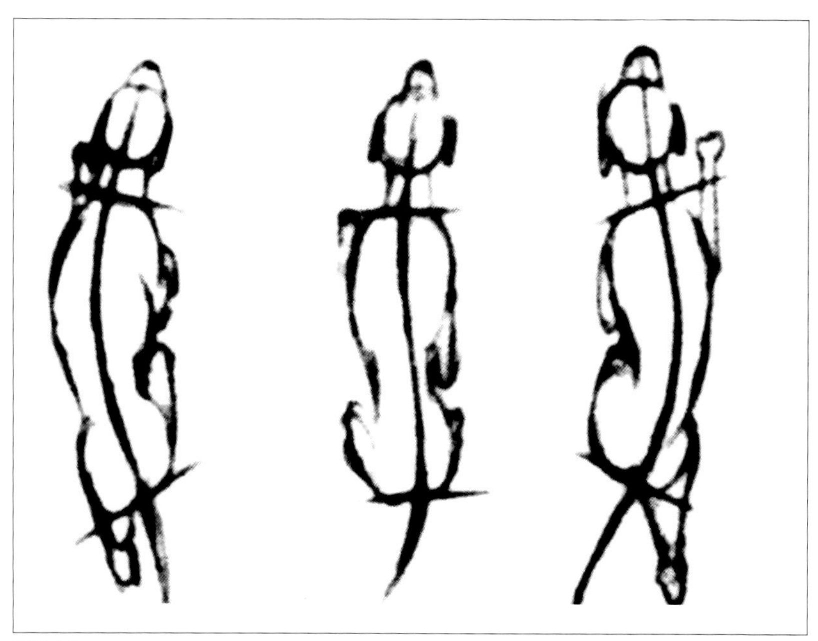

图 9-39

图 9-40

二、蹄类动物与猫科动物走跑的区别

蹄类动物走路时，抬脚慢，下脚快。

猫科动物走路时，抬脚快，而落脚轻而慢（不愿意发出脚步声音）

猫科动物属于趾行动物，利用指部和趾部来行走，因此弹力强，步伐轻，速度快。猫科动物和蹄类动物走路时有明显不同的外部区别。蹄类动物的前肢关节是后弯曲的，而猫科动物是向前弯曲的。因为前者是腕部关节弯曲，后者是肘部关节弯曲，所以正好相反。另外一个不同的特点是，蹄类动物走动时四肢着地响而重，有“打击”地面的感觉，而猫科动物走动时四肢着地轻而飘，有“点地”的感觉。

三、四足动物的跑步的特征为

1.动物奔跑与走路时四条腿的交替分和相似。但是，跑得的愈快，四条腿的交替分和就愈不明显。有时会变成前后两条腿同时屈伸，着地的顺序：前面两条腿先着地。即前左，前右，后左，后右。脚离地时只差一到两格。

2.奔跑过程中身体的伸展（拉长）和收缩（缩短）姿态变化明显。(尤其是爪类动物)。

3.在快速奔跑过程中，四条腿有时呈现腾空跳跃状态，身体上下起伏的弧度较大。但是在极度快速的情况下，身体起伏的幅度又会减小。

四、四足动物的不同状态的走路，跑步规律

与两足人物运动相似，四足动物运动也有不同状态的走路跑步形态，下面以狗为例，看看其不同形态的特征。

1.小跑

交叉成组：左前脚和右后脚组成一组。第一张和第五张对称，前脚换后脚。第三张身体略高。如图 9-42 所示。

2.快跑

狗快跑时身体收缩，拉长变化大。如图 9-43 所示。

五、蹄类动物与猫科动物跑步的区别

蹄类动物与猫科动物跑步的步法基本相同。属于前肢和后肢交换的步法。

猫科动物的四肢相对而言比较短，跨出去的步子相对来说比较小，不像马这样的蹄类动物有修长的四肢，步子比较大。但是猫科动物的肩胛骨比较灵活，其活动范围大，当前脚往前伸展时，其肩胛骨的舒展可以弥补腿短这一缺陷。还有，猫科动物都天生有一条比较柔软的脊椎骨，能像弹簧那样弯曲，在我们制作猫科动物的奔跑的躯体动作时，我们要尽量将其脊椎弯曲度加大。猫科动物奔跑时能增加身体的弹性，每次用后腿一蹬，背脊一挺，就可以跃出很远的距离。蹄类动物，一般脊椎骨较硬，奔跑时背部基本保持平直，体躯缺少弹力。如图 9—44 所示。

六、马奔跑的制作方法

下面我们制作一套马跑的动画。马跑一个循环为10帧，而且每一帧都是关键帧。如图 9—45 所示。

其中，最为舒展的一个关键帧为 pose3，收缩最紧的是 pose7，

pose10=pose1，这样就形成了一个马奔跑的循环动作。

1. 在第 1 帧处，选择大纲中的 L_F_foot 以及 neck/L_F_foot 前移

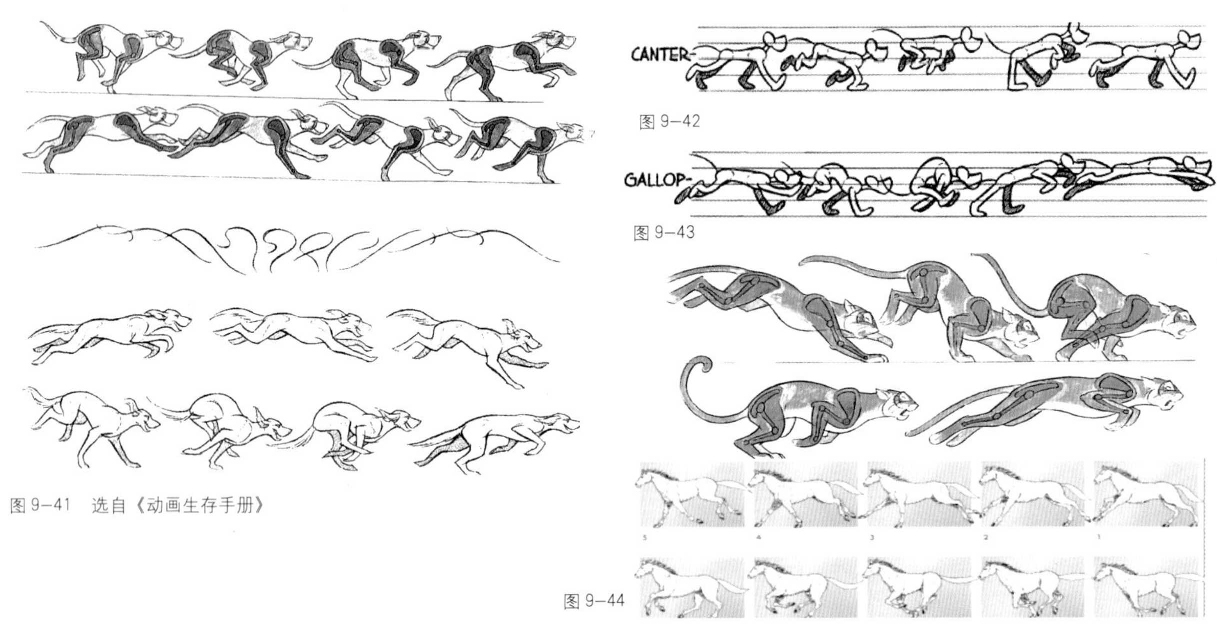

图 9—41　选自《动画生存手册》

图 9—42

图 9—43

图 9—44

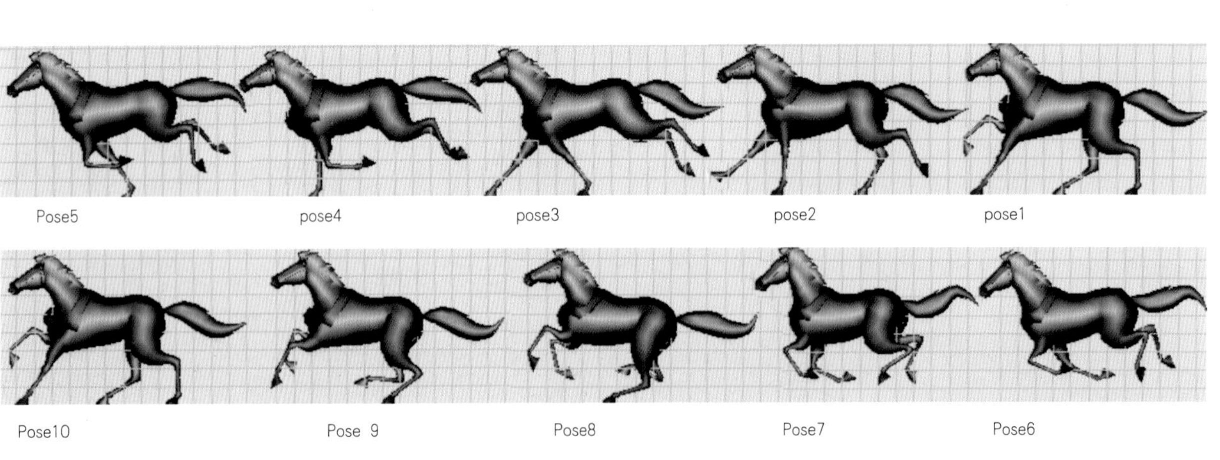

图 9—45

左前腿；选择R_F_foot以及neck/R_F_foot上移前右腿；选择大纲中的L_B_foot以及root/_foot后移后左腿；选择大纲中的R_B_foot以及root/R_B_foot前移后右腿；选择大纲中的 horse_pao ，按键盘S键设置关键帧pose1。如图10-46所示。

2.在第2帧处，选择大纲中的L_F_foot以及neck/L_F_foot上移并后移左前腿至与地面垂直；选择R_F_foot以及neck/R_F_foot前移下移前右腿；选择大纲中的L_B_foot以及root/L_B_foot上移后移后左腿；选择大纲中的R_B_foot以及root/R_B_foot前移后右腿；选择大纲中的 horse_pao ，按键盘S键设置关键帧pose2。pose2如下图9-47所示。

3.在第3帧处，选择大纲中的L_F_foot以及neck/L_F_foot后移左前腿；选择R_F_foot以及neck/R_F_foot前移下移前右腿至蹄踏地；选择大纲中的L_B_foot以及root/L_B_foot上移后移后左腿；选择大纲中的R_B_foot以及root/R_B_foot上移后移后右腿；选择大纲中的 horse_pao ，按键盘S键设置关键帧pose3，如下图9-48所示。

4.在第4帧处，选择大纲中的L_F_foot以及neck/L_F_foot上移并顺时针方向旋转L_F_foot；选择R_F_foot以及neck/R_F_foot后移上移至前右腿垂直地面；选择大纲中的L_B_foot以及root/L_B_foot下移前移后左腿；选择大纲中的

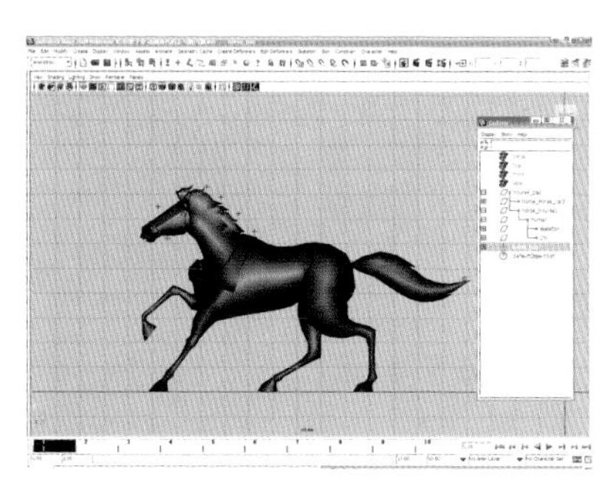
图9-46 pose1

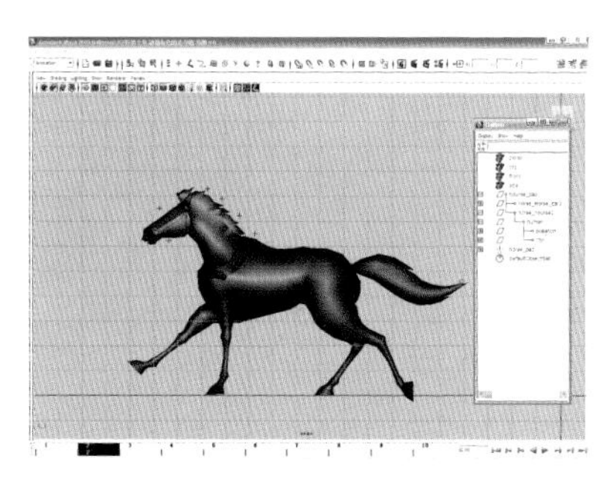
图9-47 pose2

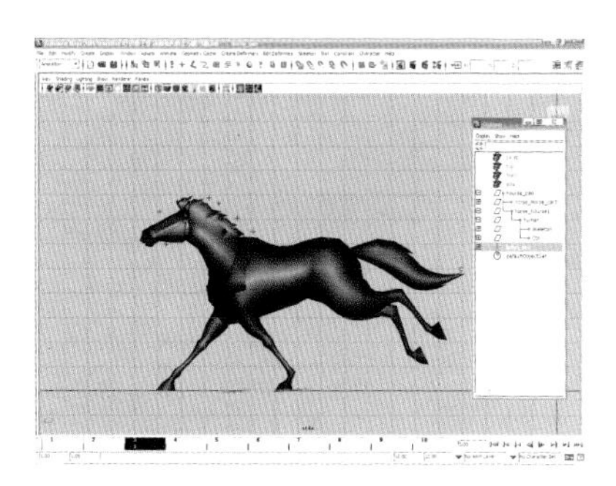
图9-48 pose3

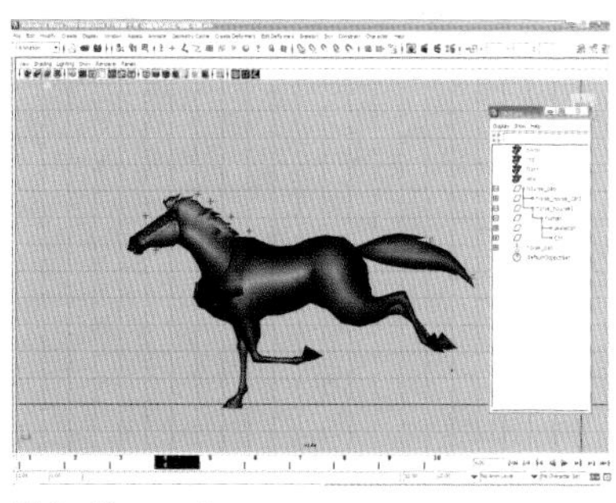
图9-49 pose4

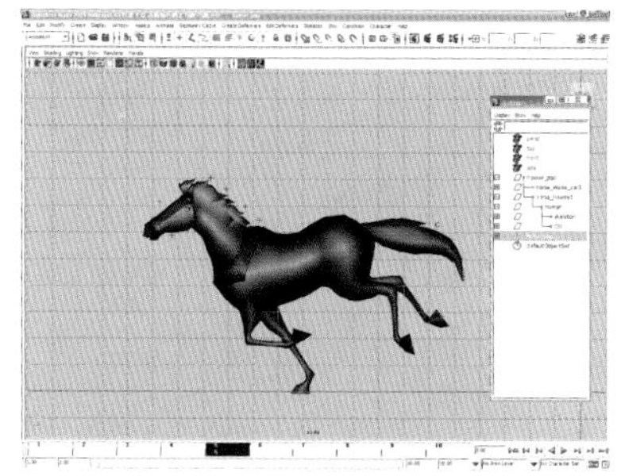
图9-50 pose5

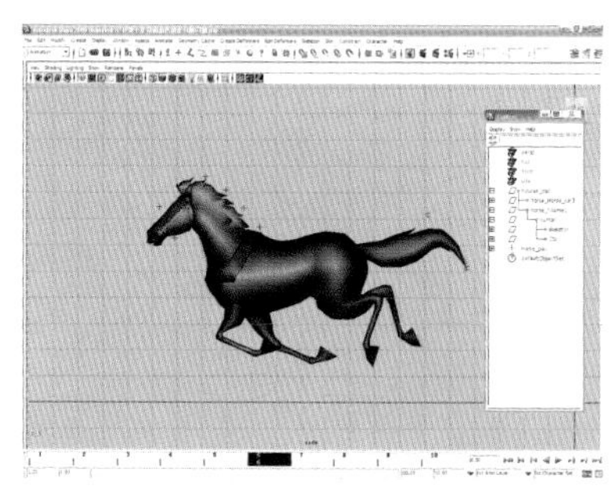
图9-51 pose6

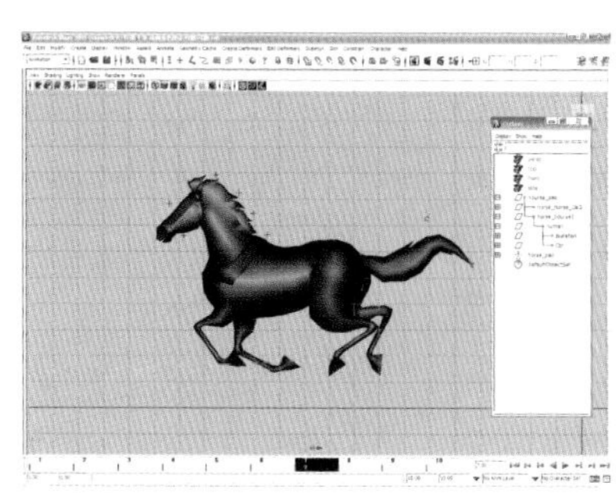
图9-52 pose7

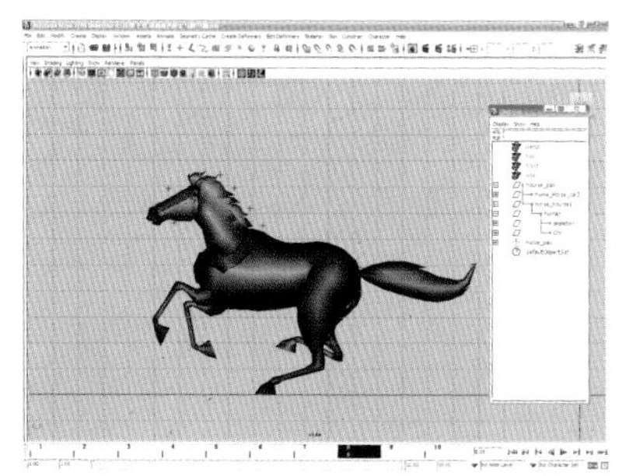
图9-53 pose8

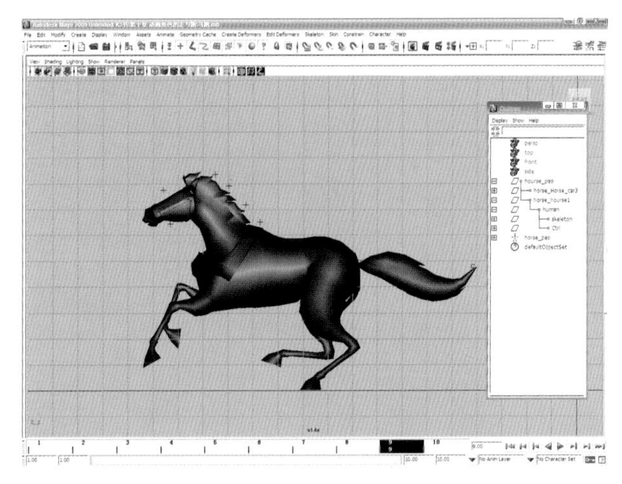

图 9—54

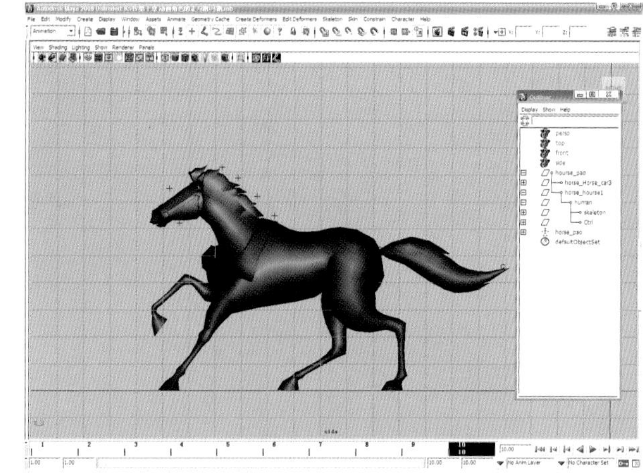

图 9—55

R_B_foot以及root/R_B_foot上移后移后右腿；选择大纲中的 horse_pao，按键盘S键设置关键帧pose4，如下图9—49所示。

5.在第5帧处，选择大纲中的L_F_foot以及neck/L_F_foot上移并前移；选择R_F_foot以及neck/R_F_foot后移；选择大纲中的L_B_foot以及root/LB_foot下移前移后左腿；选择大纲中的R_B_foot以及root/R_B_foot前移后右腿；选择大纲中的 horse_pao，按键盘S键设置关键帧pose5，如下图9—50所示。

6.在第6帧处，选择大纲中的L_F_foot以及neck/L_F_foot前移； 选择R_F_foot以及neck/R_F_foot上移后移；选择大纲中的L_B_foot以及root/L_B_foot上移前移后左腿；选择大纲中的R_B_foot以及root/R_B_foot上前移后右腿；选择大纲中的 horse_pao，按键盘S键设置关键帧pose6，如下图9—51所示。

7.在第7帧处，选择大纲中的L_F_foot以及neck/L_F_foot前移； 选择R_F_foot以及neck/R_F_foot上移后移；选择大纲中的L_B_foot以及root/L_B_foot上移前移后左腿；选择大纲中的R_B_foot以及root/R_B_foot上前移后右腿；选择大纲中的 horse_pao，按键盘S键设置关键帧pose7，如下图9—52 所示。

8.在第8帧处，选择大纲中的L_F_foot以及neck/L_F_foot向上向前移； 选择R_F_foot以及neck/R_F_foot向上向前移；选择大纲中的L_B_foot以及root/R_B_foot向下向前移至后左蹄踏平地面；选择大纲中的R_B_foot以及root/R_B_foot上移前移后右腿；选择大纲中的 horse_pao，按键盘S键设置关键帧pose8，如图9—53所示。

9.在第9帧处，选择大纲中的L_F_foot以及neck/L_F_foot向下向前移；选择R_F_foot以及neckLR_F_foot向上向前移；选择大纲中的L_B_foot以及root/L_B_foot向后移；选择大纲中的R_B_foot以及root/R_B_foot下移前移后右腿；选择大纲中的 horse_pao，按键盘S键设置关键帧pose9，如图9—54所示。

10.pose10= pose1，如图9—55所示。

pose10= pose1，形成一个奔跑的循环。

在这里，马躯干的扭动的动作，我们是靠肩胛骨

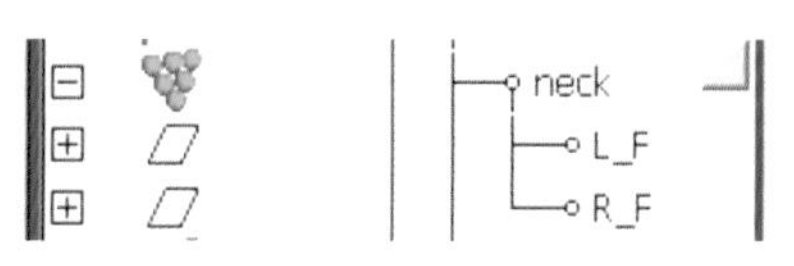

L_F(R_F)(胸部的扭动）和

L_B(R_B)的动作来实现的。

尾巴的制作方法按照（第四章动作途径 动态线与曲线运动）中（第三节曲线运动规律）的尾巴制作进行。

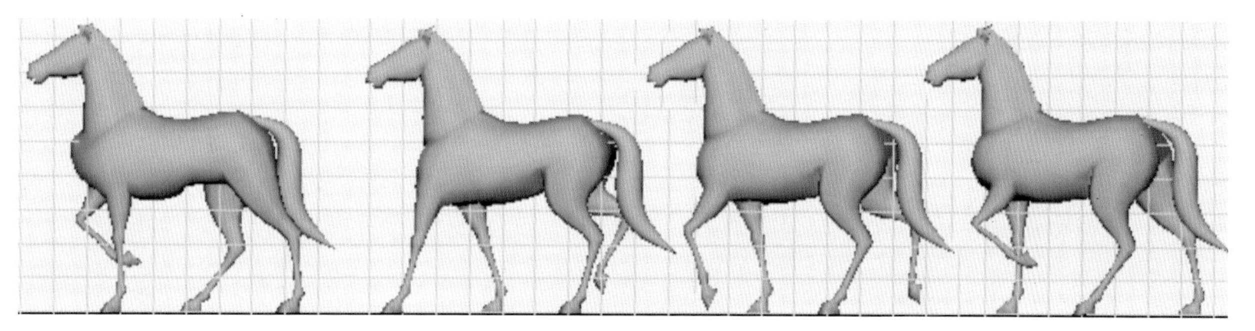

Pose5　　pose4　　pose3　　pose2　　pose1

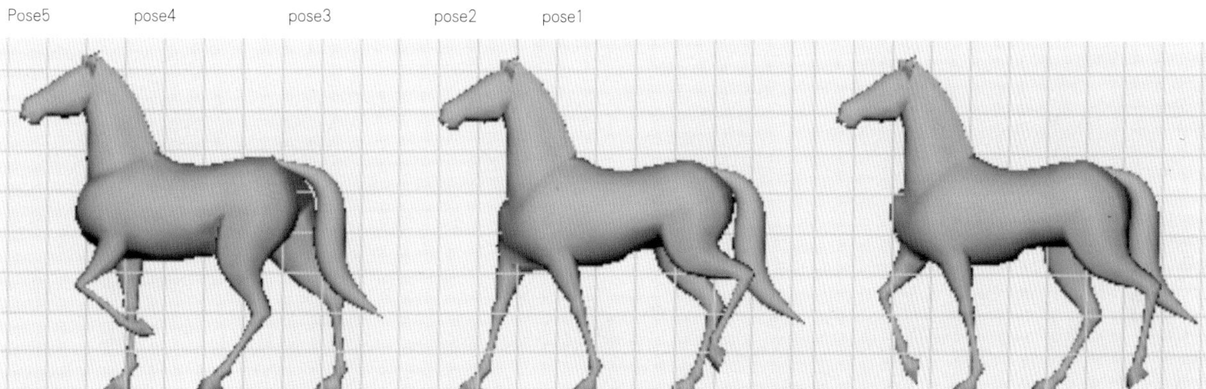

图 9-56　Pose8　　pose7　　pose6

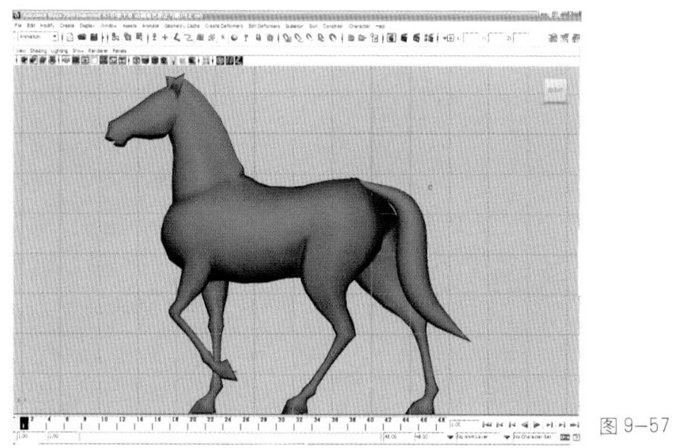

图 9-57

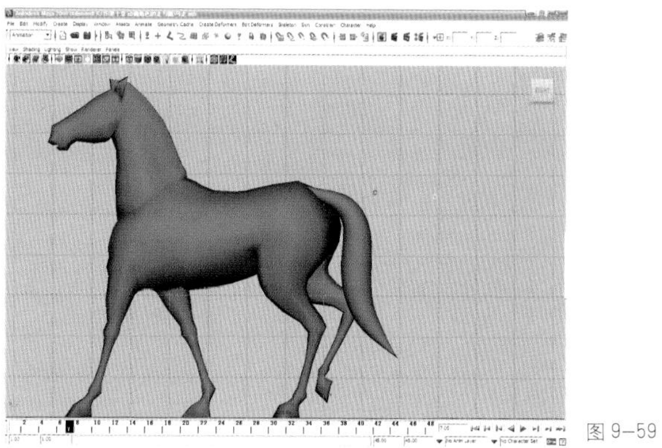

图 9-59

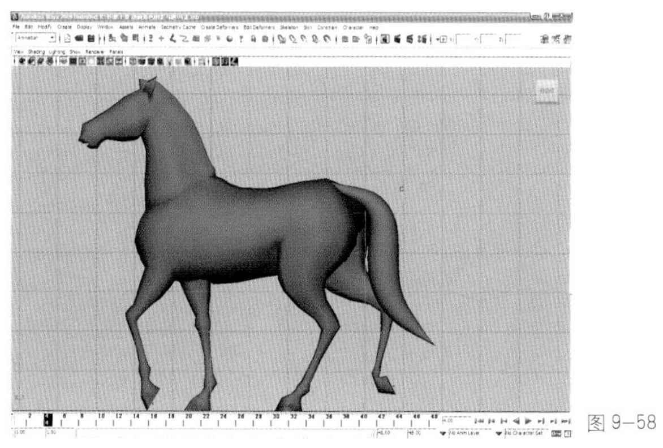

图 9-58

图 9-60

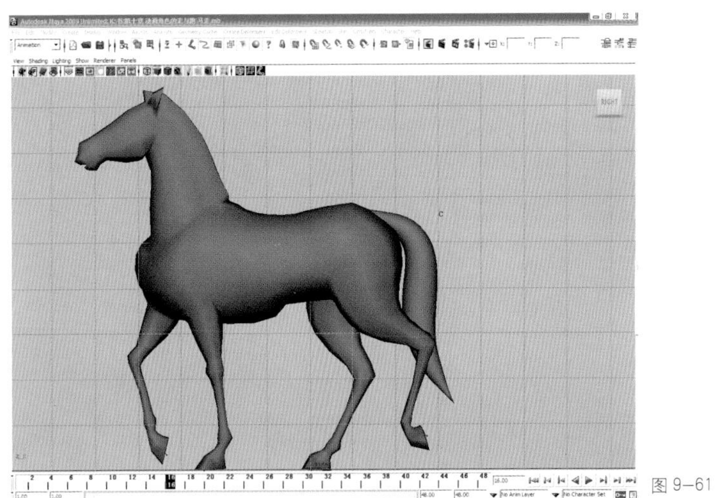

图 9-61

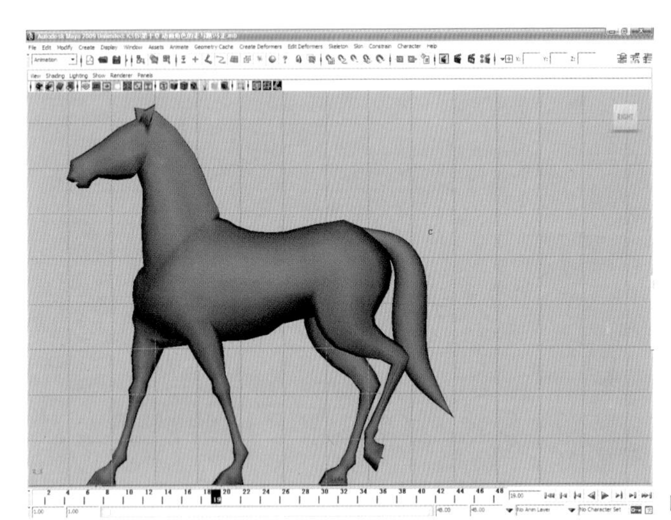

图 9-62

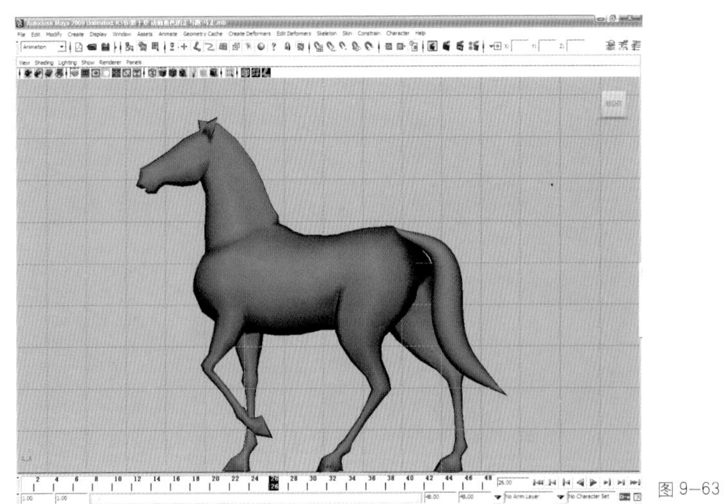

图 9-63

七、马走路

如图 9-56 所示。

其中Pose8=pose1，从而形成一套循环走路动作。

(1) 第一个pose如图9-57所示

(2) 第一个pose如图9-58所示

(3) 第一个pose如图9-59所示

(4) 第一个pose如图9-60所示

(5) 第一个pose如图9-61所示

(6) 第一个pose如图9-62所示

(7) 第一个pose如图9-63所示

其中 pose7=pose1

马走路，找们这里用了25帧进行循环。尾巴的制作参照“第四章 动作途径 动态线与曲线运动”中“第三节 曲线运动规律”的尾巴制作进行（这里没有进行制作）。

[复习参考题]

◎ 一套人由走路到奔跑的动画。

◎ 一套马由走路到奔跑的动画。

◎ 动作及节奏准确，由走到跑过度自然。尾巴动作正确。

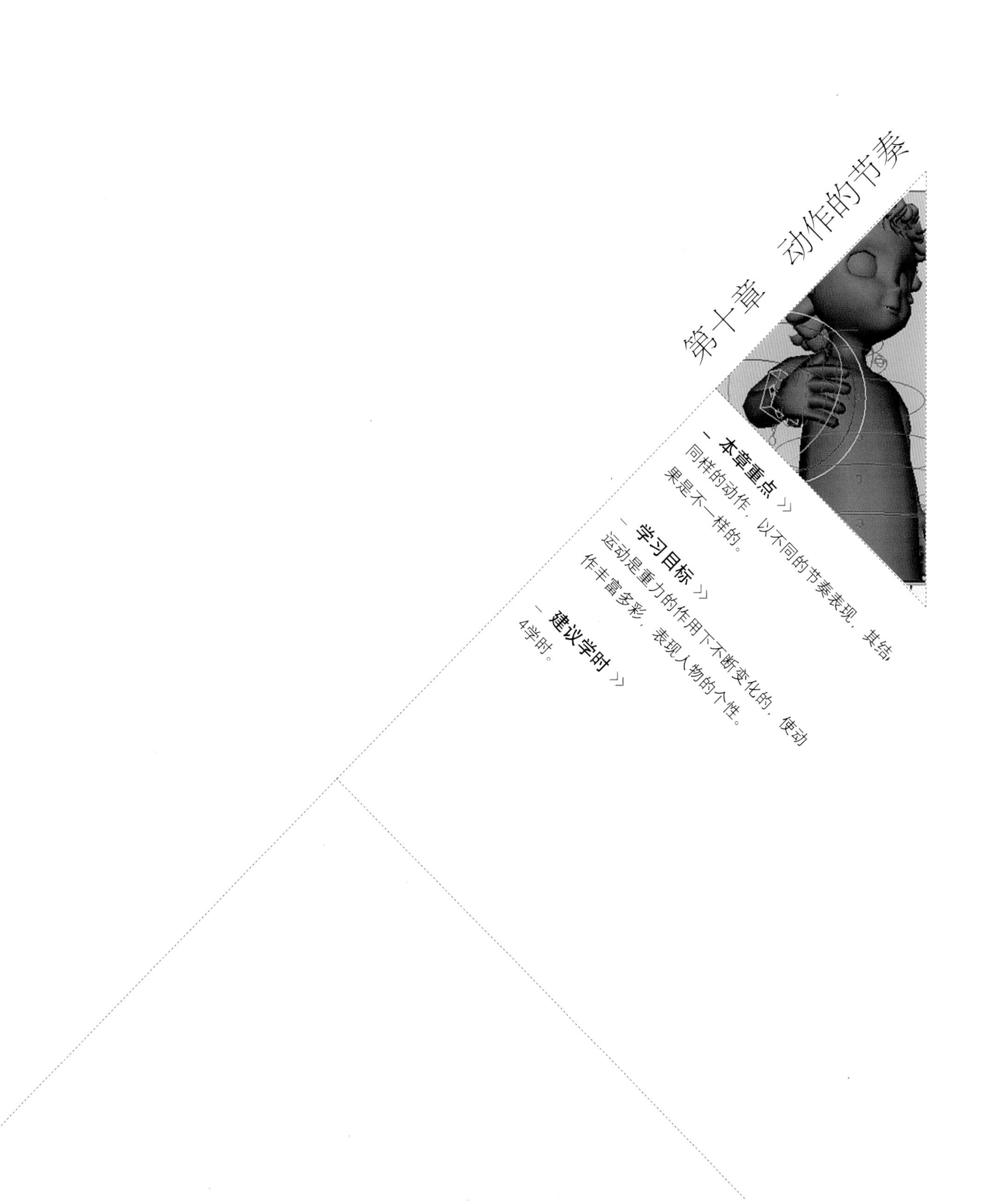

第十章　动作的节奏

— **本章重点** >>

同样的动作，以不同的节奏表现，其结果是不一样的。

— **学习目标** >>

运动是重力的作用下不断变化的，使动作丰富多彩，表现人物的个性。

— **建议学时** >>

4学时。

第十章　动作的节奏

第一节 ///// 运动物体的加减速度运动

我们知道，一个运动中的物体是不会以固定的匀速运动的。

例如，我们将一个球直线抛向空中。球体在运动中将受到三个力的作用——抛力、空气阻力、地心引力。

当我们将球体抛出的一瞬间，球体所受到的抛力最大，球体以高速向上运动，随着球体的运动，地心的引力和空气的阻力将会削减球体所受到的抛力。这时我们可以发现，球体向上的运动速度越来越慢。当地心引力+空气阻力和抛力抵消时，球体将不再向上运动而是开始向下落。这时下落的球体只受地心引力和空气阻力（这个力几乎可以忽略）的影响，在地心引力持续的作用下，球体的下落速度将会越来越快，直到撞到地面。通过上述力的分析我们可以得出一个结果：球体整个运动过程包括三种运动状态——向上抛时做减速运动，球体静止状态（当地心引力＋空气阻力和抛球的力抵消的一瞬间），向下落时做加速运动。

那么，我们如何将一个有加减速度运动的球体在Maya软件中制作出来呢？

①选择球体在时间滑块1上设第1个关键帧，如图10–1。

②在时间滑块第12上设第2个关键帧，并移动Y轴将球体拖至地面，如图10–2。

③在时间滑块第24上设第三个关键帧（24=1），如图10–3。

这样我们将得到一个匀速上下运动的球体动作。

④选择时间滑块第4帧，选择Animate/Set Key，将数字8输入对话框中点选Ok，我们将在第8帧处得到第四个关键帧，如图10–4所示。

⑤选择时间滑块第20帧，选择Animate/set key，将数字15输入对话框中，点选ok，我们将在第15帧处得到第五个关键帧，如图10–5所示。

有了这5个关键帧，我们将得到一个进行加减速运动的弹跳球体。

这种制作方法的原理是：速度=时间×距离，我们在距离不变的前提下改变时间，以达到改变速度的目的。例子中，原本发生在匀速运动中4帧的位置，我们推迟在第8帧发生。原本发生在20帧的位置，我们提前在第15帧发生。

物体是这样运动的，人体动作也一样。一个人的跳跃动作也可以用这一方法来制作完成。

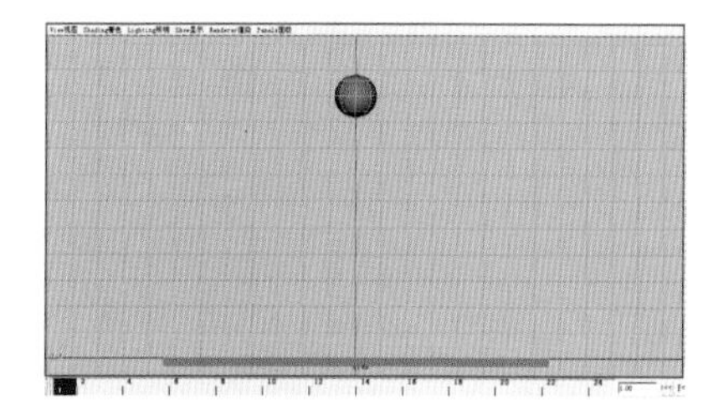

图10–1

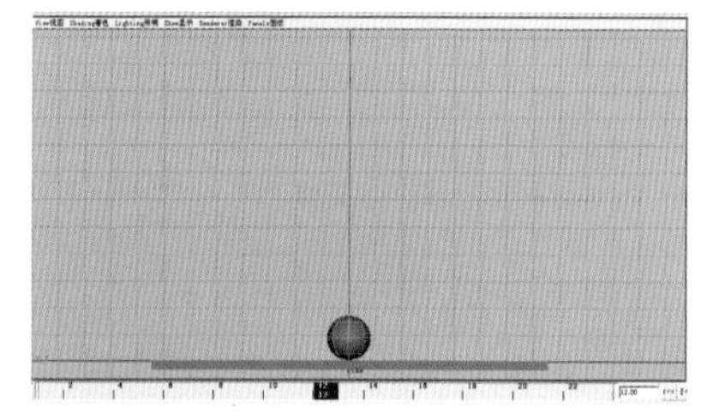

图10–2

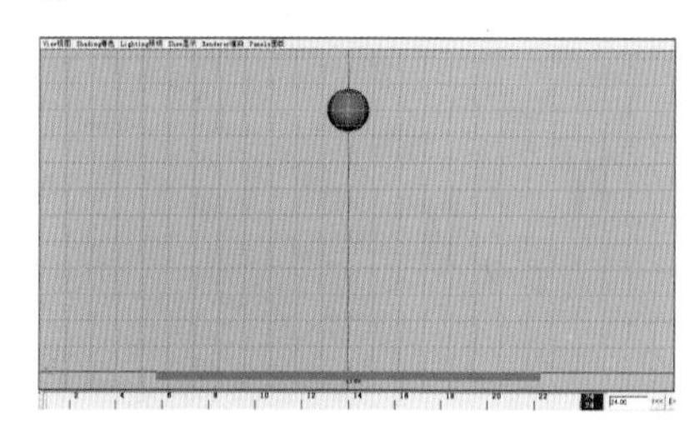

图10–3

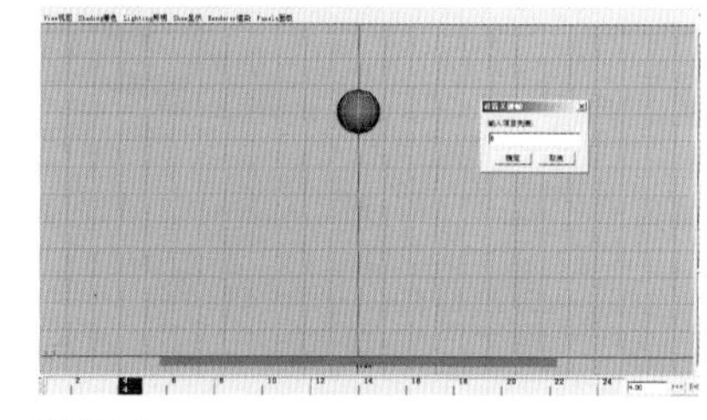

图10–4

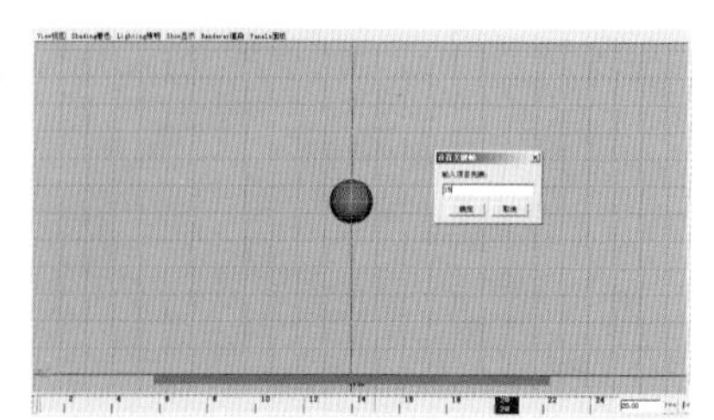

图10–5

第二节 ///// 人体动作的节奏

下面将要讲述的是本章的重点内容。

一、一个动作的节奏

一个运动中的人，他不是只有一个部位（关节）在动，而是许多关节一起动。但不是所有的部位的动作都是同时、同速在动，也不是以匀速活动的。形形色色的动作的组合有节奏，一个人的所有肢体动作的组合要有节奏，同样我们每一个肢体的每一个动作也要有节奏（一个pose到另一个pose）。

例如：一个人做一次一般性的挥手动作（这里我们单讲手部动作）。

①选择手部控制器，在时间滑块1上设定第一个关键pose1，如图10–6所示。

②选择手部控制器，在时间滑块32上设定第二个关键pose2，如图10–7所示。

这样我们就有了一个匀速的向侧面抬手的动作

③选择手部控制器，在时间滑块18上设定第三个关键帧，选择受部控制器将手上移并旋转至pose3状态，如下图10–7b所示。

这样我们就有了一个抬手的动作。Pose1+pose3+pose2我们就有了一个抬手并将手挥出去的动作。

④选择手部控制器，在时间滑块12上设定第四个关键帧，选择受部控制器将手下移并旋转至pose4状态（**注意**：这里我们将pose4的位置向pose1靠近）。这样我们就得到了一个慢抬手，加速至pose3的动作。如图10–8所示。

⑤选择手部控制器，在时间滑块24上设定第五个关键帧，选择手部控制器将手侧移并旋再转至pose5状态。如图10–9所示，（**注意**：这里我们将pose5的位置靠近pose2）。这样我们就有了一个由pose5到pose2的减速动作。

将这五个关键帧连贯起来看，我们不难发现，手部动作由起始到结束，是由慢快慢的动作组合而成的一个加减速度的运动。

二、一组动作的节奏

一个动作中要有节奏，同样一组动作也要有节奏。一个动作的节奏是由一个pose到另一个pose的加减速度来表现，那么一组动作的节奏我们怎么来表现呢？比如，一个人在讲述一件事。（在他描述事件的过程中会有许多的头部动作、手部动作甚至躯干动作）那么他的情绪会根据所讲述的事情内容的变化而变化，有时激动，有时平静，这种情绪的变化将会影响其动作的速度。

可以想象，如果一个人以平均速度，且每一个动作的速度都一样进行动作，我们只能判定他是一个没有思想的人在做一组无意义的动作而已。

动作的节奏还可以表现一个人的个性。在同等条件下，用同样的动作来讲述同样一件事情，不同性格

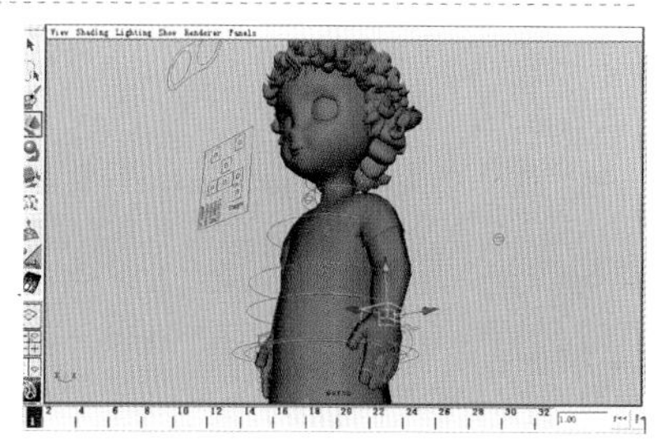

图10–6

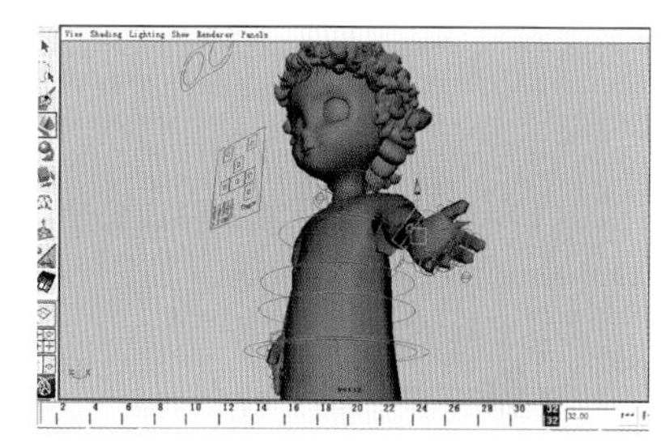

图10–7a

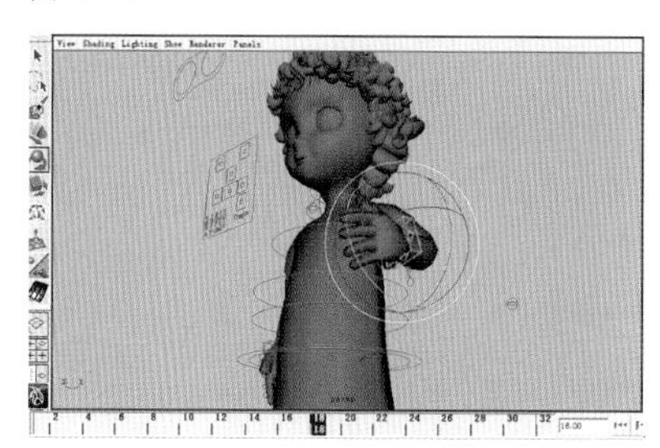

图10–7b

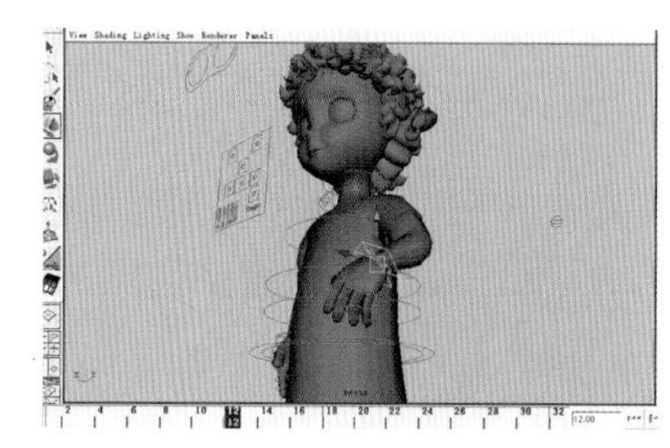

图10–8

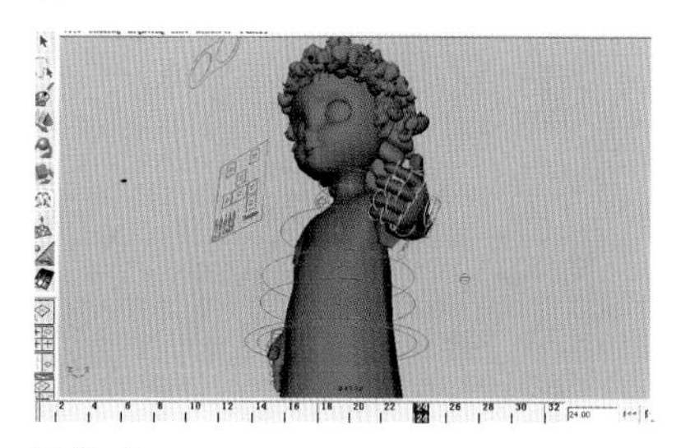

图10–9

的人的动作节奏是不相同的。性格内向的人，其动作更为柔和；性格外向的人，其动作更为激烈；性格张扬的人，其动作尤为夸张。

例如，我们制作一个跳跃的动作，一个人原地跳远。

(1)动作分解：立定放松姿势—下蹲（预备）—跳起（脚尖触地）—腾空—落地（脚触地）—下蹲（缓冲）—起立（极限动作）—放松（缓冲）。

(2) 制作过程分析：

a.动作姿势（pose）的分析

b.动作节奏的分析：整体动作的节奏和每一个动作的节奏。

整体节奏：慢—快—慢

下蹲动作为跳的预备动作，其动作速度相对整体动作而言是慢的。

跳跃过程相对整体动作而言，其动作速度是块的。

落地后下蹲到起立放松过程相对整体动作而言，其动作速度又是慢的。

每一个动作的节奏：

下蹲动作节奏为：慢—快—慢；跳起腾空落地这一过程的动作节奏为：慢—快—慢—快；落地下蹲这一过程的动作节奏为：快—慢；下蹲到起立这一过程的动作节奏为：慢—快；

起立到放松这一过程的动作节奏为：快—慢。

以上我们对跳跃动作的局部和整体动作节奏进行了比较详细的分析，具体制作过程参看“第八章—动画角色的走与跑”这一章节中的人物跳跃动作的制作方法。

例如：我们制作一个弯腰拿小球的动作。

动作分解：预备—弯腰—伸手并张开手指—抓小球—拿起—拿回—缓停

这里我们将动作分为两大部分：弯腰伸手抓小球和将球拿回。

制作过程如下。

第一步：直立看球pose1，如图10-10 所示。

第二步：抓住小球，我们将35帧设为抓住小球这一关键帧pose5，如图 10-11 所示。

第三步：有pose1 和pose5，我们就有了一个机械的、伸手抓住小球的动作（我们看到的是一个平均速度的弯腰和伸手动作）。下面我们要解决的问题是——弯腰动作和伸手动作没有节奏感。我们将弯腰动作看成是屈腿和弯腰两个部分，如果我们将屈腿和弯腰的速度发生变化，弯腰速度慢于屈腿速度，也就是说弯腰和屈腿同时起步，但是弯腰速度比屈腿速度慢半拍，当屈腿动作接近pose5 的时候弯腰动作只进行到一半，当屈腿动作结束时，弯腰动作继续进行。为了达到这一效果我们选择第18帧，将躯干部位向下移动至接近pose5的位置。这时我们就有了第三个关键帧——pose3。pose3的加入将使动作更为合理、流畅、有节奏感。（同时我们将pose3手部动作进行修改，把手上移，并且

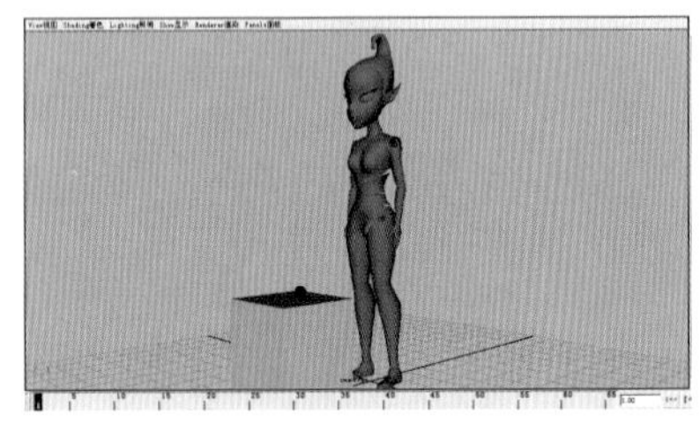
图10–10

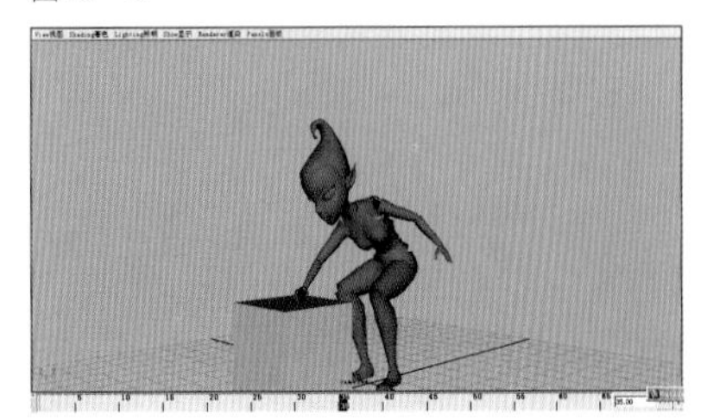
图10–11

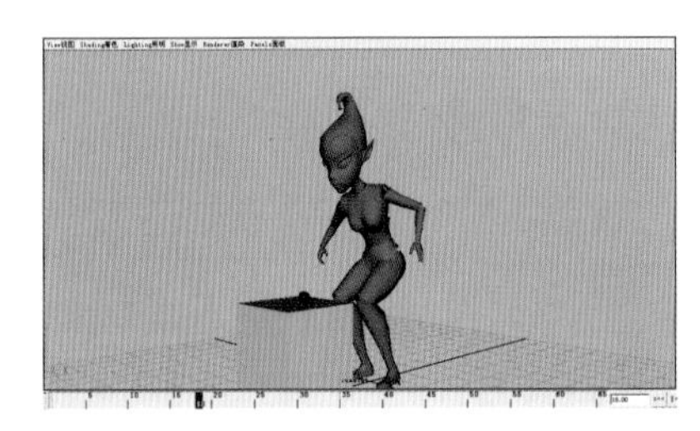
图10–12

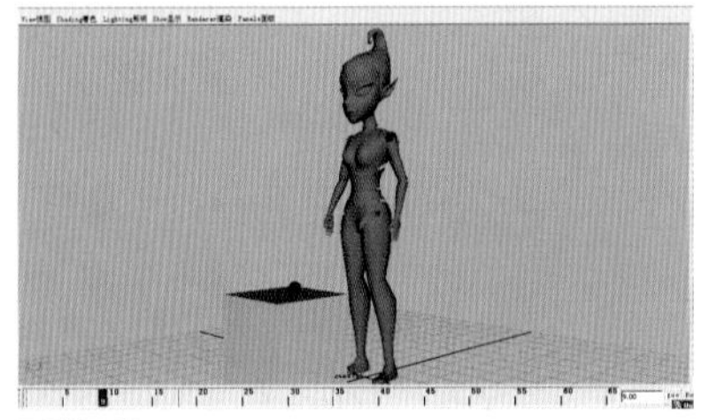
图10–13

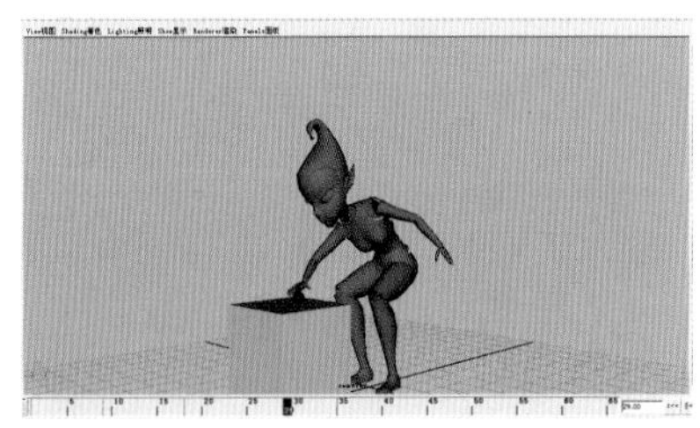
图10–14

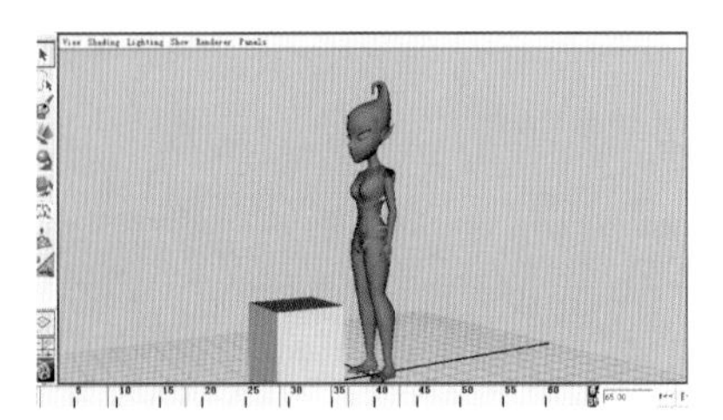
图10–15

肘部略微上抬，这样我们伸手动作速度也将发生变化)，如图10—12所示。

第四步：预备动作

选择第九帧，将胸腔略微后仰，右手略微抬起，左手略微张开。

这样我们就有了pose2，如图10—13所示。

第五步：伸手并张手

将第35帧复制到第29帧，并将29帧的胸腔略前移，手略微上移且手指张开。这样我们就有了pose4。pose4将伸手和张手动作分开进行——先伸手后张手。如图10—14所示。

第六步：定格三帧

将pose5复制到第37帧，这样我们就有了pose6。pose5和pose6的动作是完全一样的，也就是说动作在这里有一个稍微的停顿（就整体动作来说，这个停顿起着承前启后的作用）

接下来，我们将把小球拿回，完成整个动作。

第七步：拿回小球

我们将第1帧复制到第65帧。这样我们就有了pose9—动作的结束。如图10—15所示。

有了pose6和pose9，我们就有了一个匀速运动的起身和收手动作。下面我又将要解决起身的匀速问题：我们将收手动作分为抬手和缩手两个部分。

第八步：拿起小球

选择第43帧，将胸腔略微下压一点，手上抬。这样我们就有了pose7。pose7将使起身动作的起步更为缓慢，收手只进行了抬手动作。如图10—16所示。

第九步：缓停

选择第60帧将其设为pose8。将pose8移动至第53帧，这样我们就有了一个缓停的动作（距离不变，改变时间，使其速度发生变化)，如图10—17和图10—18所示。

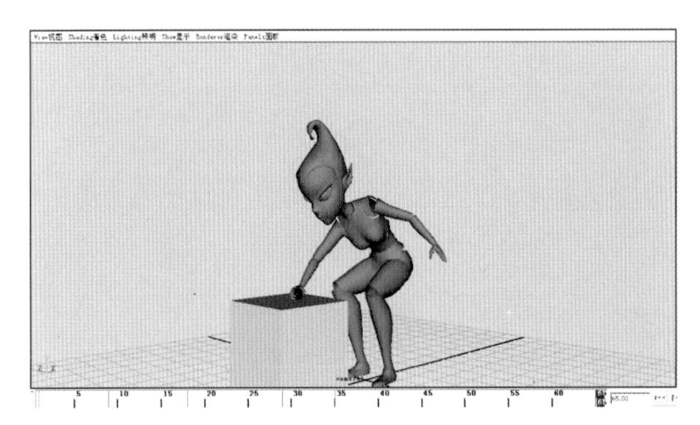

图10—16

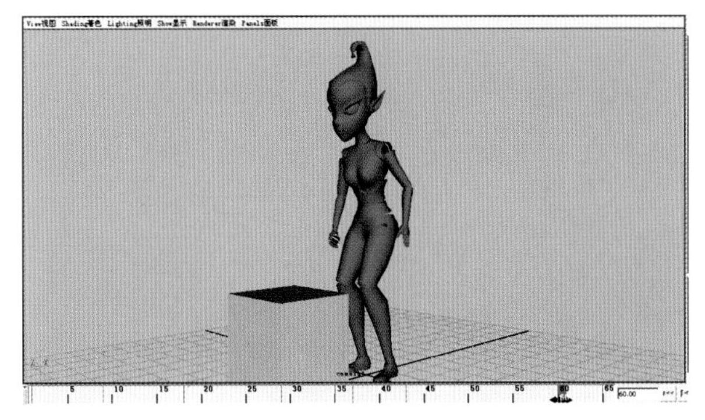

图10—17

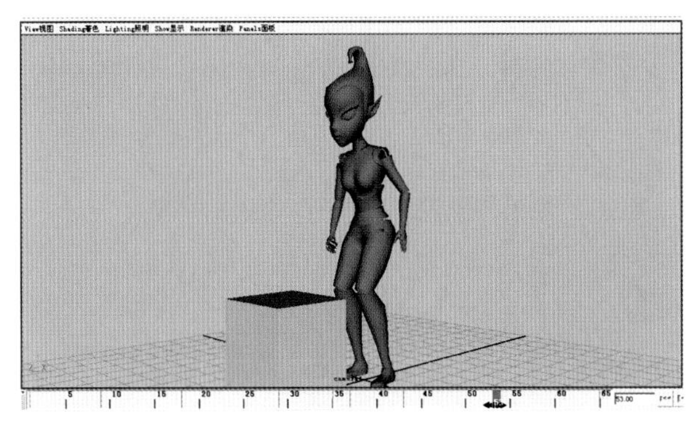

图10—18

[复习参考题]

◎ 制作一套人物跳跃的动画。

◎ 要求：在不做预备缓冲动作的前提下，将动作的缓起缓停的节奏感表现出来。

◎ 制作一套原地循环动作：一个长头发的女人，骑在奔跑的马背上。女人身上背着一个竹篓（背带是布做的），竹篓里装着一个瓷器做的碗，碗里放着一把不锈钢的勺子。

◎ 要求：动作节奏感强，不同质地的物品动作的节奏要有所区别，符合自然规律。

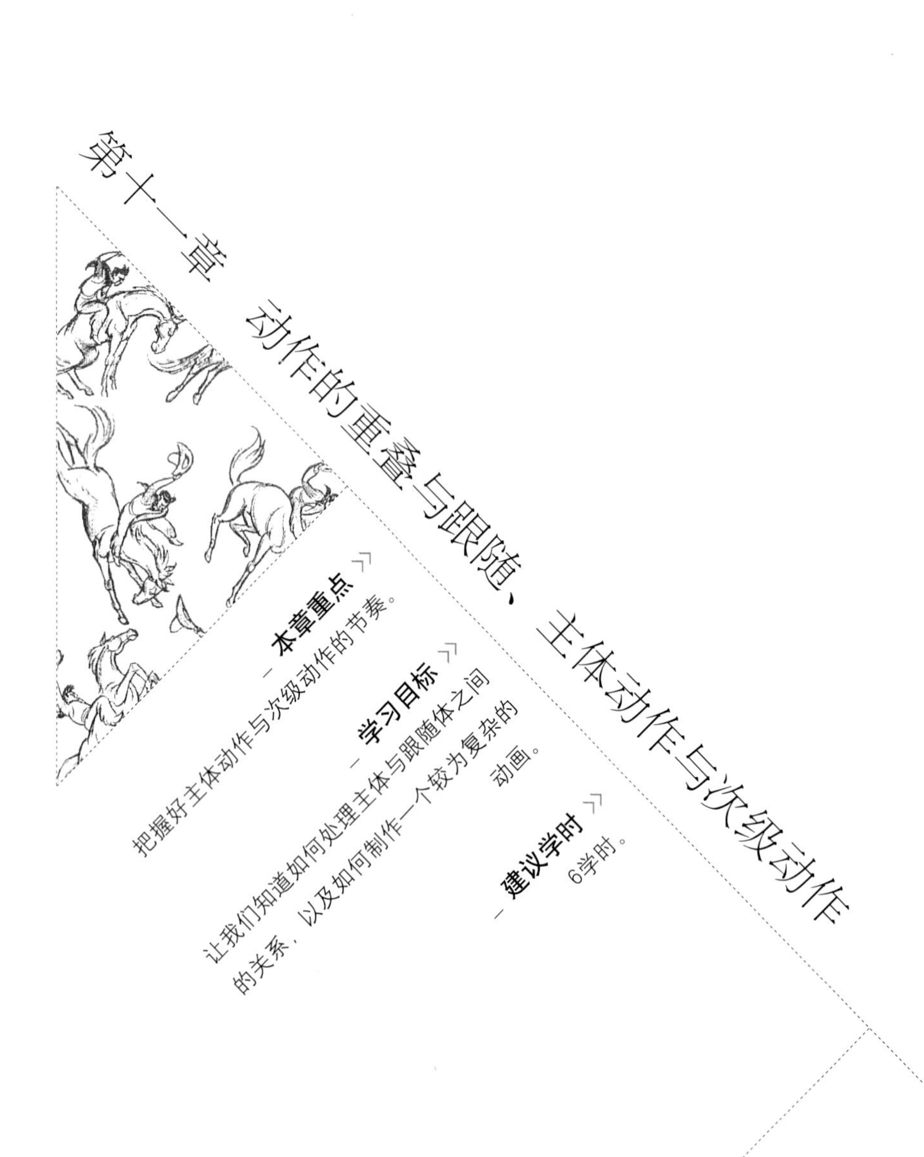

第十一章 动作的重叠与跟随、主体动作与次级动作

本章重点

把握好主体动作与次级动作的节奏。

学习目标

让我们知道如何处理主体与跟随体之间的关系，以及如何制作一个较为复杂的动画。

建议学时

6学时。

第十一章　动作的重叠与跟随、主体动作与次级动作

第一节 ///// 动作的重叠与跟随

一、概念

重叠动作是主体早已停止后那些附属体所继续的动作，当他的动作的幅度超过最终的止点时，他就成了跟随动作。

重叠动作与跟随的作用：它是主体运动的后续动作，①能表现主体物体的质量与速度；②是一个很好的缓冲动作。

我们知道，不是所有的动作都是同时、同速的。一个人物的动作，也不是人体各部位(包括肢体、毛发和身上的衣物及饰品）同时动和同时停。

一个物体的不同部分也在以不同速度运动，当一个人暂停，他不是一停住就僵死了，冻住了，动不了。

一个突然的停止要伴随一个强烈的惯性动作，速度越快或质量越大，那么惯性也越大。

一个动作停止身体所有部分——长头发、衣服、长耳朵、长尾巴等，将会仍然继续向前，直到动作的极端，并被往回拉，这种向前和向后的运动将根据物质的质量来延续。

主体动作幅度越大，跟随动作的极端距离也愈大。动作的重叠和跟随的时间状态及运动状态将完全取决于此。

动作重迭的跟随是鉴别好动画和与次动画的标志，是“僵硬”的还是“流畅”的动画的标志。

例如：当行驶的汽车停车时，汽车的轮子停止了，汽车其他部位或乘坐在汽车上的人或所载之物会有一个向前倾斜的动作，然后回到停止的位置。

pose1 为起始位置，pose5 为停止位置，如图 11-1 所示。

pose2：车轮不动，车身向后、向下并抬头做预备动作。(图中11-2黄色部分为 pose2 车厢)。

pose3=pose5为车停止位置，如图 11-3 所示。

pose4车身向前、向下且车头向下。pose4 的车厢超越停止位置 pose3(蓝色部分为pose4)，如图11-4 所示。

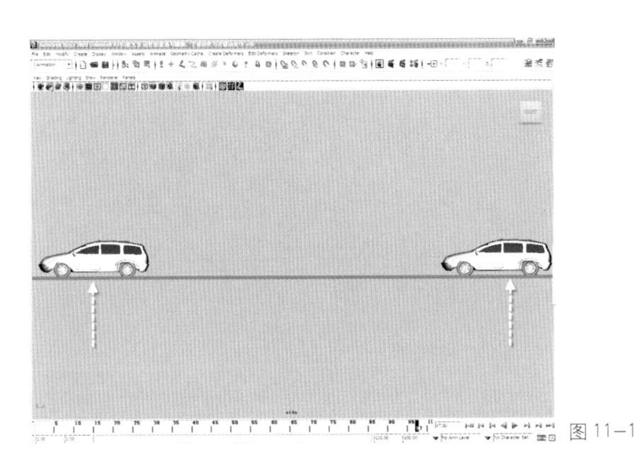

图 11-1

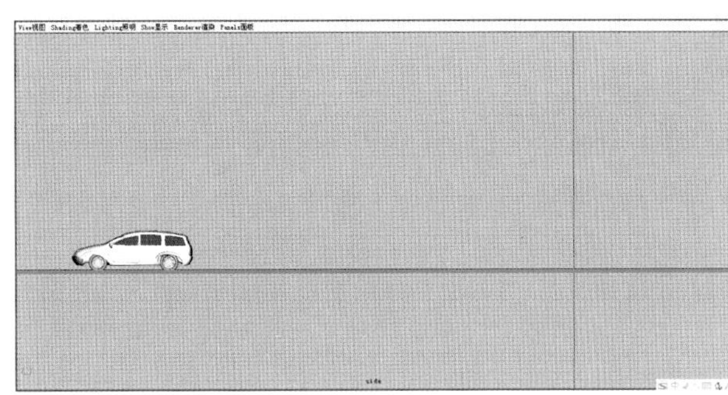

图 11-3

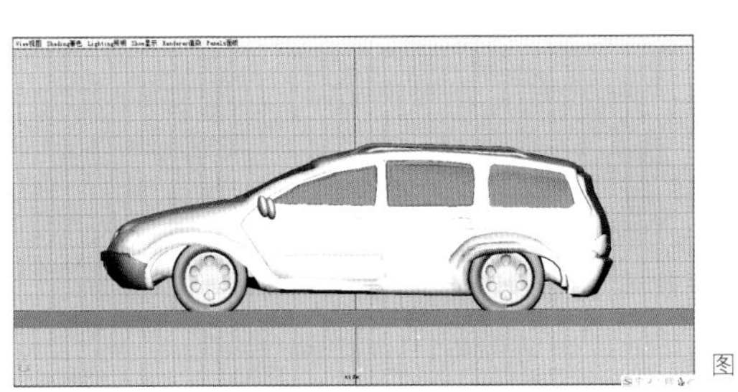

图 11-2

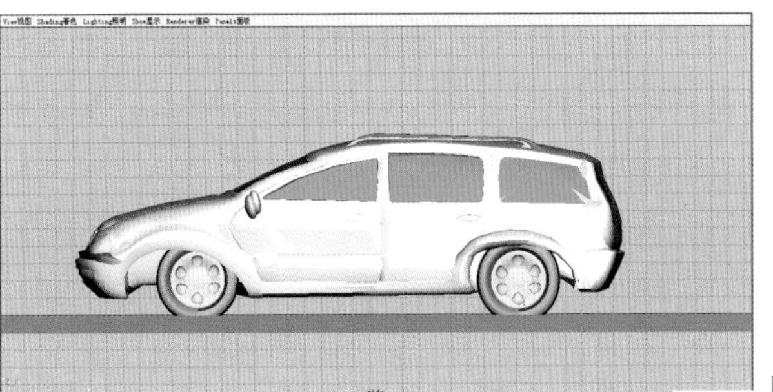

图 11-4

最后车身由 pose4 跟随回到 pose5（缓冲动作）位置。

正如一个较大质量的物体需要较大的力量来启动（物体速度越快），他同样也需要较大的力来止动，一个运动的物体愈重，速度愈快它所需要的向前的冲力动作也就愈大——即跟随动作越大，说明主体质量越大或运动速度。

跟随动作是主物体停止后的一种动作，它由于惯性继续运动超越最终该停的那个止点，最后由主体将其拉回到最终停止点。

在某些情况下，我们可以制作一个“假性”重叠动作来，让此动画显得在主体早已停止时，动画仍在继续。举个转头的例子，头一转过去“定格”，我们会加一个眨眼的动作，这个小小的动作把运动延至“假性”重叠。

正如我们已经看到的，不是所有的动作都是同时同速的，所有的物体是以固定的匀速活动，除非特定的机械动作。

当我们的行走或奔跑停止时，我们的头发、衣物或所带饰品将会继续往前运动一定得幅度，然后再返回停止。

同样，当一个人站停下来时，再做几帧手臂的动画，然后使手臂也静止下来，由于副体附属主体，所以副体的运动正如“旗子”的运动，任何强烈的主体运动都会把副体抛向后方，但如果主体停下来，或朝相反的方向运动，副体也会重叠主体的动作。如下空例子：一个行走的人停下，最后的手部动作如图 7–5 所示。

走路的第一个关键帧pose1，如

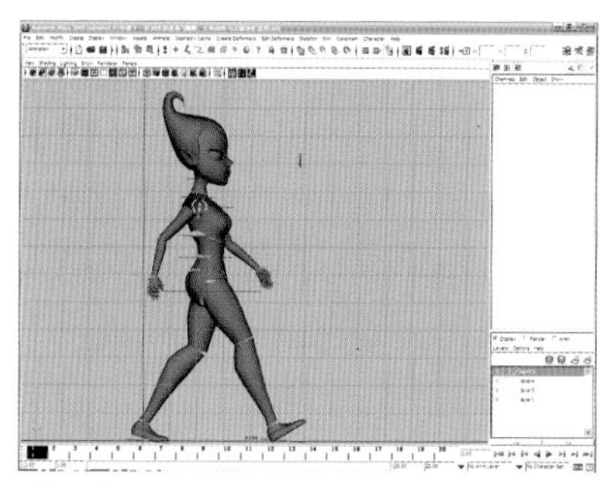

图 11–5

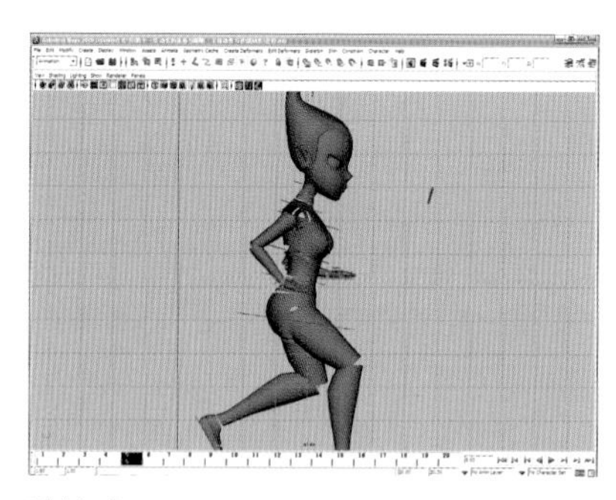

图 11–6

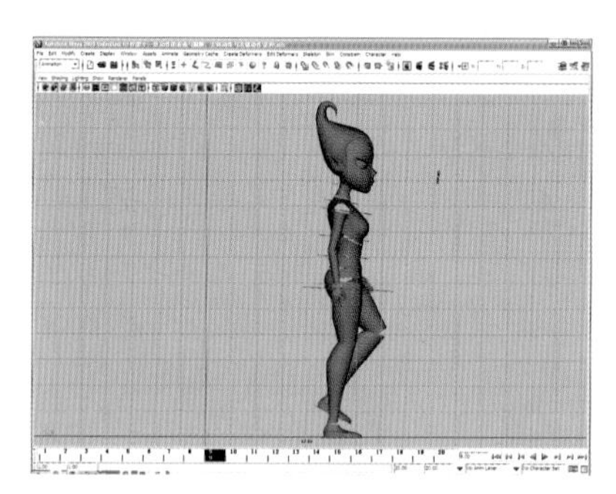

图 11–7 走路的第三个关键帧。

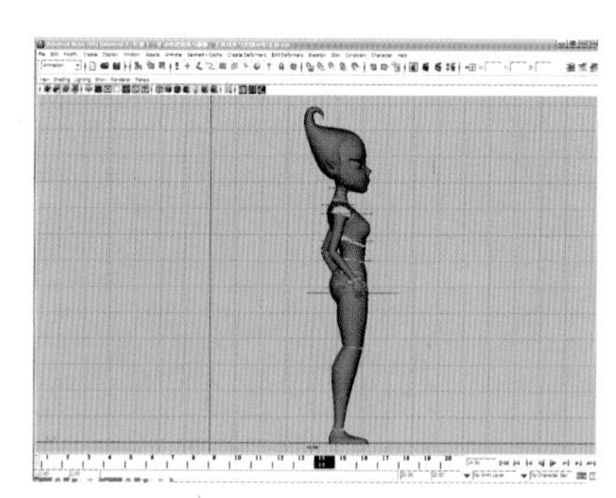

图 11–8

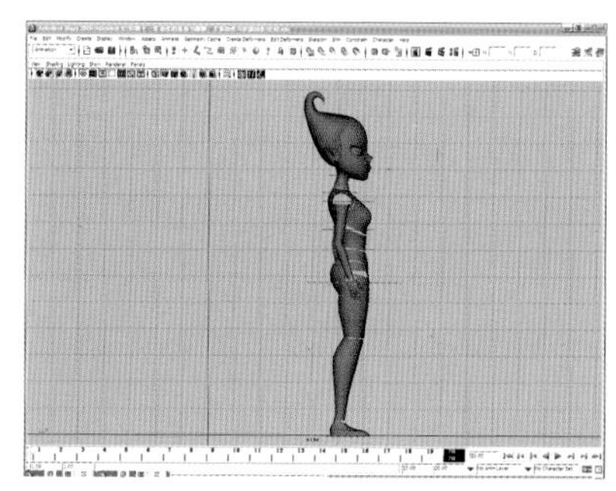

图 11–9

图 11–5 所示：

走路到停止的缓冲动作 pose2，身体向下向后（使重心向后）且躯干弯曲，手部向上抬(阻止身体向前)，如图 11–6 所示。

脚身体都到位止了，但手部继续向前运动至图 11–8 的 pose4。

手部被身体拉回到自然放松位置。图 11–9，pose5（这个动作也可以当做走停的缓冲）这里被拉回的手部动作被视为跟随动作。当身体动作（主体动作）停止后，手部（副体）由于惯性将继续向前运动（重叠动作）超出最后停止位置，然后跟随返回到停止位置。

又如：我们做一个由坐着到快速起立的动作。我们可以看到，当我们的身体从座位上“弹起”后，手会像“飘带”一样随着身体而动。

二、动作分解

pose1 为放松坐着，pose2 为身体略为向后做弯腰的预备，pose3 为弯腰动作（起立的预备），pose4 为起立（弹起，起立的极限动作），pose5 为站立后的放松动作（起立的缓冲动作），pose6 为手部的跟随动作，pose9 正常站立。

三、制作过程

pose1 身体略为后仰——弯腰的预备动作（起身预备动作的预备）图 11−11。

当我们做一个较大的预备动作时，我们会为这个预备动作做一个预备，即预备动作的预备。

身体前倾并弯腰抬头（将重心移到脚部）——起身的预备动作图 11−12。

当我们做一个较大动作之前，我们首先要将重心进行转移，然后再做动作（这是必然的）。

根据曲线运动规律，我们先腿部用力将身体支起，这时胯部将向上运动，胸腔和头部在整体向上的同时略微向下旋转（动作后滞）图 11−13。

腿部继续向上运动，直到站直，腰部和胸腔以及头部完全舒展（第 31帧身体略微后移，腿部接近直立，腰部略微直起）图 11−14，pose4。

身体由于惯性继续向后仰（极限动作），手部由于惯性向前向上。这里手部动作幅度大于身体动作的幅度图 11−15，pose5。

身体处直立放松状态（缓冲动作），手部被身体牵动开始往下往后运动——这个就是跟随动作的开始图 11−16。

身体保持不动，手继续向后向下做跟随动作，并且超越最终停止位置图 11−17。

身体继续保持静止，手部向前运动，返回到最终位置图 11−18。

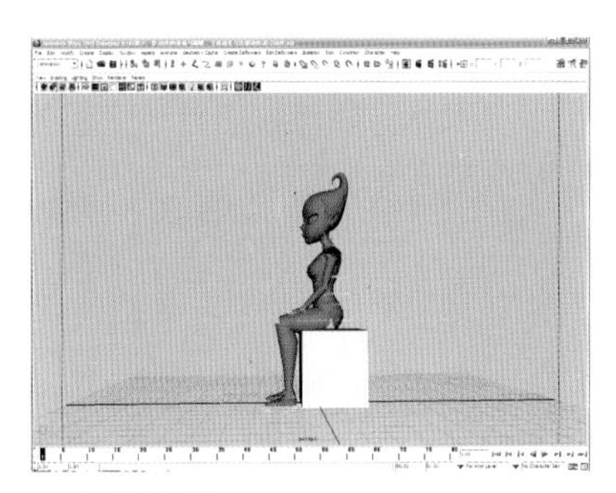

pose1 图 11−10

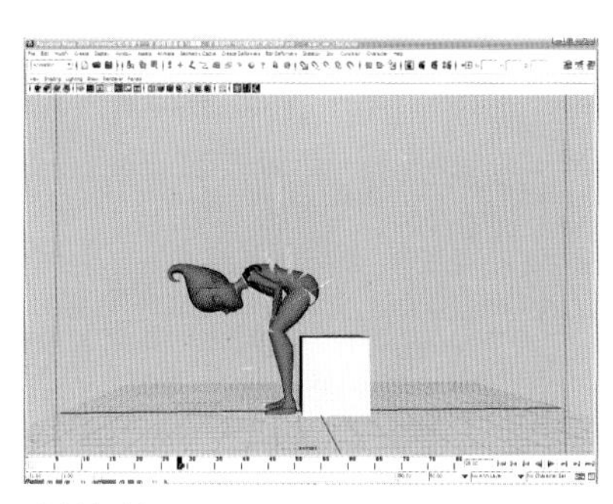

图 11−13

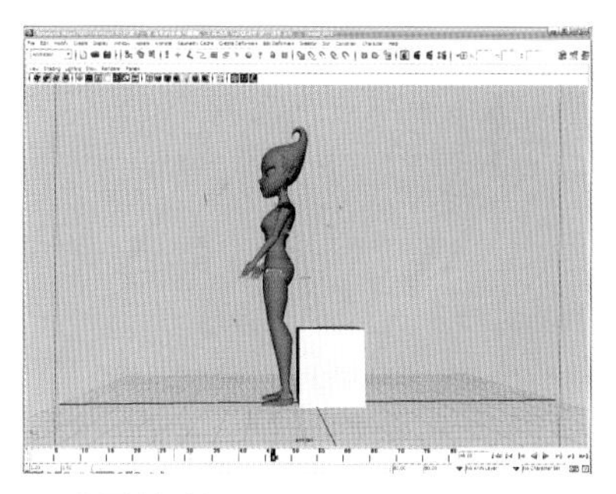

pose6 图 11−16

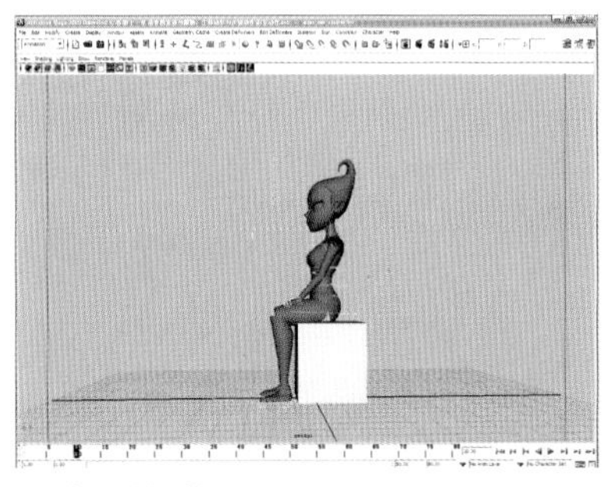

pose2 图 11−11

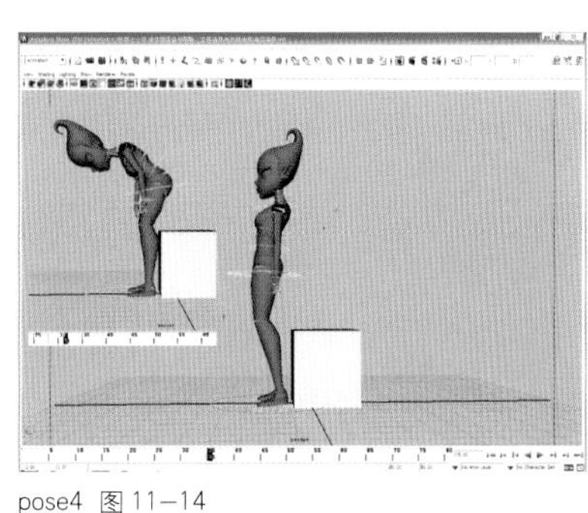

pose4 图 11−14

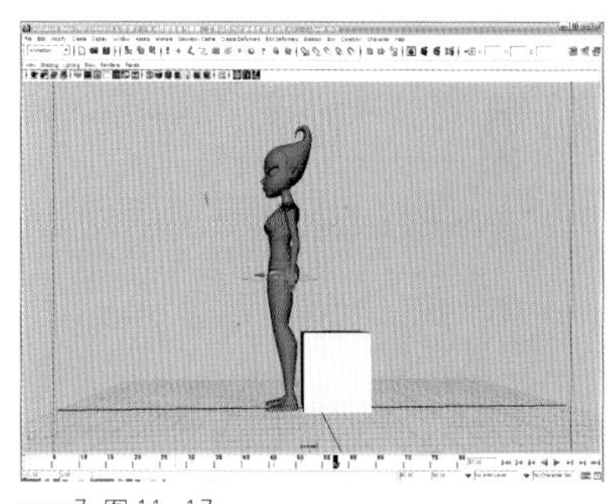

pose7 图 11−17

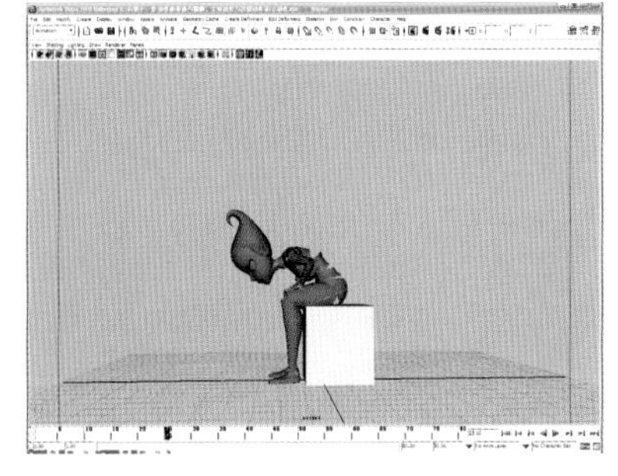

pose3 图 11−12

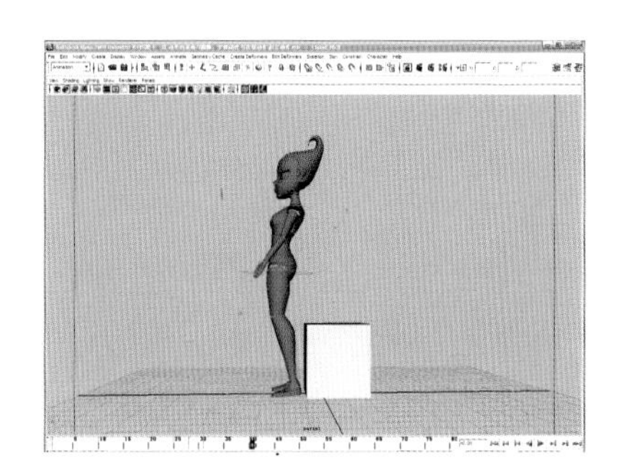

pose5 图 11−15

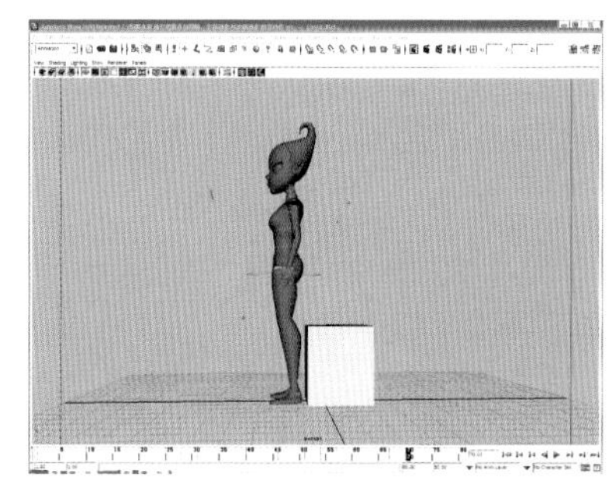

pose8 图 11−18

图11－19中骑手为副体，他被主体马像一面旗子一样来回舞动。

相对马的动作而言，马上人的动作（包括手上拿着的帽子）为跟随动作。人的动作是随着马的动作而动（几乎完全被动的）。人物的运动轨迹也是随着马的运动轨迹而变的。当马突然改变运动方向时，人物的动作还将由于惯性而继续，直到被马拉着改变运动方向。

让我们看一下图11－20此人砍伐的动作，进入预备状态，然后一快一慢进入砍伐姿势，该姿势稍稍一滞留（稍定格），表现由慢进入快，不摆动（两格过渡到一格），然后慢慢进入跟随，再慢慢过渡到最后姿势，因为这里是有松飘的衣服来表现重叠动作，所以，当身体动作停下来后姿势中的后腿可以往前带进入定姿。

同样的道理，猛力挥拳击打动作也是一样的。如图11－21所示。

图11－19 选自 Cartoon Animaton

图11－20 选自 Cartoon Animaton

图11－21 选自 Cartoon Animaton

第二节 ///// 主体动作与次级动作

一个人物在动作时，往往不止一个动作，它是几个动作的组合。

例如：一个边走边挥动手臂说话的人的动作，其中包含着该人物的走路动作，说话动作，以及挥舞手臂的动作，那么我们将如何制作这一人物的动作呢。

首先，制作人物走路动作，再进行人物的说话动作(说话包括头部动作)，最后根据说话的内容做手臂挥舞的动作。

制作步骤：我们先将走路动作完成，接着我们将制作出人物说话的口型以及相应的头部动作。再将作人物手部动的改为想要做的动作(原来是走路的动作) 如图11–22所示：我们做了22个关键pose：前面pose1至pose9为正常走路动作，从pose10开始人物做了个挥手动作，而pose22后又恢复正常走路。将pose10修改为改（a)、pose14改为改（b)、pose19改为改（c)。再将改（a）至改（b）间的pose（11)、(12)、(13) 的右手动画帧删除。以及将修改（b）至修改（c）间的pose（15)、(16)、(17)、(18）的右手动画帧删除(将pose（7)、(8)、(9)、(20)、(21) 的右手动作删除)。这样我们就有了一个边走边挥手说话的动作。

这里走路动作是主体动作，而说话和头部动作以及挥手动作则是次级动作。

先完成主体动作再做次级动作，这样的制作顺序有利于我们把握整体动作。

[复习参考题]

◎ 做一个人物动画，从一个跑步的动作到站定的过程。

◎ 注意身体停止后，人物手部的重叠与跟随动作。

◎ 制作一套边走边说话的动作（要有手部表演动作)。

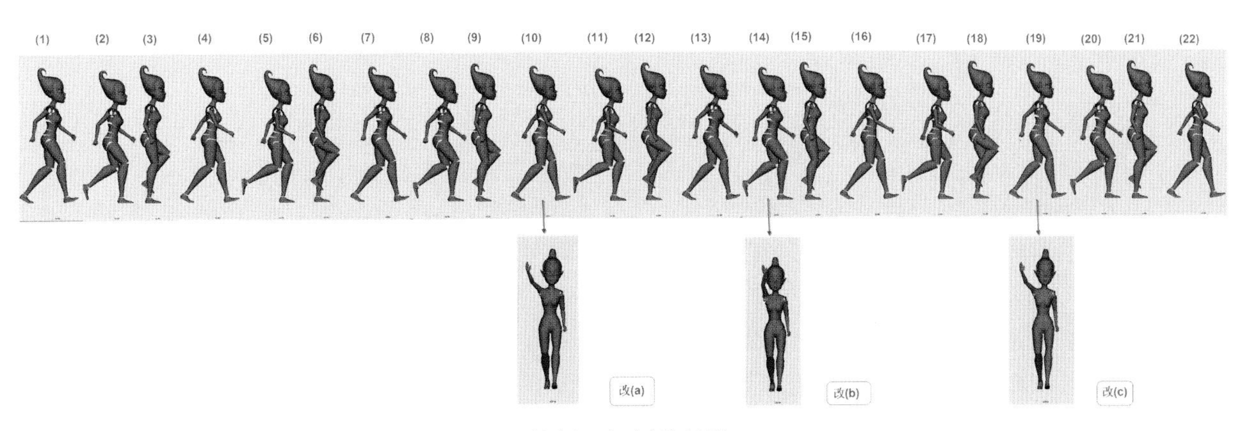

图11–22　箭头表示相对应的动画帧

第十二章 表情制作

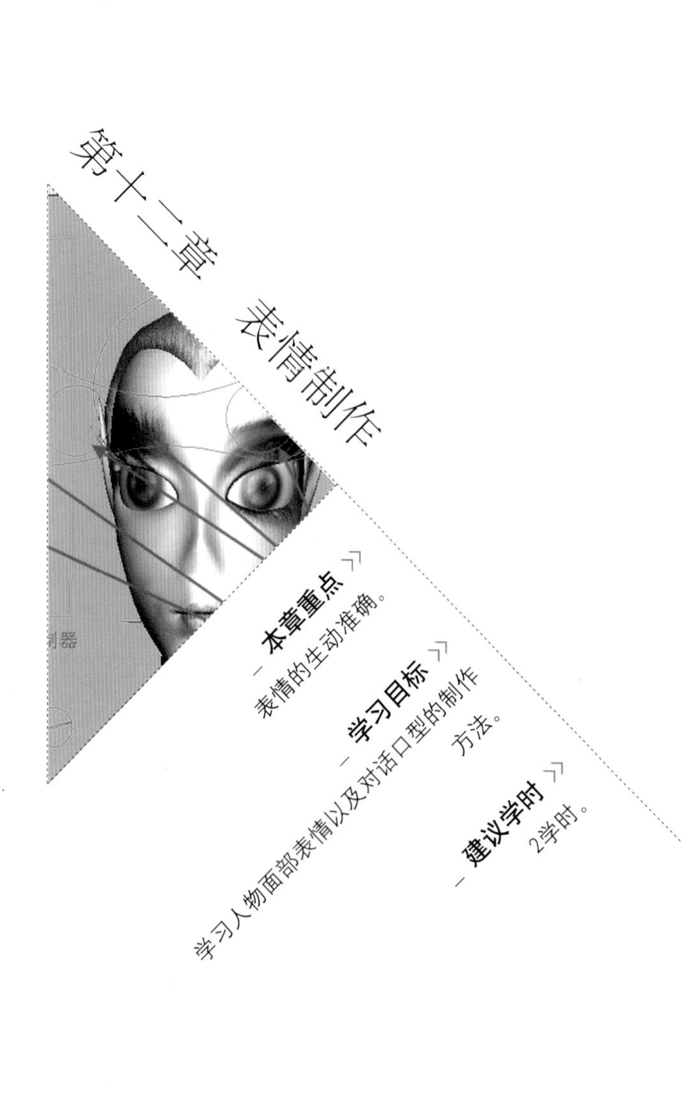

本章重点 »
表情的生动准确。

学习目标 »
学习人物面部表情以及对话口型的制作方法。

建议学时 »
2学时。

第十二章　表情制作

一、界面介绍

Maya 中人物模型的表情是在 Window/Animation Editors/Blend Shape 中，路径如图 12−1 所示。

点选 Blend Shape，界面将弹出表情制作栏，如图 12−2 所示。

里面包含人物眼睛、嘴巴以及各种表情的动作。

在图 12−2 中，点选 Select，这时界面中的时间栏中所设的关键帧就是人物表情的关键帧。

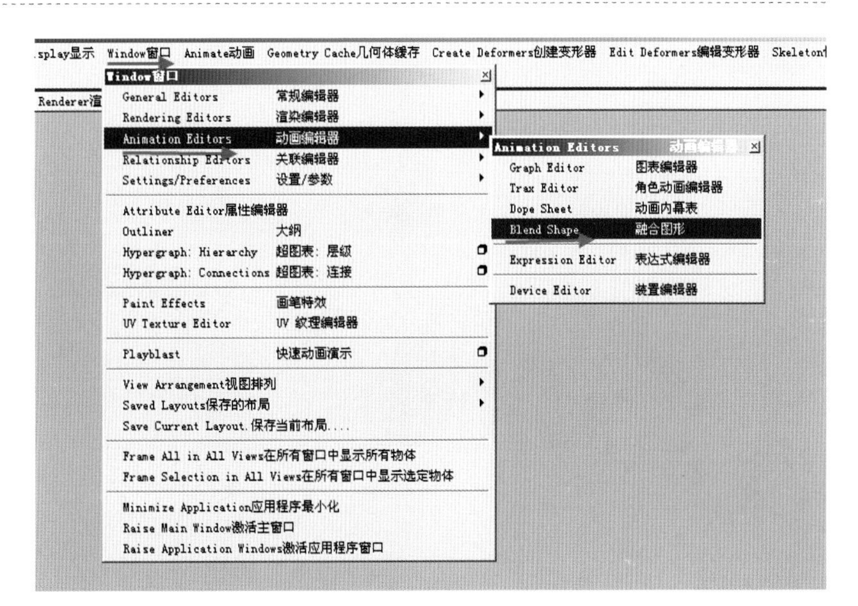

图 12−1

二、口型制作

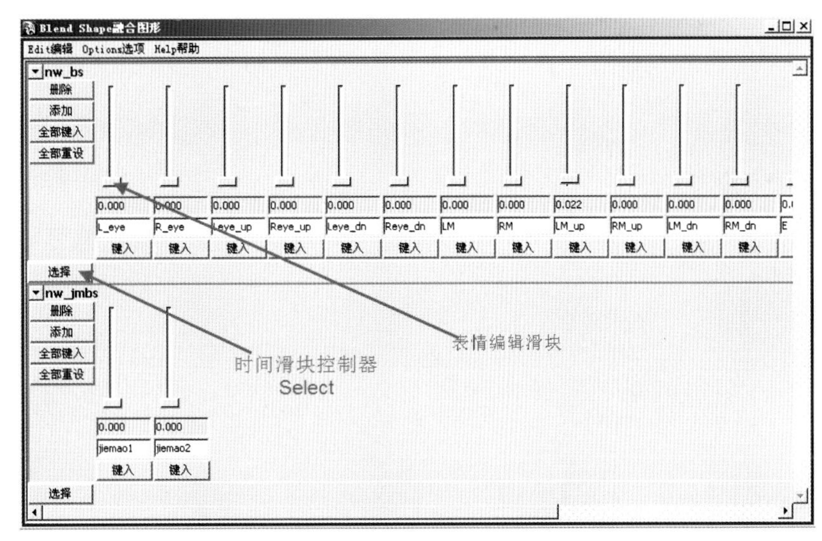

图 12−2

口型一般分 A、B、C、D、E、F 等常用的以及特殊的 G、H 八种。

A 口型：双唇自然闭上。

B口型：嘴略张，只能看见牙齿。

C 口型：嘴张开且将嘴角拉拢，能看见牙齿和一点舌头。

D 口型：嘴巴大张，能看见牙齿、舌头。

E口型：比C口型小且窄，能看见牙齿、舌头。

F口型：小口型，嘴唇撅起，看不见牙齿、舌头只能看见椭圆形的口腔。

G口型：上齿轻咬下唇（大小和 B 口型相当）。

H 口型：舌头顶着上颚。

在制作人物的口型时，我们首先要将人物的对话声音导入(import…)，再根据声音进行口型制作。

制作步骤：

①点选 File/ Import…选择要导入的声音；

②在时间滑块上点击鼠标右键，选择Sound/sc_001(sc_001是所导入的声音，声音必须是wav格式，这时我们将看见时间滑块中出现了声音的音波，在时间滑块上拖动鼠标可

以听见声音)，如图 12-3 所示：

③点选 Window/Animation Editors/Blend Shape 中的 Select。

④根据所听声音的每一个发音移动口型编辑滑块，再按键盘S键将这一帧的口型记录。如图12-4所示。

有些模型的表情是用控制器来制作的，如图 12-5 所示。

三、眨眼

我们制作一个眨眼动作：人物在第 18～24 帧之间有个眨眼动作。

① 在时间滑块第 18 帧和 24 帧处，点选 Window/Animation Editors/Blend Shape 中的 Select，按键盘S键将第18帧和第24帧设为关键帧(眼睛睁开的)，如图12-6所示。

② 在时间滑块第 21 帧处，点选 Window/Animation Editors/Blend Shape 中的 Select，按键盘 S 键将第 21 帧设为关键帧（眼睛闭上的）；如图 12-7 所示。这样我们就得到了一个眨眼的动作。

或者在第18帧与第24帧处，选择眼睛控制器将第18帧和第24帧设为睁眼的关键帧，如图 12-8 所示。

在第 21 帧处，选择眼睛控制器将 Y 轴下移至双眼闭上，并将第 21 帧设为关键帧，如图 12-9 所示。

这样我们也能得到了一个眨眼的动作。用同样的方法我们也可以用口型控制器来制作人物的口型，从而完成说话的动画。

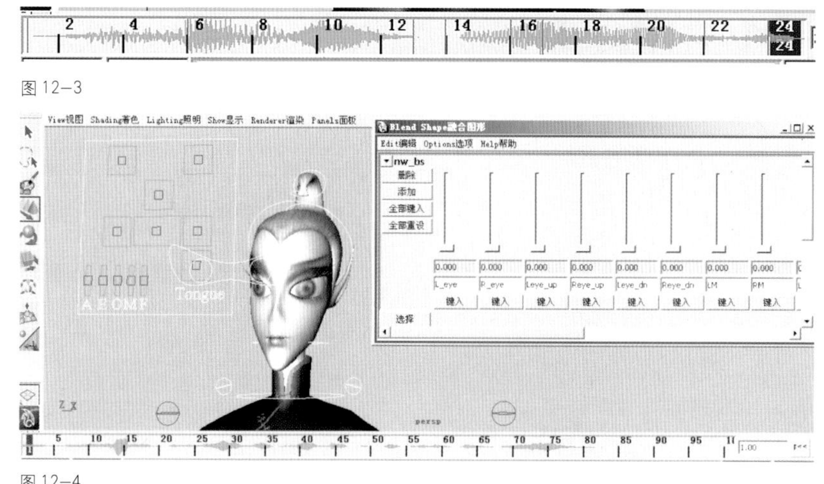

图 12-3

图 12-4

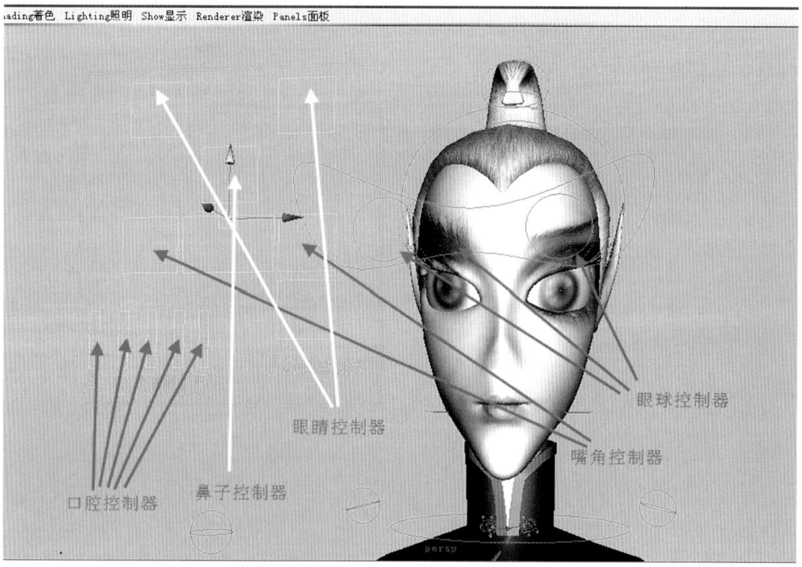

眼睛控制器

眼球控制器

嘴角控制器

鼻子控制器

口腔控制器

图 12-5

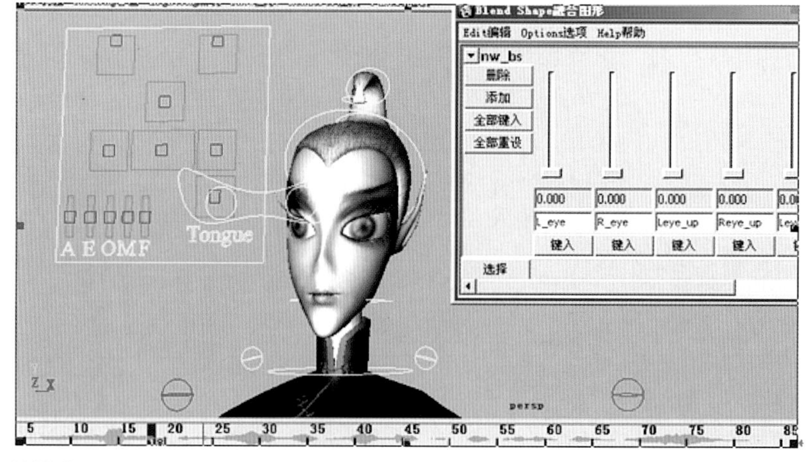

图 12-6

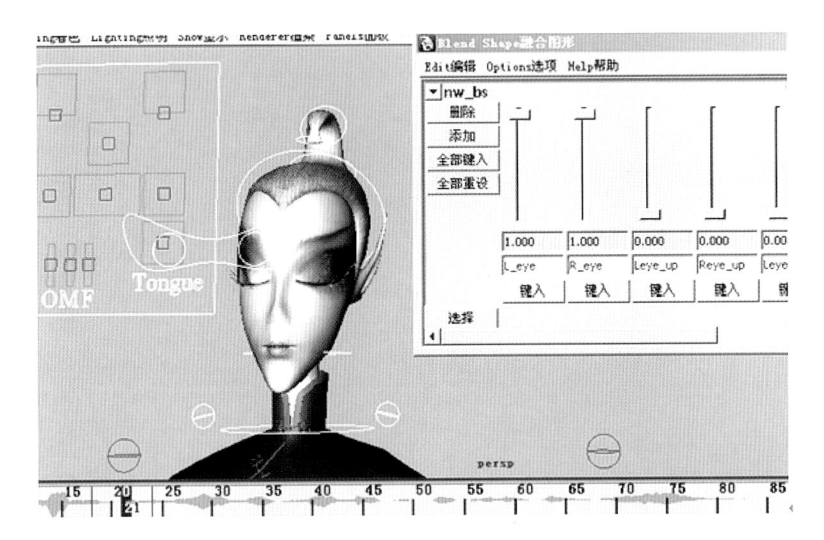

图 12—7

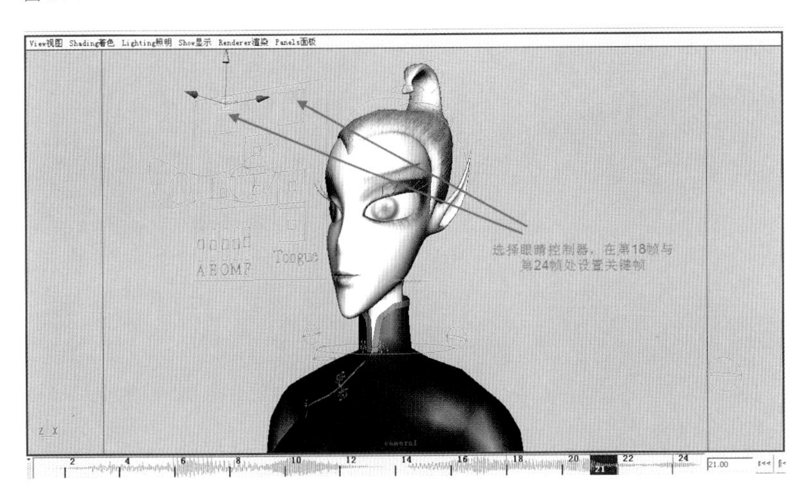

图 12—8

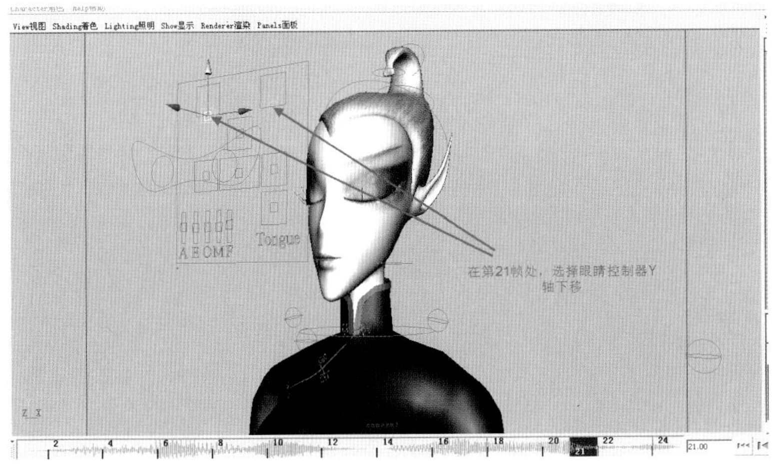

图 12—9

[复习参考题]

◎ 根据所学制作一套说话镜头。

◎ 自己配音，口型准确，说话时有头部动作。

第十二章 动作分解

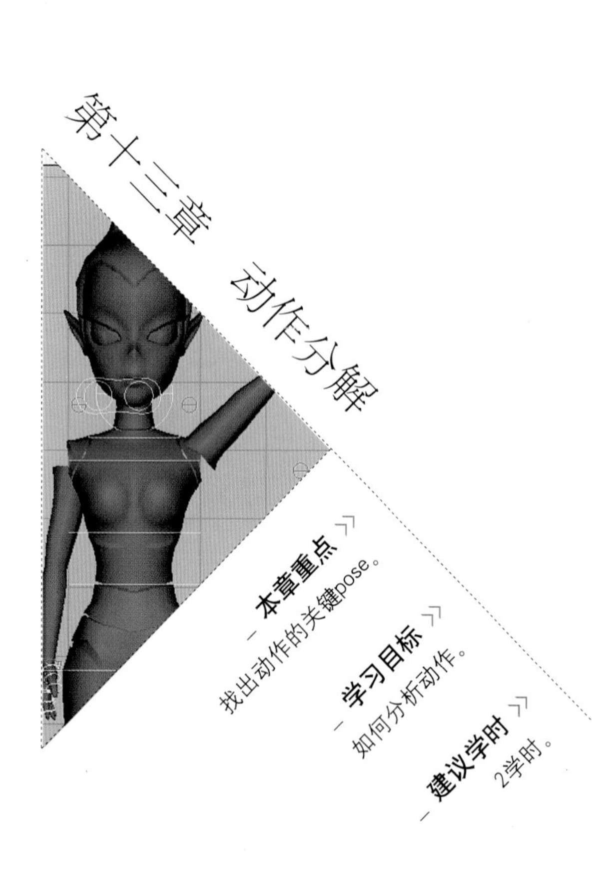

本章重点 >>

— 找出动作的关键pose。

学习目标 >>

— 如何分析动作。

建议学时 >>

— 2学时。

第十三章 动作分解

每个初学三维动画的人，都会遇到一个问题——不知道怎么做动作。要完成一个动作（或一连串动作）需要哪些原画。原因在于，他们不懂得进行动作的分解。

应用因果关系来分解动作。用反向推理的方法，推理出每一个主要原画帧。

例(1)：我们制作一个弯腰把地上的物体捡起来的动作（具体制作参看“第六章 动作的节奏”中拿苹果的事例）。

我们进行动作分解时，先要找出描述这一连串动作的关键词：起始、弯腰捡、拿起来。这样我们就得出了三个关键的原画帧。

接下来我们将对这几个关键动作进行反响推理分解：要想捡起就必须抓住；要想抓住就必须张开手；

要想够得着物体就必须弯腰伸手，要伸手就必须抬手；要抬手就必须先抬肩、抬胳膊、抬前臂、抬手腕（**注意**：弯腰是为了手能够得着物体才有的动作，所以，这个动作将与抬手动作同步进行，但不要同时进行。抬手动作要比弯腰动作晚些）。

要想拿起来，就必须拿回来（伸出的手臂收回）；要想把物体拿回，就必须先把物体拿起；要拿起，必须经过抬肩、抬胳膊、抬前臂、抬手腕。

通过上述推理，我们将得出以下制作步骤和关键 pose：分两个阶段。①直立、弯腰抬手动作的预备、弯腰抬肩、抬胳膊、抬前臂、抬手腕、伸手、张开手、抓。②直起身体过程中进行抬肩、抬胳膊、抬前臂、抬手腕、抬起抓住物体的手（手部动作比身体直立动作慢半拍结束）。这样，我们将得到一个符合曲线运动规律，有节奏的动作。

初学者，制作动画的时候往往会忽略一些重要的小动作（或小的停顿），而这些小动作（或小的停顿）却是形成动作节奏至关重要的。

例(2)：一个人左看看，右看看。

我们往往只是做了一个向左转和向右转的动作，结果动作看上去像是：这个人向左转向右转。那么问题出在哪里呢？

其实，我们分析一下要进行的动作就能发现问题：一个人左看看，右看看。人物为什么要向左（右）转？是因为他想看清楚左（右）的情况。而一个人要看清楚就必须有一定的时间，使人的双眼聚焦，然后还要将眼睛看见的影像传给大脑，再由大脑经过判断后得出结论——看见了什么。这一系列生理反应过程，必须有一定的时间，而这个时间就是我们所谓的“看看”。

我们在制作这个动作时，将看一看这个小动作给忽略了。所谓看看，我们应该理解为：当人物左转头后，应该在左边有一个小小的停顿或者是相对停顿（停下来看看），别急着向右转动。向右转头后，也一样要停一停（因为只有停一停人们才能看清楚）。

在制作动作时，我们初学者往往会将主要动作的肢体与其他肢体孤立起来看待。他们只做主动的肢体动作而忽略（甚至不做其他肢体的动作）。例如，人物转头时，只做头部动作，而忽略了转头时被牵动的胸部动作。又如：当一个人抬手时，只做手部动作，而忽略了与抬手动作相对的胸部动作。甚至在做抬腿动作时，他们也只做腿部动作，而不做抬腿时身体的重心转移动作。

这样形成了一些十分古怪的动作：像是一根木桩上长着的一个脑袋在转动，像一个机器人在抬手；像一个被支架架着的人在抬腿。如图 13–1 和图 13–2 所示。

图 13–2 的错误在于，转头时，

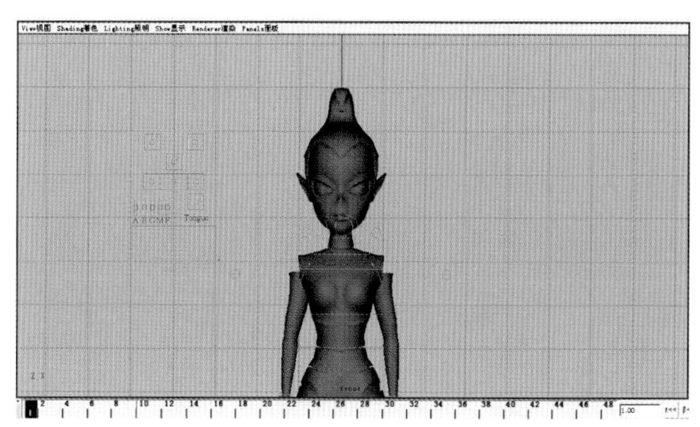

图 13–1 转头的 pose1

胸部没有相应的动作。

图13-3为正确的做法：头部转动时，胸部会有相应的牵动（胸部旋转X轴向逆时针方向旋转）。

图13-5中pose2是错的。原因在于，人物抬手时胸部没有相应的动作。当手抬起时，胸部应该有相对应的向右手边倾斜（胸部旋转Z轴向逆时针方向旋转）；右手向外微张。如图13-6所示。

下面是抬腿动作，如图13-7所示。

抬腿动作的pose2（错误的）：在第15帧处，选择右脚控制器的移动Y轴向上移动。如图13-8所示。

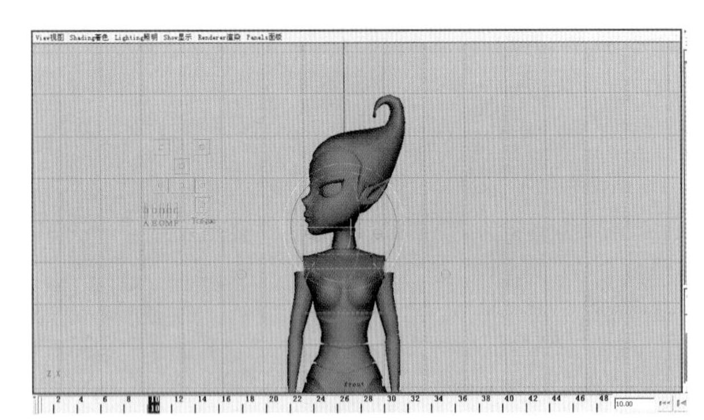

图13-2 转头的pose2（这是错误的）

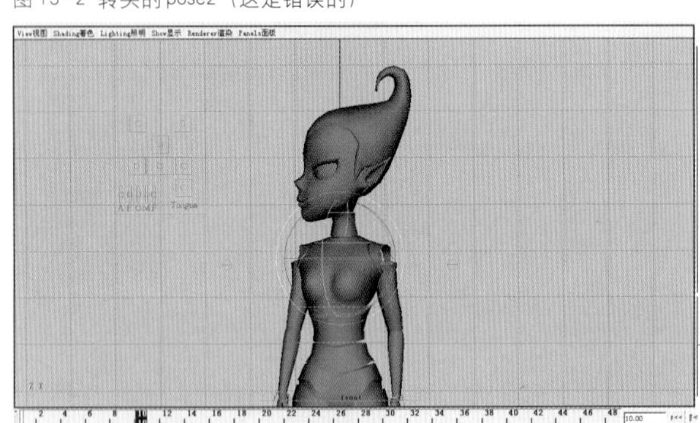

图13-3 转头的pose2（这是正确的）

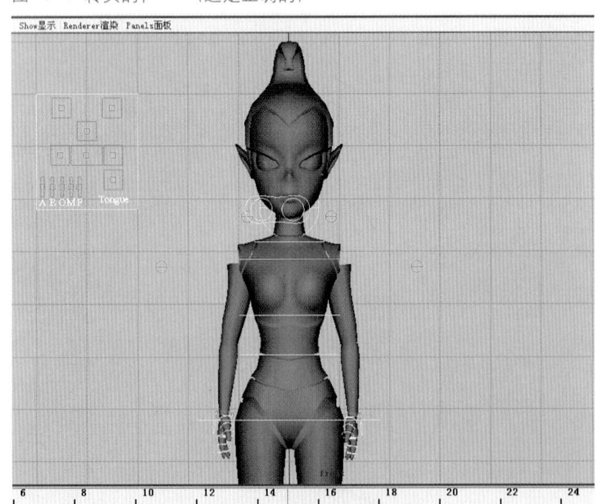

图13-4 抬手动作的pose1

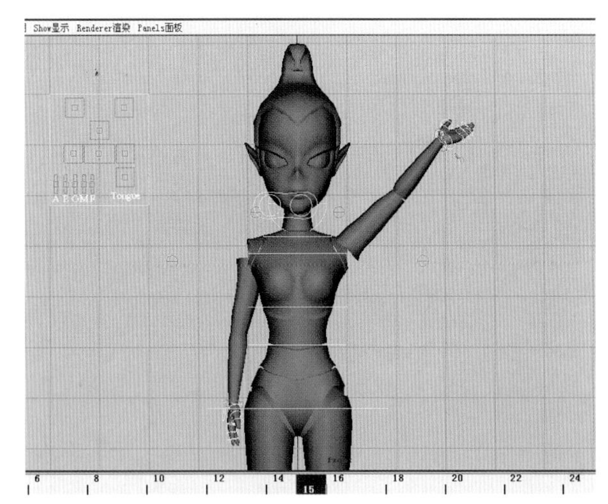

图13-5 抬手动作的pose2（错的）

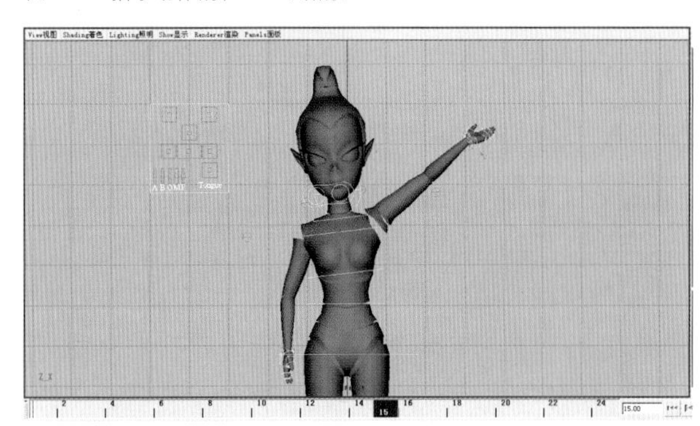

图13-6 抬手动作的pose2（对的）

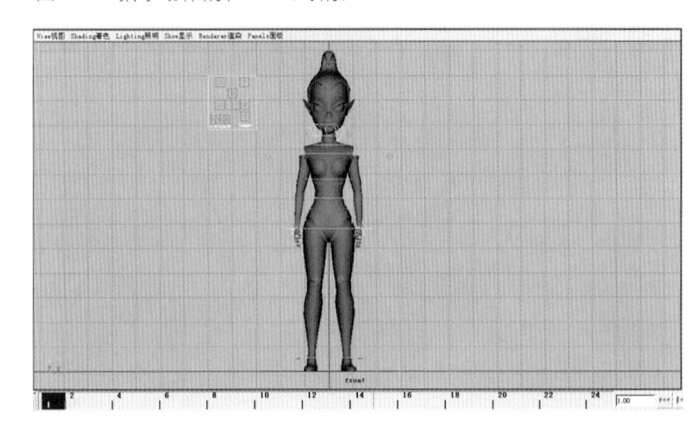

图13-7 抬腿动作的pose1

抬腿动作的 pose2 的制作：

①选择第 15 帧，按键盘 Shift 键，选择躯干控制器，向左手边拖动移动 X 轴（将人物重心移动到左脚）并向顺时针方向旋转胸腔控制器，向左旋转 X 轴；选择左手控制器略向后移，选择右手略向前移如图13－9 图和图 13－10 所示。

②选择第 15 帧，选择右脚控制器的移动 Y 轴向上移动。如图 13－10 所示：

在做头部动作时初学者往往只做头部动作而忽略与头部相连的胸部动作，以至于动作看起来像木偶或僵硬的机械动作。所以当我们要做某一个肢体动作时，我们一定要关注与该肢体相关联的另一个或几个肢体的动作。也就是说其他肢体由于主动的肢体运动而被牵动或配合主动肢体而动的动作。

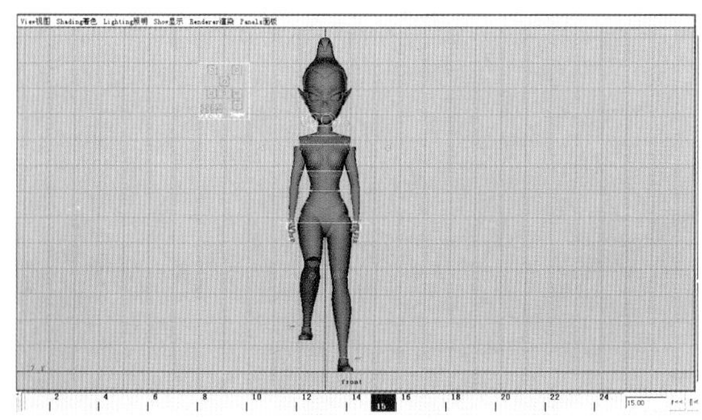

图 13－8 抬腿动作的 pose2（错误的）

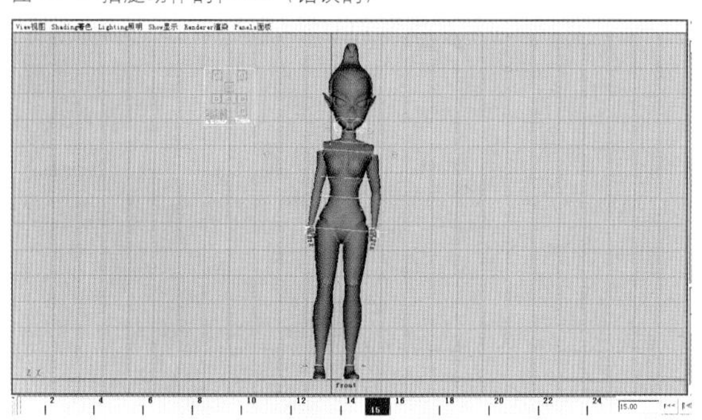

图 13－9

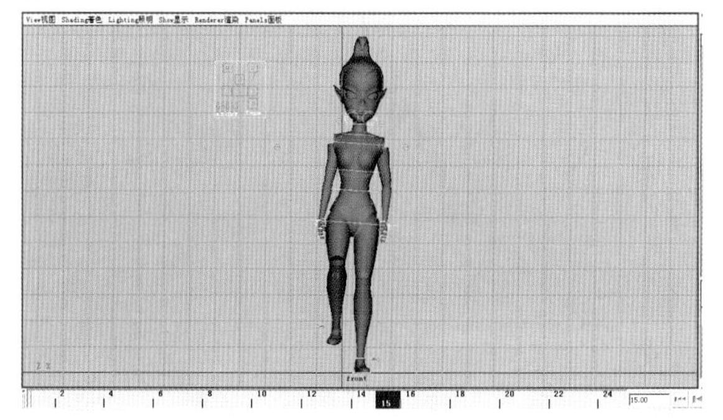

图 13－10 抬腿动作的 pose2（正确的）

[复习参考题]

◎ 表演十个动作并分解动作找出关键 pose。

◎ 制作一套复杂的动画，时间为 10 秒以上。

◎ 先进行动作分解，找出每一个关键 pose。